公路工程施工技术问答丛书

桥梁施工技术问答

侯永生　张振新　编著

中国铁道出版社

2014年·北京

图书在版编目（CIP）数据

桥梁施工技术问答/侯永生，张振新编著. —北京：中国铁道出版社，2014.1
（公路工程施工技术问答丛书）
ISBN 978-7-113-17419-4

Ⅰ.①桥… Ⅱ.①侯… ②张… Ⅲ.①桥梁施工—问题解答Ⅳ.①U445-44

中国版本图书馆 CIP 数据核字（2013）第 236930 号

书　　名： 公路工程施工技术问答丛书
桥梁施工技术问答

作　　者： 侯永生　张振新

策　　划： 江新锡
责任编辑： 王　健　张卫晓　　**电话：** 010-51873065
封面设计： 郑春鹏
责任校对： 焦桂荣
责任印制： 郭向伟

出版发行： 中国铁道出版社（100054，北京市西城区右安门西街 8 号）
网　　址： http://www.tdpress.com
印　　刷： 北京大兴新魏印刷厂
版　　次： 2014 年 1 月第 1 版　2014 年 1 月第 1 次印刷
开　　本： 850 mm×1 168 mm　1/32　印张：9　字数：236 千
书　　号： ISBN 978-7-113-17419-4
定　　价： 25.00 元

前　言

2012 年底公路通车里程达到 410 万公里，其中高速公路通车里程 8.5 万公里。按照交通运输部《交通运输"十二五"发展规划》，2015 年公路通车里程要达到 450 万公里，高速公路总里程达到 10.8 万公里。可见，近几年公路基本建设仍处于高峰期，同时，现有道路的养护、改造、扩建工程也越来越多。

为适应公路建设的新形势，不断提高公路施工管理与技术水平，依据国家和交通运输部最新颁布的相关法规、标准、规范、实施细则，吸取近年来国内外有关公路施工领域的新材料、新技术研究成果，结合我国公路建设的实际情况及施工经验，以知识问答的形式编制了《公路工程施工技术问答丛书》。本丛书包括《水泥混凝土施工技术问答》、《桥梁施工技术问答》、《隧道施工技术问答》、《路基施工技术问答》、《沥青路面施工技术问答》、《公路施工管理问答》、《公路养护技术问答》，分别对公路施工中涉及的基本概念、基本理论、基本方法、基本工艺、常见质量问题等方面以问答的形式进行论述。

本丛书主要适用于从事公路工程现场施工的技术与管理人员及调岗人员的学习、教育，以提高其知识和技能水平。也可供公路建设管理部门、施工及监理单位的管理人员和工程技术人员及大、专院校相关专业学生在生产和学习时参考使用。

《桥梁施工技术问答》全书共分为九章。第一章桥梁基础知识，主要就桥梁的种类与桥梁构造方面的基础性知识进行论述。第二章钢筋与混凝土，就钢筋加工与安装，混凝土材料，混凝土配合比，混凝土搅拌、运输、浇筑、养护等知识进行论述。第三章模板、支架、拱架，对模板支架拱架的设计、制作、安装、拆除的有关问题进行阐述。第四章桥梁基础工程，就明挖地基、桩基础、沉井基础、地下连续墙所涉及问题进行论述。第五章扩大基础、承台与墩台，就桥梁下部结构的扩大基础、承台、墩身、桥台、墩台帽、盖梁的施工方法与施工工艺相关知识进行论述。第六章预应力混凝土梁，主要对预应力混凝土梁生产中的预应力筋的加工、锚具夹具连接器的产品性能及施工方法、混凝土浇筑、预应力施加、孔道压浆及封锚等施工方法与施工工艺相关知识进行论述。第七章混凝土梁桥施工，分别对支架现浇、移动模架现浇、悬臂浇筑、悬臂拼装、装配式桥施工、预制梁安装中的施工方法、施工工艺与操作注意事项等进行阐述。第八章桥面及附属工程，分别就支座、伸缩装置、桥面防水的有关规定及施工方法进行论述。第九章桥梁常见质量问题预防与处理，就桥梁工程中桩基、梁体、混凝土质量及桥面铺装中容易出现的问题进行分析原因，提出预防与处理措施。

本丛书在编写过程中得到河北省道路结构与材料工程技术研究中心的大力帮助，在此深表感谢。由于书中涉及面广、内容较多，编者知识与经验有限，不足和错误之处，敬请指正。

2013 年 11 月

目　录

第一章　桥梁基础知识

第一节　桥梁种类

1101　桥梁是如何分类的？

(1)桥梁按使用性质分为公路桥、铁路桥、公铁两用桥、人行桥、农桥、过水桥(渠、渡槽)及其他专用桥梁(如通过管路、电缆)等；

(2)按跨径大小和多跨总长可分为小桥、中桥、大桥、特大桥；

(3)按行车道位置可分上承式桥、中承式桥、下承式桥；

(4)按承重构件受力情况可分为桥梁、板桥、刚构桥、吊桥、组合体系桥(系杆拱桥、斜拉桥)；

(5)按使用年限可分为永久性桥、半永久性桥、临时性桥；

(6)按使用年限可分为泄洪桥(高水位桥)、浅水桥(低水位桥)、开启桥、浮桥；

(7)按材料性能可分为木桥、圬工桥、钢筋混凝土桥、预应力混凝土桥、钢桥。

1102　桥梁按结构分为哪几大类，各自特点是什么？

按结构体系划分，有梁式桥、拱桥、刚架桥、悬索桥等四种基本体系。

(1)梁式体系

梁式体系是古老的结构体系。梁作为承重结构是以它的抗弯能力来承受荷载的。梁分简支梁、悬臂梁、固端梁和连续梁等，如图 1-1 所示。

(2)拱式体系

拱式体系的主要承重结构是拱肋(或拱箱)，以承压为主，可采用抗压能力强的圬工材料(石、混凝土与钢筋混凝土)来修建。拱分单铰拱、双铰拱、三铰拱和无铰拱。拱是有推力的结构，对地基要求较高,一般常建于地基良好的地区。混凝土拱桥一般采用无铰拱体系,如图 1-2 所示。

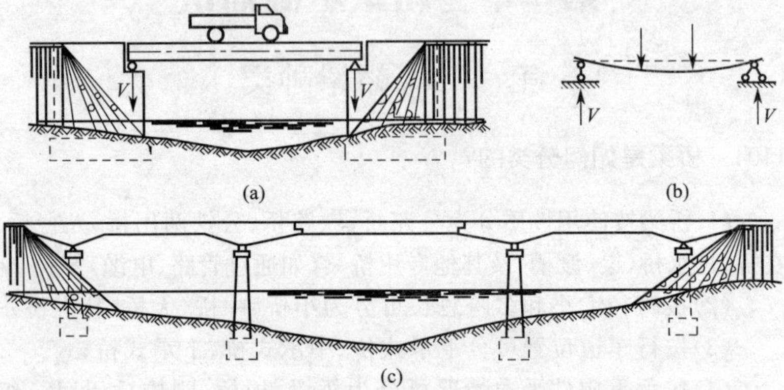

图 1-1　梁桥的形式

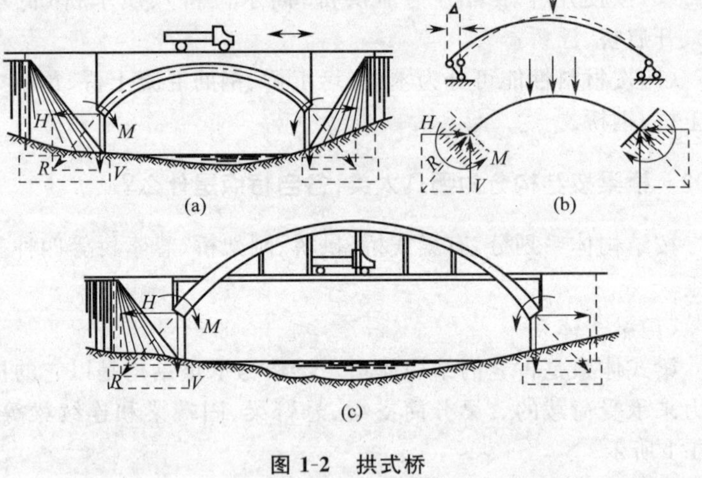

图 1-2　拱式桥

(3)刚架桥

刚架桥是介于梁与拱之间的一种结构体系,整个体系是压弯结构,也是有推力的结构。刚架桥的桥下净空比拱桥大,在同样净空要求下可修建较小的跨径。一般用于跨径不大的城市桥或公路高架桥和立交桥，如图 1-3 所示。

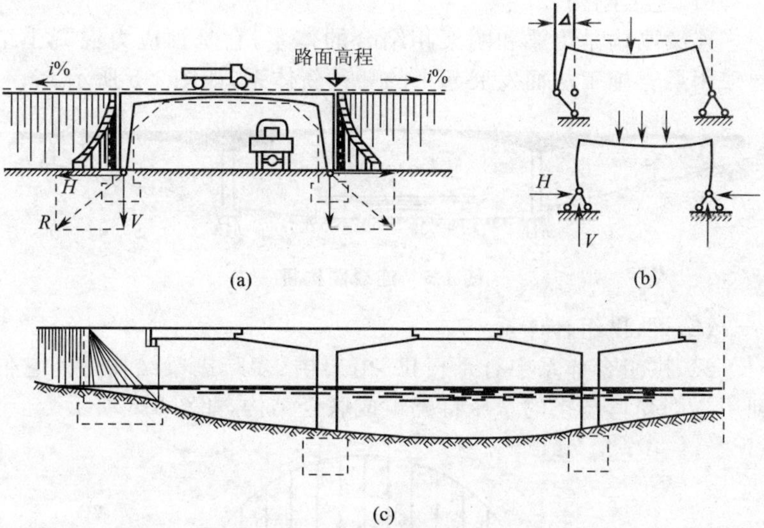

图 1-3　刚架桥

(4)悬索桥

悬索桥是指以悬索为主要承重结构的桥。其主要构造是：缆、塔、锚、吊索及桥面，一般还有加劲梁。悬索桥是大跨桥梁的主要形式，因其主要杆件受拉力，材料利用效率最高，建大跨度桥方面比其他形式的桥梁更经济合理，如图 1-4 所示。

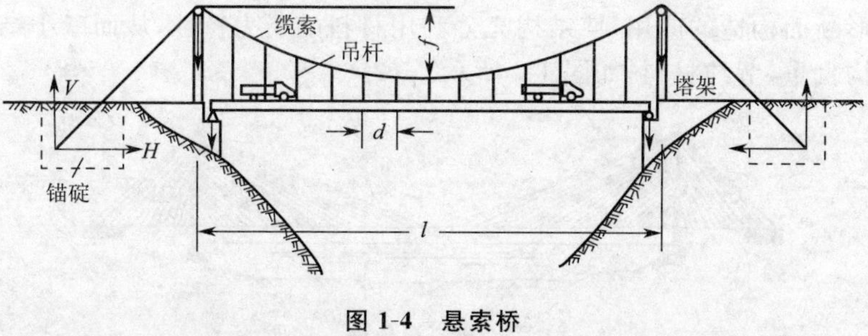

图 1-4　悬索桥

1103　桥梁的组合体系分为哪几种?

(1)连续刚构

连续刚构是由梁和刚架相结合的体系,它是预应力混凝土结构采用悬臂施工法而发展起来的一种新体系,如图 1-5 所示。

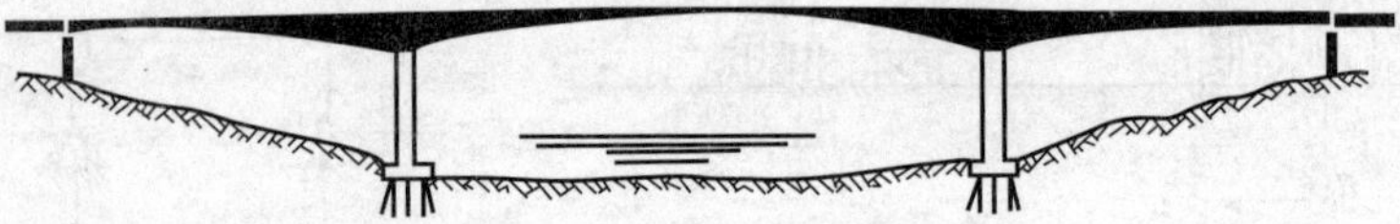

图 1-5　连续刚构桥

(2)梁、拱组合体系

梁、拱组合体系中有系杆拱、桁架拱、多跨拱梁结构等。它们利用梁的受弯与拱的承压特点组成联合结构,如图 1-6 所示。

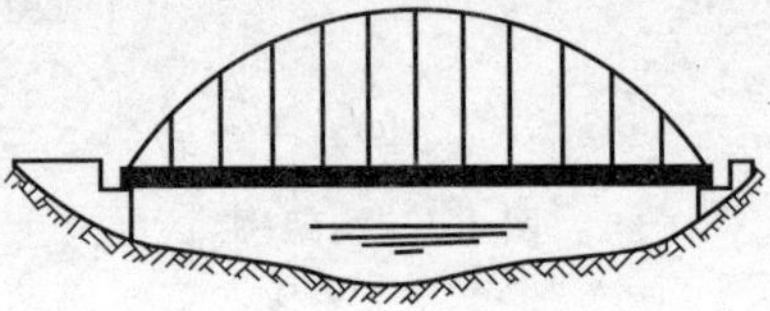

图 1-6　下承式拱桥

(3)斜拉桥

斜拉桥是由承压的塔、受拉的索与承弯的梁体组合起来的一种结构体系。梁体用拉索多点拉住,好似多跨弹性支撑连续梁,使梁体内弯矩减小,降低建筑高度;又因栓焊连接于正交异性板的箱形断面构造的应用,使结构充分利用材料的受力特性,从而减小结构自重,节约材料,如图 1-7 所示。

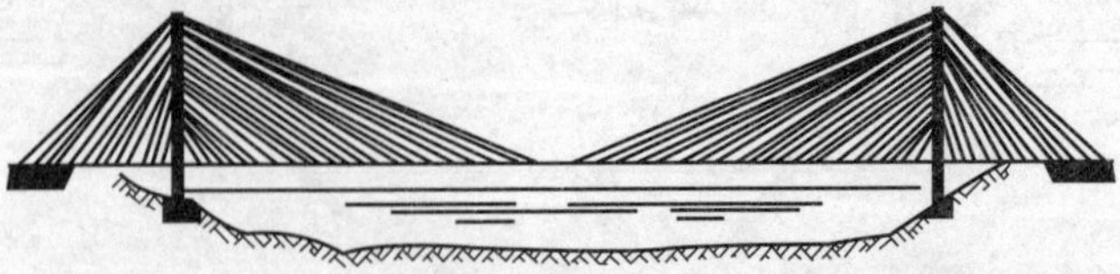

图 1-7　斜拉桥

1104　什么叫拱桥？其分类和各自特点是什么？

以承受轴向压力为主的拱圈或拱肋作为主要承重构件的桥梁，拱结构由拱圈（拱肋）及其支座组成。拱桥可用砖、石、混凝土等抗压性能良好的材料建造；大跨度拱桥则用钢筋混凝土或钢材建造，以承受发生的力矩。

按拱圈的静力体系分为无铰拱、双铰拱、三铰拱。前二者为超静定结构，后者为静定结构。无铰拱的拱圈两端固结于桥台，结构最为刚劲，变形小，比有铰拱经济，结构简单，施工方便，是普遍采用的形式，但修建无铰拱桥要求有坚实的地基基础。双铰拱是在拱圈两端设置可转动的铰支承，结构虽不如无铰拱刚劲，但可减弱桥台位移等因素的不利影响，在地基条件较差和不宜修建无铰拱的地方，可采用双铰拱桥。三铰拱则是在双铰拱的拱顶再增设一铰，结构的刚度更差些，拱顶铰的构造和维护也较复杂，一般不宜作主拱圈。

拱桥按结构形式可分为板拱、肋拱、双曲拱、箱形拱、桁架拱。

1105　什么是活动桥？常用的活动桥有哪些？

桥跨结构可以转动或移动的桥梁，又称开启桥。当陆地运输不甚繁忙，河流上有船舶航行而固定式桥梁不能建造在通航净空以上时，就需要建造活动桥。多建在河流的下游、靠近入海口城市中水陆交通交叉处，多采用钢结构。常用的活动桥有：

（1）立转桥。航道上面的桥跨结构在立面上可旋转开合的桥梁。从一端开合整跨活动结构的称单叶式立转桥；从两端开合分为两部分活动结构的称双叶式立转桥。活动结构设有铰和平衡重等机械装置和电动设备。

（2）升降桥。通航部分的桥跨做成可升降的结构，桥两端各有一座塔架，放置升降用机、电动装置和平衡重。如天津市 1985 年建成的海门桥。

(3)平转桥。桥跨结构绕一根竖轴旋转的活动桥。平转 90°时,可通过船只。设有活动通航孔的浮桥,称特殊活动桥

1106 什么是军用桥梁?其分类和各自特点是什么?

为保障军队通过江河、峡谷、沟渠等障碍而架设的临时性桥梁。一般由上部结构(桥跨结构)和下部结构(桥脚)组成。其基本特点是:结构型式简单,作业简便,架设时间短,修复容易。

军用桥梁按使用的器材不同,可分为便桥和制式桥。便桥是使用就便材料或预制构件架设的,其主要特点是材料来源广。制式桥是应用制式器材组合而成,其主要特点是:构件互换性好,结构适应性强,架设准备作业量小,可反复拆装使用,机动性大。

军用桥梁按载重能力的不同,可分为重型、轻型、驮载和徒步等桥梁。重型桥能保障中型以上坦克和其他相应的履带式和轮式车辆通行;轻型桥能保障轻型坦克和其他相应的履带式和轮式车辆通行;驮载桥可供骡马驮载装备通过;徒步桥仅供武装人员徒步通行。

军用桥梁按有无中间桥脚,可分为多跨桥和单跨桥。多跨桥按中间桥脚型式,又可分为浮游桥脚桥(简称浮桥)和固定桥脚桥(简称固定桥)。

1107 什么是立交桥?其分类有哪些?

为保证交通互不干扰,在道路、铁路交叉处建造的桥梁。广泛应用于高速公路和城市道路中的交通繁忙地段。

按跨越形式分为:

(1)跨线桥指在既有线路之上跨越。又分为分离式和互通式。前者只保证上下层线路的车辆各自独立通行;后者能使上下层线路的车辆相互通行,在平面和立面上修建复杂的迂回匝道,占用很多土地。为减少噪声,多采用预应力混凝土桥。

(2)地道桥指从地下穿越既有线路。由桥洞、引道和附属结构组成,修建时,需拆迁地下管线,附属工程量大,远不如修建跨线桥

经济，且设计时应注意净空、通风、照明、排水和防冰（严寒地带）等要求。

1108 什么是梁桥？按照主梁的受力体系分哪几类？

指以受弯为主的主梁作为承重构件的桥梁。主梁可以是实腹梁或桁架梁。实腹梁构造简单，制造、架设和维修均较方便，广泛用于中、小跨度桥梁，但在材料利用上不够经济。桁架梁的杆件承受轴向力，材料能充分利用，自重较轻，跨越能力大，多用于建造大跨度桥梁。

梁桥为桥梁的基本体系之一，使用广泛，在桥梁建筑中占有很大比例，其上部结构可以是木结构、钢结构、钢筋混凝土结构、预应力混凝土结构或钢筋混凝土桥面。按照主梁的受力体系，分为简支梁桥、连续梁桥和悬臂梁桥。

(1)简支梁桥。主梁以孔为单元，两端设有支座，是静定结构。一般适用于中、小跨度，结构简单，制造、运输和架设均方便，多做成标准设计，以便于构件生产工艺工业化、施工机械化，提高质量，降低造价。

(2)连续梁桥。主梁若干孔为一联，连续支承在几个支座上，是超静定结构。当跨度较大时，采用连续梁较省材料，更适合用悬臂拼装或悬臂灌注、纵向拖拉或顶推法施工。

(3)悬臂梁桥。上部结构由锚固孔、悬臂和悬挂孔组成，悬挂孔支承在悬臂上，用铰相联。有单悬臂梁桥（三跨构成，中跨较大以满足通航要求）和双悬臂梁桥（可构成多跨的长大梁桥）。

1109 什么是桥梁？桥梁的组成和分类方法有哪些？

供铁路、道路、渠道、管线、行人等跨越河流、山谷或其他交通线路时修建的建筑物。

组成由上部结构和下部结构组成。桥梁上部结构（又称桥跨结构）承担线路荷载，跨越障碍，由桥面系、主要承重结构和支座组成。桥面系一般由桥面、纵梁和横梁组成。主要承重结构承担上部结构所受的全部荷载并传给支座，如桁架梁桥的主桁、实腹梁桥的主梁、拱桥的拱肋（拱圈）。支座设于桥台（墩）顶部，支承上部结构并将荷载传给下部结构的装置。桥梁下部结构是桥台、桥墩及桥梁基础的总称，用以支承上部结构并将荷载传给地基。

分类桥梁有多种分类方法：

（1）按主要承重结构体系分，有梁桥、拱桥、悬索桥、刚架桥、斜拉桥和组合体系桥等，前三种是桥梁的基本体系。

（2）按上部结构的建筑材料分，有木桥、石桥、混凝土桥、钢筋混凝土桥、预应力混凝土桥、钢桥和结合梁桥等。木材易腐蚀多用于临时性桥梁。石料和混凝土抗压强度高而抗拉强度低，主要用于拱桥。钢筋混凝土桥为耐压的混凝土和抗拉、抗压性能均好的钢筋结合而成的桥，主要用于跨度不大的梁桥和拱桥。预应力混凝土桥是用高强度钢丝（筋）和高强度混凝土建成。

1110 什么叫桥梁工程？

桥梁工程是指桥梁勘测、设计、施工、养护和检定等工作过程，及研究这一过程的科学和工程技术。是土木工程的一个分支。

桥梁是线路的重要组成部分。每当运输工具发生重大变化，对桥梁在载重、跨度等方面便提出新的要求，从而推动桥梁工程技术的发展。

桥梁工程又在推广新桥型（用正交异性钢桥面板的箱形截面钢实腹梁桥、预应力混凝土桥和斜拉桥），提高质量、降低造价和养护费等方面获得很大进展。

1111 什么是刚架桥及框构桥？

钢筋混凝土刚架桥是由钢筋混凝土支柱及与支柱刚性连接的肋形桥跨结构所组成，这些构件合成为一个负荷载重的整体结构。刚架桥的支柱与基础的结合可用铰支承或固定支承。钢筋混凝土梁跨结构与支柱（或整板）及基础（为整板）形成一个刚性连接的闭合框架结构则称框架桥（即俗称框构桥）。众多的地道桥常采用此结构形式。

1112　不同桥梁的上部结构受力有什么特点?

1.斜交板桥

(1)荷载有向两支承边之间最短距离方向传递的趋势;

(2)各角点受力情况可用比拟连续梁的工作来描述,钝角处产生较大的负弯矩,反力也较大,锐角点有向上翘起的趋势;

(3)在均布荷载作用下,当桥轴向的跨长相同时,斜板桥的最大跨内弯矩比正桥要小;

(4)在均布荷载作用下,当桥轴向的跨长相同时,斜板桥的跨中横向弯矩比正桥要小。

2.装配式钢筋混凝土简支T梁

梁肋与翼板(桥面板)结合在一起作为承重结构,肋与肋之间处于受拉区域的混凝土得到较大挖空,减轻结构自重。既充分利用扩展的桥面板的抗压能力,又有效地发挥梁肋下部受力钢筋的抗拉作用。

3.预应力混凝土简支T梁

预应力混凝土简支梁存在核心距的概念,其越大则抗力效应增加,为提高核心距,在构造上可采用大翼缘、薄肋板、宽矮马蹄的结构形式。配合梁内正弯矩的分布,防止出现拉应力,纵向预应力筋须在梁端弯起或中间截断张拉。但弯起可增强支点附近的抗剪能力。

4.连续体系桥梁

(1)由于支点存在负弯矩,使跨中正弯矩显著减少,可以减少跨内主梁的高度,提高跨径,当加大支点截面附近梁高形成变截面时,还可进一步降低跨中弯矩;

(2)由于是超静定结构,产生附加内力的因素包括预应力、混凝土的收缩徐变、墩台不均匀沉降、截面温度梯度变化等;

(3)配筋要考虑正负两种弯矩的要求,顶推法施工要考虑截面正负弯矩的交替变化。

5.斜拉桥

(1)斜拉索相当于增大了偏心距的体外索,充分发挥抵抗负弯矩的能力,节约钢材;

(2)斜拉索的水平分力相当于混凝土的预压力;

(3)主梁多点弹性支承,高跨比小,自重轻,提高跨径。

6.悬索桥

(1)主缆为主要承重结构,其巨大的拉力需要牢固的地锚承受,对于连续吊桥,中间地锚的两侧拉索水平推力基本平衡,主要利用自重承受向上的竖向力;

(2)主缆的变形非线性,一般采用挠度理论或变形理论,挠度理论是考虑原有荷载(如恒载)已产生的主缆轴力对新的荷载(如活载)产生的竖向变形(挠度)将产生一种新的抗力,在变形之后再考虑内力的平衡;变形理论将悬索桥看作为由各单根构件所组合的结构体系,在力学分析中先计算每个构件的刚度,放入结构体系的矩阵内,进行总体平衡的求积。

7.拱桥

拱桥的拱圈是桥跨结构的主要承载部分,在竖直荷载作用下,拱端支撑处不仅有竖向反力,还有水平推力,这样拱的弯距比相同跨径梁的弯矩小得多,而使整个拱主要承受压力。

第二节　桥梁构造

1201　桥梁由那些部分组成?

桥梁由上部结构、下部结构、支座系统和附属设施四个基本部分组成。

上部结构通常又称为桥跨结构,是在线路中断时跨越障碍的主要承重结构;下部结构包括桥墩、桥台和基础;桥梁附属设施包括桥面系、伸缩缝、桥头搭板和锥形护坡等,桥面系包括桥面铺装(或称行车道铺装)、排水防水系统、栏杆(或防撞栏杆)、灯光照明等。

1202　表述桥梁跨度与高度的术语有哪些？各代表什么含意？

(1)净跨径。梁式桥是设计洪水位上相邻两个桥墩(或桥台)之间的净距,用 l_0 表示。对于拱式桥是每孔拱跨两个拱脚截面最低点之间的水平距离,如图 1-8 和图 1-9 所示。

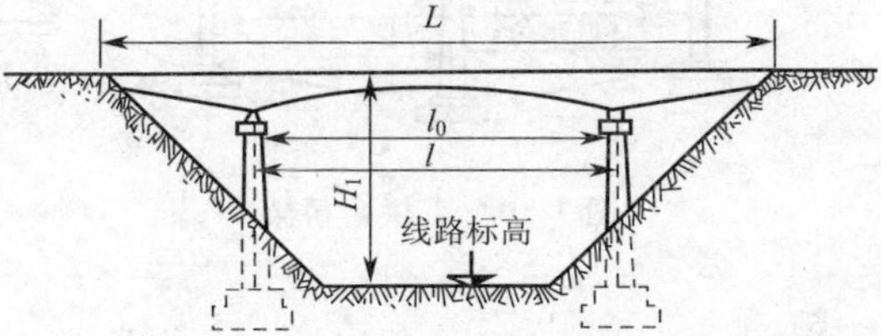

图 1-8　带悬臂的桥梁

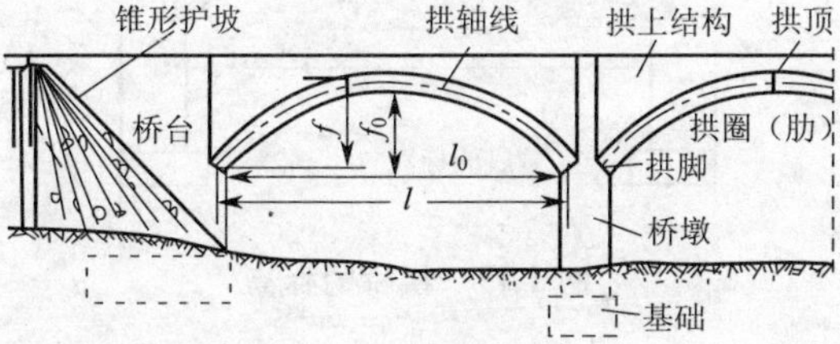

图 1-9　拱桥概貌

(2)总跨径是多孔桥梁中各孔净跨径的总和,用 $\sum L_0$ 表示也称桥梁孔径,反映了桥下宣泄洪水的能力。

(3)计算跨径对于具有支座的桥梁,是指桥跨结构相邻两个支座中心之间的距离,用 l 表示。拱圈(或拱肋)各截面形心点的连线称为拱轴线,计算跨径为拱轴线两端点之间的水平距离。

(4)桥梁全长简称桥长,是桥梁两端两个桥台的侧墙或八字墙后端点之间的距离,以 L 表示。对于无桥台的桥梁为桥面系行车道的全长,如图 1-8 所示。

(5)桥梁高度简称桥高,指桥面与低水位之间的高差,或为桥面与桥下线路路面之间的距离,以 H_0 表示。桥高在某种程度上反映了桥梁施工的难易性。

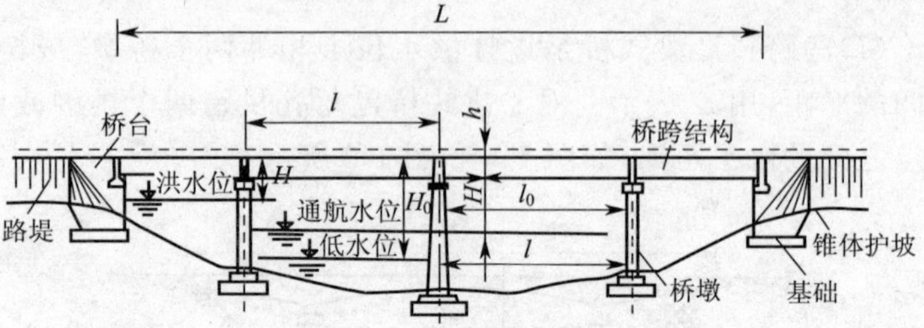

图 1-10　有桥台桥梁

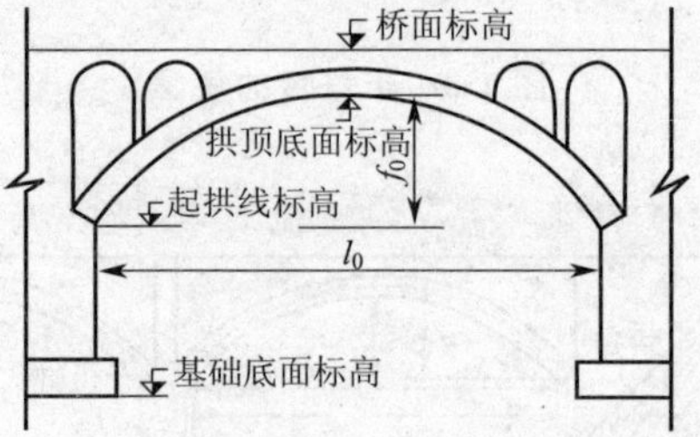

图 1-11　拱桥的标高

(6)桥下净空高度是设计洪水位或计算通航水位至桥跨结构最下缘之间的距离，以 H 表示，它应保证能安全排洪，并不得小于对该河流通航所规定的净空高度。

(7)建筑高度是桥上行车路面(或轨顶)标高至桥跨结构最下缘之间的距离，它不仅与桥梁结构的体系和跨径的大小有关，而且还随行车部分在桥上布置的高度位置而异。公路(或铁路)定线中所确定的桥面(或轨顶)标高，对通航净空顶部标高之差，又称为容许建筑高度。桥梁的建筑高度不得大于其容许建筑高度，否则就不能保证桥下的通航要求。

(8)净矢高是从拱顶截面下缘至相邻两拱脚截面下线最低点之连线的垂直距离，以 f_0 表示，计算矢高是从拱顶截面形心至相邻两拱脚截面形心之连线的垂直距离，以 f 表示。

(9)矢跨比是拱桥中拱圈(或拱肋)的计算矢高 f 与计算跨 l 之比,也称拱矢度,它是反映拱桥受力特性的一个重要指标。

1203　试述桥涵承受的主要荷载。

桥涵承受的主要荷载是指正常、经常发生的或时常重复出现的荷载,包括恒载和活载。

恒载一般指大小和作用点都是固定不变的力,包括结构自重、土压力、静水压力及浮力、预应力等。

活载主要指车辆重量以及车辆运动引起的荷载,如车辆重量、冲击力、离心力、人行荷载等。

1204　盖板箱涵沉降缝的设置原则和构造要求是什么?

盖板箱涵沉降缝设置原则:每隔 2～5 m 应设一处沉降缝;新旧接头处,两种地基交界处亦应设置沉降缝。

在涵洞外围一侧,沉降缝中填塞弹性防水橡胶条,深约 5 cm;内侧则填塞 M10 水泥砂浆,深约 15 cm;其余部分填塑性黏土。基础部分的沉降缝外围敷设 0.5 m 宽的防水层。

1205　桥梁最大挠度是指什么?桥梁钢简支板梁的最大容许挠度值是多少?

桥梁最大挠度是指桥梁受活载后梁跨中部的最大下沉距离。当车辆停在指定位置所测得的挠度为荷载下的静载挠度;当车辆通过桥梁时测得的挠度,为该种荷载在一定速度下的动载挠度。

桥梁钢简支板梁的最大容许挠度值为梁跨的 1/800。

1206　钢桁梁的组成有哪些?

钢桁梁主要由桥面、桥面系、主桁架、连接系等部分组成。

(1)主桁架:是桥跨结构中的主要承重结构。主桁架一般由上弦杆、下弦杆、斜杆及竖杆组成,斜杆及竖杆统称为腹杆。主桁架各杆件在节点处交会,用节点板通过铆钉或高强度螺栓连接起来。

连接系杆件和横梁也均在节点板处与主桁架连接。

(2)桥面系包括纵梁、横梁以及纵梁之间的连接构件。每段纵梁长度等于主桁架节间长度,它的两端用连接角钢和横梁相连。

(3)连接系:为了能形成空间稳定结构以承受横向力,减少受压弦杆的自由长度而设置的各种形式的连接构件。连接系包括上下平纵联,横向连接系。端部横连又称龙门架,它可设置在端斜杆平面内或第一根吊杆平面内。

1207 **什么是扩大基础?扩大基础受力特点是什么?按施工方法和材料性能分为哪几种?**

扩大基础是将墩(台)及上部结构传来的荷载由其直接传递至较浅的支承地基的一种基础形式,一般采用明挖基坑的方法进行施工,故又称为明挖扩大基础或浅基础。

扩大基础是由地基反力承担全部上部荷载,将上部荷载通过基础分散至基础底面,使之满足地基承载力和变形的要求。扩大基础主要承受压应力,一般用抗压性能好,抗弯拉、抗剪性能较差的材料(如混凝土、毛石、三合土等)建造,适用于地基承载力较好的各类土层,根据土质情况分别采用铁镐、十字镐、挖掘机、爆破等设备与方法开挖。

扩大基础按其施工方法分为机械开挖基坑浇筑法、人工开挖基坑浇筑法、土石围堰开挖基坑浇筑法、板桩围堰开挖基坑浇筑法。

扩大基础按其材料性能特点可分为配筋与不配筋的条形基础和单独基础。无筋扩大基础常用的有混凝土基础、片石混凝土基础等,不配筋基础的材料都具有较好的抗压性,但抗拉、抗剪强度不高,设计时必须保证发生在基础内的拉应力和剪应力不超过相应的材料强度设计值。钢筋混凝土扩大基础的抗弯和抗剪性能良好,可在竖向荷载较大、地基承载力不高以及承受水平力和力矩荷载下使用。

1208　什么是桩基础？受力特点有哪些？按施工方法分为哪几种？

桩基础是深入土层的柱形结构，其作用是将作用于桩顶以上的结构物传来的荷载传到较深的地基持力层中去。当荷载较大或桩数量较多时需在桩顶设承台将所有基桩连接成一个整体共同承担上部结构的荷载。

桩是垂直或微斜埋置于土中的受力杆件，横截面尺寸比长度小得多，其所承受的荷载由桩侧土的摩阻力及桩端地层的反力共同承担。

按施工方法可分为沉桩、钻孔灌注桩、挖孔桩，其中沉桩又分为锤击沉桩法、振动沉桩法、射水沉桩法、静力压桩法。

1209　什么是管柱基础？适用范围是什么？常见分类有哪几种？

管柱基础是由管柱群和钢筋混凝土承台组成的基础结构，也有由单根大型管柱构成基础的。它是一种深基础，埋入土层一定深度，柱底尽可能落在坚实土层或锚固于岩层中，作用在承台的全部荷载，通过管柱传递到深层的密实土或岩层上。

管柱基础因其施工方法和工艺较为复杂，所需机械设备较多，所以较少采用。但当桥址处的地质水文条件十分复杂，如大型的深水或海中基础，特别是深水岩面不平、流速大或有潮汐影响等自然条件下，不宜修建其他类型基础时，可采用管柱基础。管柱基础主要适用于岩层、紧密黏土等各类紧密土质的基底，并能穿过溶洞、孤石支承在紧密的土层或新鲜岩层上，不适用于有严重地质缺陷的地区，如断层挤压破碎带或严重的松散区域。

管柱按材料分类有钢筋混凝土管柱、预应力混凝土管柱及钢管柱三种。

管柱基础按地基土的支承情况可分为以下两种。

(1)如管柱穿过土层落于基岩上或嵌于基岩中，则柱的支承力主要来自柱端岩层的阻力，称为支承式管柱基础；

(2)如管柱下端未达基岩,则柱的支承力将同时来自柱侧土的摩擦力和柱端土的阻力,称为摩擦式或支承及摩擦式管柱基础。

1210 什么是沉井基础?有什么特点?什么情况下适用?其常见分类有哪些?

沉井基础是一种断面和刚度均比桩要大得多的井筒状结构,是依靠在井内挖土,借助井体自重及其他辅助措施而逐步下沉至预定设计标高,最终形成的一种结构深基础型式。沉井基础施工时占地面积小,坑壁不需设临时支撑和防水围堰或板桩围护,与大开挖相比较,挖土量少,对邻近建筑物的影响比较小,操作简便,无需特殊的专业设备。

当桥梁结构上部荷载较大,而表层地基土的容许承载力不足,但在一定深度下有好的持力层,扩大基础开挖工作量大,施工围堰支撑有困难,或采用桩基础受水文地质条件限制时,此时采用沉井基础与其他深基础相比,经济上较为合理。

沉井是桥梁墩台常用的一种深基础型式,有较大的承载面积,可以穿道不同深度覆盖层,将基底放置在承载力较大的土层或岩面上,能承受较大的上部荷载。

沉井基础刚度大,有较大的横向抗力,抗振性能可靠,尤其适用于竖向和横向承载力大的深基础。

沉井基础按其制造情况可分为就地浇筑下沉沉井、浮式沉井;按其横截面形状分为圆形、矩形、椭圆形、圆端形、多边形及多孔井字形沉井等;按其竖向剖面形状可分为柱形、锥形、阶梯形沉井等;按材料可分为混凝土、钢筋混凝土、钢、砖石,木沉井等。

1211 什么是地下连续墙?适用于什么情况?受力特点和常见分类是什么?

地下连续墙是采用膨润土泥浆护壁,用专用设备开挖出一条具有一定宽度与深度的沟槽,在槽内设置钢筋笼,采用导管法在泥浆中浇筑混凝土,筑成一单元墙段,依次顺序施工,以某种接头方法连接成的一道连续的地下钢筋混凝土墙。

地下连续墙具有多功能性，可适用于各种用途，通常可作为基坑开挖时防渗、挡土，或挡水围堰，或邻近建筑物基础的支护，或直接作为承受上部荷载的基础结构。地下连续墙可用于除岩溶和地下承压水很高处的其他各类土层中施工。

地下连续墙墙体刚度大，主要承受竖向和侧向荷载，通常既要作为永久性结构的一部分，又要作为地下工程施工过程中的防护结构，因此，设计时应计算在施工期间及使用各个阶段，各种支承条件下的墙体受力。作用在墙体上的荷载，除自重外，主要有水压力、土压力、地震力以及上部荷载，施工荷载等。

地下连续墙分类如下：

接成墙方式可分为桩排式、壁板式、组合式。

按墙的用途可分为临时挡土墙、用作主体结构一部分兼作临时挡土墙的地下连续墙、用作多边形基础兼作墙体的地下连续墙。

按挖槽方式大致可分为抓斗式、冲击式、回转式。

1212 重力式桥墩、重力式桥台主要特点是什么？什么情况下适用？主要缺点是什么？

重力式桥墩与重力式桥台的主要特点是靠自身重量来平衡外力而保持其稳定，因此，墩、台身比较厚实，可以不用钢筋，而用天然石材或片石混凝土砌筑。它适用于地基良好的大、中型桥梁，或流冰、漂浮物较多的河流中。在砂石料方便的地区，小桥也往往采用。主要缺点是圬工体积较大，因而其自重和阻水面积也较大。

拱桥重力式桥墩分为普通墩与制动墩，制动墩要能承受单向较大的水平推力，防止出现一侧的拱桥倾坍，因而尺寸较厚实；与梁桥重力式桥墩相比较，有拱座等构造设施。

梁桥和拱桥上常用的重力式桥台为U形桥台，它适用于填土高度在8～10 m以下或跨度稍大的桥梁。

缺点是桥台体积和自重较大，也增加了对地基的要求。此外，桥台的两个侧墙之间填土容易积水，结冰后冻胀，使侧墙产生裂缝，所以宜用渗水性较好的土夯填，并做好台后排水措施。

1213 梁桥轻型桥墩、台有什么特点？适用于哪些地区采用？

(1)梁桥轻型桥墩特点

钢筋混凝土薄壁桥墩：施工简便，外形美观，过水性良好，适用于地基土软弱的地区。需耗费用于立模的木料和一定数量的钢筋。

柱式桥墩：外形美观，圬工体积少，而且重量较轻。

钻孔桩柱式桥墩：适合于多种场合和各种地质条件。通过增大桩径、桩长或用多排桩加建承台等措施，也能适用于更复杂的软弱地质条件以及较大的跨径和较高的桥墩。

柔性排架桩墩：优点是用料省、修建简便、施工速度快。主要缺点是用钢量大，使用高度和承载能力受到一定限制。因此它只适合于在低浅宽滩河流、通航要求低和流速不大的水网地区河流上修建小跨径桥梁时采用。

(2)梁桥轻型桥台适用范围

设有支撑梁的轻型桥台：适用于单跨桥梁，桥孔跨径 6～10 m，台高不超过 6 m。

埋置式桥台：其适用于桥孔跨径 8～20 m，填土高度 3～5 m。当填土高度大于 5 m 时宜采用框架式埋置式桥台。

钢筋混凝土薄壁桥台：适用于软弱地基的条件，但其构造和施工比较复杂，并且钢筋用量也较多。

加筋土桥台：在台后路基填土不被冲刷的中、小跨径桥梁，台高 3～5 m 时，可采用加筋土桥台。

1214 拱桥轻型桥墩、台的适用范围是什么？

(1)拱桥轻型桥墩适用范围

带三角杆件的单向推力墩：只在桥不太高的旱地上采用。

悬臂式单向推力墩：适用于两铰双曲拱桥。

(2)拱桥轻型桥台适用范围

八字形桥台适合于桥下需要通车或过水的情况；U 字形桥台适合于较小跨径的桥梁；背撑式桥台适用于较大跨径的高桥和宽桥；靠背式框架桥台适合于在非岩石地基上修建拱桥桥台。拱桥的其他形式桥台；组合式桥台适用于各种地质条件；空腹式桥台一般是在软土地基、河床无冲刷或冲刷轻微、水位变化小的河道上采用；齿槛式桥台适用于软土地基和路堤较低的中小跨径拱桥。

第二章　钢筋与混凝土

第一节　钢筋加工、连接、绑扎与安装

2101　桥涵工程使用的钢筋有哪些基本要求？

(1)桥涵工程使用的钢筋应符合相关产品现行国家标准、行业标准的规定。

(2)钢筋应具有出厂质量证明书和试验报告单，进场时除应检查其外观和标志外，尚应按不同的钢种、等级、牌号、规格和生产厂家分批抽取试样进行力学性能检验，检验合格后方可使用。

(3)钢筋在运输过程中应避免锈蚀、污染或被压弯；在工地存放时，应按不同品种、规格，分批分别堆置整齐，不得混杂，并应设立识别标志，存放时间不宜超过 6 个月。存放场地应有防排水设施，且钢筋不得直接置于地面，应垫高或堆置在台座上，顶部应采用合适的材料予以覆盖，防止水浸和雨淋。

(4)在工程施工过程中，应采取适当的措施，防止钢筋产生锈蚀。对设置在结构或构件中的预留钢筋的外露部分，当外露时间较长且环境湿度较大时，宜采取包裹、涂刷防锈材料或其他有效方式，进行临时性防护。

(5)钢筋的级别、种类和直径应按设计规定采用，当需要替换时，应得到设计人员的书面认可。

(6)预制构件的吊环，必须采用未经冷拉的热轧光圆钢筋制作，且其使用时的计算拉应力应不大于 50 MPa。

2102　钢筋加工应符合哪些规定？

(1)钢筋的表面应洁净、无损伤，使用前应将表面的油渍、漆皮、鳞锈等清除干净，带有颗粒状或片状老锈的钢筋不得使用；当除锈后钢筋表面有严重的麻坑、斑点，已伤蚀截面时，应降级使用

或剔除不用。

（2）钢筋应平直、无局部弯折，成盘的钢筋和弯曲的钢筋均应调直才能使用。采用冷拉方法调直钢筋时，HPB235 级钢筋的冷拉率不宜大于 2%；HRB335 及 HRB400 级钢筋的冷拉率不宜大于 1%。

（3）钢筋调直机应固定，手与飞轮应保持安全距离；调至钢筋末端时，应防止甩动和弹起伤人；机械除锈应在调直后进行。

（4）钢筋切断机操作时，不得将两手分在刀片两侧俯身送料；不得切断直径超过机械规定的钢筋。

（5）钢筋的形状、尺寸应按照设计的规定进行加工。加工后的钢筋，其表面不应有消弱钢筋截面的痕迹。

（6）钢筋弯曲机弯制钢筋时，工作台应安装牢固；被弯曲钢筋的直径不得超过弯曲机规定的允许值；弯曲钢筋的旋转半径和机身不设固定锁子的一侧，严禁站人。

2103　加工后的钢筋存放应注意哪些事项？

（1）钢筋成形后，应详细检查尺寸和形状，并注意有无裂纹。

（2）同一类型钢筋应存放在一起。一种形式弯完后，应捆绑好，并挂上编号标签，写明钢筋规格尺寸，必要时还应注明使用的工程名称。

（3）弯曲成型的钢筋，如需运输应谨慎装卸，避免变形，存放时要避免雨淋受潮生锈以及其他有害气体腐蚀。

2104　钢筋的弯制和端部弯钩有哪些具体规定？

1. 受力主筋

受力主筋制作和端部弯钩具体要求见表 2-1。

2. 箍筋

箍筋的末端应做弯钩，弯钩的形状应符合设计规定。弯钩的弯曲直径应大于被箍受力主筋的直径，且 HPB235 级钢筋应不小于箍筋直径的 2.5 倍，HRB335 级钢筋应不小于箍筋直径的 4 倍。

弯钩平直部分的长度，一般结构应不小于箍筋直径的 5 倍；有抗震要求的结构，应不小于箍筋直径的 10 倍。设计对弯钩的形状未规定时，可按图 2-1 中图(a)、(b)加工；有抗震要求的结构，应按图 2-1(c)加工。

表 2-1　受力主钢筋制作和端部弯钩形状

弯曲部位	弯曲角度	形状图	钢筋种类	弯曲直径 D	平直部分长度	备注
末端弯钩	180°	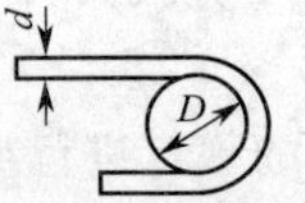	Ⅰ	$\geqslant 2.5d$	$\geqslant 3d$	d 为钢筋直径
	135°	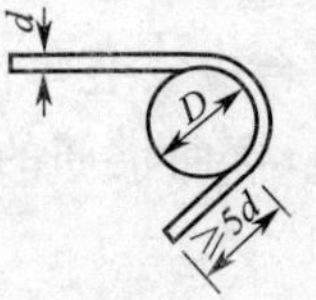	HRB335	$\phi 8 \sim \phi 25 \geqslant 4d$	$\geqslant 5d$	
			HRB400	$\phi 28 \sim \phi 40 \geqslant 5d$		
	90°	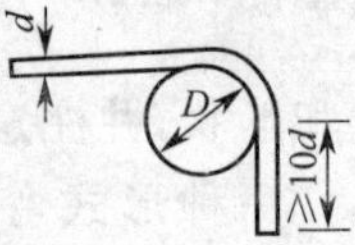	HRB335	$\phi 8 \sim \phi 25 \geqslant 4d$	$\geqslant 10d$	
			HRB400	$\phi 28 \sim \phi 40 \geqslant 5d$		
中间弯钩	90°以下		各类	$\geqslant 20d$		

注：环氧树脂涂层钢筋当进行弯曲加工时，对直径 d 不大于 20 mm 的钢筋，其弯曲直径不应小于 $4d$，对直径 d 大于 20 m 的钢筋，其弯曲直径不小于 $6d$。

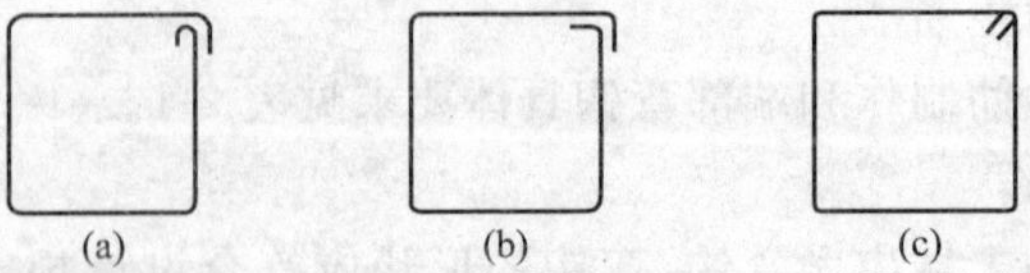

(a) 90°/180°　(b) 90°/90°　(c) 135°/135°

图 2-1　箍筋弯钩形式图

2105 钢筋的连接宜用哪些方法？有什么基本要求？

(1)钢筋的连接宜采用焊接接头或机械连接接头。绑扎接头仅当钢筋构造复杂施工困难时方可采用，绑扎接头的钢筋直径不宜大于 28 mm，对轴心受压和偏心受压构件中的受压钢筋可不大于 32 mm；轴心受拉和小偏心受拉构件不应采用绑扎接头。

(2)受力钢筋的连接接头应设置在内力较小处，并应错开布置。对焊接接头和机械连接接头，在接头长度区段内，同一根钢筋不得有两个接头；对绑扎接头，两接头间的距离应不小于 1.3 倍搭接长度。配置在接头长度区段内的受力钢筋，其接头的截面面积占总截面面积的百分率，应符合表 2-2 的规定。

表 2-2 接头长度区段内受力钢筋接头面积的最大百分率

接头型式	接头面积最大百分率(%)	
	受拉区	受压区
主钢筋绑扎接头	25	50
主钢筋焊接接头	50	不限制

注：1. 焊接接头长度区段内是指 35d(d 为钢筋直径)长度范围内，但不得小于 500 mm，绑扎接头长度区段是指 1.3 倍搭接长度；

2. 在同一根钢筋上应尽量少设接头；

3. 装配式构件连接处的受力钢筋焊接接头可不受此限制；

4. 绑扎接头中钢筋的横向净距不应小于钢筋直径且不应小于 25 mm；

2106 钢筋的焊接接头应符合哪些规定？

(1)钢筋的焊接接头宜采用闪光对焊，或采用电弧焊、电渣压力焊或气压焊，但电渣压力焊仅可用于竖向钢筋的连接，不得用作水平钢筋和斜筋的连接。钢筋焊接的接头形式、焊接方法和焊接材料应符合现行行业标准《钢筋焊接及验收规程》(JGJ 18)的规定。

(2)每批钢筋焊接前，应先选定焊接工艺和焊接参数，按实际条件进行试焊，并检验接头外观质量及规定的力学性能，试焊质量经检验合格后方可正式施焊。焊接时，对施焊场地应有适当的防风、雨、雪、严寒的设施。

(3)电弧焊宜采用双面焊缝，仅在双面焊无法施焊时，方可采用单面焊缝。采用搭接电弧焊时，两钢筋搭接端部应预先折向一侧，两接合钢筋的轴线应保持一致；采用帮条电弧焊时，帮条应采用与主筋相同的钢筋，其总截面面积不应小于被焊接钢筋的截面面积。电弧焊接头的焊缝长度，对双面焊缝不应小于 5 d，单面焊缝不应小于 10d(d 为钢筋直径)。电弧焊接与钢筋弯曲处的距离不应小于 10d，且不宜位于构件的最大弯矩处。

(4)电弧焊接用的焊条应符合设计要求。当设计无要求时，按表 2-3 选用。

表 2-3　焊条型号的选用

焊条型号	药皮类型	电流种类
E4301、E4303、E4313	钛铁矿型、钛钙型、高钛钾型	交流或直流正、反接
E4315	低氢钠型	直流反接
E4316	低氢钾型	交流或直流反接
E5001、E5003	铁钛矿型、钛钙型	交流或直流正、反接
E5015	低氢钠型	直流反接
E5016	低氢钾型	交流或直流反接

2107　钢筋的绑扎接头应符合哪些规定？

(1)绑扎接头的末端距钢筋弯折处的距离，不应小于钢筋直径的 10 倍，接头不宜位于构件的最大弯矩处。

(2)受拉钢筋绑扎接头的搭接长度，应符合表 2-4 的规定；受压钢筋绑扎接头的搭接长度，应取受拉钢筋绑扎接头搭接长度的 0.7 倍。

(3)受拉区内 HPB235 钢筋绑扎接头的末端应做弯钩，HRB335、HRB400 钢筋的绑扎接头末端可不做弯钩。直径等于和小于 12 mm 的受压 HPB235 钢筋的末端，可不做弯钩，但搭接长度不应小于钢筋直径的 30 倍。钢筋搭接处，应在中心和两端用铁丝扎牢。

表 2-4 受拉钢筋绑扎接头的搭接长度

钢筋类型		混凝土强度等级		
		C20	C25	高于 C25
Ⅰ级钢筋		35*d*	30*d*	25*d*
月牙纹	HRB335 牌号钢筋	45*d*	40*d*	35*d*
	HRB400 牌号钢筋	55*d*	50*d*	45*d*

注:1. 当带肋钢筋直径 *d* 不大于 25 mm 时,其受拉钢筋的搭接长度应按表中值减少 5*d* 采用;当带肋钢筋直径 *d* 大于 25 mm 时,其受拉钢筋的搭接长度应按表中值增加 5*d* 采用。

2. 当混凝土在凝固过程中受力钢筋易受扰动时,其搭接长度宜适当增加。

3. 在任何情况下,纵向受拉钢筋的搭接长度不应小于 300 mm;受压钢筋的搭接长度不应小于 200 mm。

4. 当混凝土强度等级低于 C20 时,Ⅰ级、HRB335 钢筋的搭接长度应按表中 C20 的数值相应增加 10*d*;HRB400 钢筋不宜采用。

5. 对有抗震要求的受力钢筋的搭接长度,当抗震烈度为 7 度(及以上)时应增加 5*d*。

6. 两根不同直径的钢筋的搭接长度,以较细的钢筋直径计算。

2108 钢筋的机械连接头应符合哪些规定?

钢筋的机械连接宜采用锻粗直螺纹、滚轧直螺纹或套筒挤压连接接头。镦粗直螺纹和滚轧直螺纹连接接头适用于直径大于或等于 25 mm 的 HRB335、HRB400 级热轧带肋钢筋;套筒挤压连接接头适用于直径 16～40 mm 的 HRB335、HRB400 级热轧带肋钢筋。各类接头的性能均应符合现行行业标准《钢筋机械连接技术规程》(JGJ 107)的规定,并应符合下列规定:

(1)钢筋机械连接接头的等级应选用Ⅰ级或Ⅱ级,接头的性能指标应符合表 2-5 的规定。

(2)钢筋机械连接接头的材料、制作、安装施工及质量检验和验收,应符合现行行业标准《镦粗直螺纹钢筋接头》(JG 171)、《滚轧直螺纹钢筋连接接头》(JG 163)和《钢筋机械连接技术规程》(JGJ 107)的规定。

表 2-5 钢筋接头性能等级

<table>
<tr><td colspan="3">接头等级</td><td>Ⅰ级</td><td>Ⅱ级</td></tr>
<tr><td colspan="3">抗拉强度</td><td>$f^0_{mst} \geqslant f_{stk}$ 断于钢筋
或 $f^0_{mst} \geqslant 1.10 f_{stk}$ 断于接头</td><td>$f^0_{mst} \geqslant f_{stk}$</td></tr>
<tr><td rowspan="3">单向拉伸</td><td rowspan="2">残余变形(mm)</td><td>$d \leqslant 32$</td><td>$u_0 \leqslant 0.10$</td><td>$u_0 \leqslant 0.14$</td></tr>
<tr><td>$d > 32$</td><td>$u_0 \leqslant 0.14$</td><td>$u_0 \leqslant 0.16$</td></tr>
<tr><td colspan="2">最大总伸长率(%)</td><td colspan="2">$A_{sgt} \geqslant 6.0$</td></tr>
<tr><td>高应力反复拉压</td><td colspan="2">残余变形(mm)</td><td colspan="2">$u_{20} \leqslant 0.3$</td></tr>
<tr><td>大变形反复拉压</td><td colspan="2">残余变形(mm)</td><td colspan="2">$u_4 \leqslant 0.3$;$u_8 \leqslant 0.6$</td></tr>
</table>

注:f^0_{mst}—接头试件实侧抗拉强度;f_{stk}—钢筋抗拉强度标准值;d—钢筋公称直径;u_0—接头试件加载至 $0.6f_{yk}$ 并卸载后在规定标距内的残余变形;f_{yk}—钢筋屈服强度标准值;A_{sgt}—接头试件的最大力总伸长度。

(3)钢筋机械连接件的最小混凝土保护层厚度,应符合设计受力主筋混凝土保护层厚度的规定,且不得小于 20 mm;连接件之间或连接件与钢筋之间的横向净距不宜小于 25 mm。

(4)连接套筒、锁母、丝头在运输和储存过程中应采取防护措施,防止雨淋、沾污和损伤。

2109 钢筋机械接头在施工现场的检验与验收应符合哪些规定?

(1)技术提供单位应向使用单位提交有效的型式检验报告。

(2)钢筋连接工程开始前及施工过程中,应对第一批进场钢筋进行接头工艺试验。进行工艺试验时,每种规格钢筋的接头试件不应少于 3 个,其性能满足《公路桥涵施工规范》要求。

(3)现场检验应进行外观质量检查和单向拉伸强度试验。

(4)接头的现场检验应按验收批进行。同一施工条件下采用同一批材料的同等级、同形式、同规格的接头,以 500 个为一个验收批进行检验与验收。

(5)对接头的每一个验收批,应在工程结构中随机截取 3 个试件做抗拉强度试验,当 3 个接头试件的抗拉强度符合相应等级要求时,该验收批评为合格。如有 1 个试件的抗拉强度不合格,应再取 6 个试件进行复检，复检中如仍有一个试件试验结构不合格，则该验收批评为不合格。

(6)在现场连续检验 10 个验收批，其全部试件抗拉强度试验一次抽样均合格时，验收接头数量可扩大 1 倍。

2110　钢筋机械接头连接组装完成后，应符合哪些规定？

(1)对镦粗直螺纹连接接头，套筒每端不宜有一扣以上的完整螺纹外露，加长丝接头型、扩口型及加锁母型接头的外露螺纹不受此限制，但应有明显标记。

(2)对滚轧直螺纹接头，标准型接头连接套筒外应有有效螺纹外露，正反丝扣型接头套筒单边外露有效螺纹不得超过 2 倍螺距。

(3)对套筒挤压接头，挤压后套筒长度应为原套筒长度的 1.10～1.15 倍，压痕道数应符合型式检验确定的道数。

2111　钢筋骨架的焊接拼装应在坚固的工作台上进行，操作时应符合哪些要求？

(1)拼装时应按设计图纸放大样，放样时应考虑焊接变形和预留拱度。

(2)钢筋拼装前，对有焊接接头的钢筋应检查每根接头是否符合焊接要求。

(3)拼装时，在需要焊接的位置用楔形卡卡住，防止电焊时局部变形。待所有焊接点卡好后，先在焊缝两端点焊定位，然后进行焊缝施焊。

(4)骨架焊接时，不同直径钢筋的中心线应在同一平面上。为此，较小直径的钢筋在焊接时，下面宜垫以厚度适当的钢板。

(5)施焊顺序宜由中到边对称地向两端进行，先焊骨架下部，后焊骨架上部。相邻的焊缝采用分区对称跳焊，不得顺方向一次焊成。

2112　钢筋的安装、绑扎有什么基本要求？

1. 安装钢筋应符合下列规定

(1)钢筋的级别、直径、根数、间距等应符合设计要求。

(2)对多层多排钢筋,宜根据安装需要在其间隔处设立一定数量的架立钢筋或短钢筋,但架立钢筋或短钢筋的端头不得伸入混凝土保护层内。

(3)当钢筋过密影响混凝土浇筑质量时,应与设计人员协商解决。

2. 钢筋的绑扎应符合下列规定

(1)钢筋的交叉点宜采用直径 0.7～2 mm 的铁丝扎牢,必要时可采用点焊焊牢。绑扎宜采取逐点改变绕丝方向的 8 字形方式交错扎结,对直径 25 mm 及以上的钢筋,宜采取双对角线的十字形方式扎结。

(2)结构或构件拐角处的钢筋交叉点应全部绑扎;中间平直部分的交叉点可交错绑扎,但绑扎的交叉点宜占全部交叉点的40%以上。

(3)钢筋绑扎时,除设计有特殊规定者外,箍筋应与主筋垂直。

(4)绑扎钢筋的铁丝丝头不应进入混凝土保护层内。

3. 钢筋与模板之间应设置垫块,垫块的制作、设置和固定应符合下列规定

(1)混凝土垫块应具有足够的强度和密实性;采用其他材料制作垫块时,除应满足使用强度的要求外,其材料中不应含有对混凝土产生不利影响的成分。垫块的制作厚度不应出现负误差,正误差应不大于 1 mm。

(2)用于重要工程或有防腐蚀要求的混凝土结构或构件中的垫块宜采用专门制作的定型产品,且该类产品的质量同样应符合第 1 款的规定。

(3)垫块应相互错开、分散设置在钢筋与模板之间但不应横贯混凝土保护层的全部截面进行设置。垫块在结构或构件侧面和底面所布设的数量应不少于 3 个/m^2,重要部位宜适当加密。

(4)垫块应与钢筋绑扎牢固,且其绑丝的丝头不应进入混凝土保护层内。

(5)混凝土浇筑前,应对垫块的位置、数量和紧固程度进行检查,不符合要求时应及时处理,应保证钢筋的混凝土保护层厚度满足设计要求和规范的规定。

2113　钢筋安设、支承及固定应注意什么？

（1）所有钢筋应准确安设，当浇筑混凝土时，用支承将钢筋牢固地固定。钢筋应可靠地系紧在一起，不允许在浇筑混凝土时安设或插入钢筋。

（2）桥面板钢筋的所有交叉点均应绑扎，以避免在浇混凝土时钢筋移位。但两个方向的钢筋中距均不小于 300 mm 时，则可隔一个交叉点进行绑扎。

（3）用于保证钢筋固定于正确位置的预制混凝土垫块，其形状大小应为监理工程师所接受，同时，其设计应避免混凝土垫块在浇筑混凝土时倾倒。垫块混凝土的骨料粒径不得大于 10 mm，其强度应与相邻的混凝土强度一致。用 1.3 mm 直径的退火软铁丝预埋于垫块内以便与钢筋绑扎。不得用卵石、碎石、碎砖、金属管及木块作为钢筋的垫块。

（4）钢筋的垫块间距在纵横向均不得大于 1.2 m。桥面板混凝土的钢筋安设按照图纸要求，在竖向不应有大于＋5 mm 的偏差。

（5）钢筋网片间或钢筋网格间，应相互搭接使能保持强度均匀，且应在端部及边缘牢固地连接。其边缘搭接长度应不小于一个网眼。

（6）在钢筋安装过程中，及时对设计的排气孔，排水孔，滴水槽等预留孔道及护栏、伸缩缝、泄水管等预埋件进行设置，设置位置要正确、固定牢固。

（7）钢筋安装位置与预应力管道或锚件位置发生冲突时，应适当调整钢筋位置，确保预应力构件位置符合设计要求。焊接钢筋时应避免钢绞线和金属波纹管道被电焊烧伤，防止造成张拉断裂和管道被混凝土堵塞而无法进行压浆。

第二节　混凝土材料

2201　桥梁工程选用水泥有哪些基本规定？

（1）公路桥涵工程采用的水泥应符合现行国家标准《通用硅酸

盐水泥》(GB 175)的规定,水泥的品种和强度等级应通过混凝土配合比试验选定,且其特性应不会对混凝土的强度、耐久性和工作性能产生不利影响。当混凝土中采用碱活性集料时,宜选用含碱量不大于0.6%的低碱水泥。

(2)水泥进场时,应附有生产厂的品质试验检验报告等合格证明文件,并应按批次对同一生产厂、同一品种、同一强度等级及同一出厂日期的水泥进行强度、细度、安定性和凝结时间等性能的检验,散装水泥应以每500 t为一批,袋装水泥应以每200 t为一批,不足500 t或200 t时,亦按一批计。当对水泥质量有怀疑或受潮或存放时间超过3个月时,应重新取样复验,并应按其复验结果使用,试验方法应符合现行行业标准《公路工程水泥及水泥混凝土试验规程》的规定。

(3)公路桥涵混凝土工程宜使用散装水泥,散装水泥在工地应采用专用水泥罐储存;采用袋装水泥时,在运输和储存过程中应防止受潮,且不得长时间露天堆放,临时露天堆放时应设支垫并覆盖。不同品种、强度等级和出厂日期的水泥应分别按批存放。

2202 常用的水泥种类有哪些?

我国的水泥按现行国家标准《通用硅酸盐水泥》(GB 175)的分类有:硅酸盐水泥、普通硅酸盐水泥、矿渣硅酸盐水泥、火山灰质硅酸盐水泥、粉煤灰硅酸盐水泥和复合硅酸盐水泥等。相关性能特点和适用范围见表2-6。其中矿渣硅酸盐水泥、火山灰质硅酸盐水泥、粉煤灰硅酸盐水泥、复合硅酸盐水泥等四种硅酸盐水泥允许掺入20%以上的不同矿物混合物等量取代熟料,掺加后其性能随之产生变化。为了有效控制混凝土的质量,当采用掺入外加剂与掺合料来配制桥涵结构的混凝土时,适用的水泥一般应为硅酸盐水泥或普通硅酸盐水泥;大体积混凝土适用的水泥宜为中热硅酸盐水泥、低热矿渣硅酸盐水泥、粉煤灰硅酸盐水泥或矿渣硅酸盐水泥。对于粉煤灰硅酸盐水泥、矿渣硅酸盐水泥不宜再掺入相应的矿渣、粉煤灰。

表 2-6 五大品种水泥的定义、标号、性能特点及适用范围

品种	标准代号	标号	性能特点	适用范围	不适用范围
硅酸盐水泥	P·Ⅰ、P·Ⅱ	42.5，42.5R，52.5，52.5R，62.5，62.5R	硬化快、早期强度高、水化热较高、抗冻性能好、耐热性较差、耐腐蚀性较差	快硬早强的工程、配制高标号混凝土、预应力构件、地下工程的喷射里衬等	大体积混凝土工程、受化学侵蚀水及海水侵蚀的工程、受水压作用的工程
普通硅酸盐水泥	P·O	42.5，42.5R，52.5，52.5R	早期强度较高、水化热较高、耐冻性好、耐热性较差、耐腐蚀性较差，耐水性较差	一般土建工程中混凝土及预应力构件、受反复冰冻作用的结构、拌制高强度混凝土	大体积混凝土工程、受化学侵蚀水及海水侵蚀的工程、受水压作用的工程
矿渣硅酸盐水泥	P·S		硬化慢、后期强度增长较快、水化热较低、耐热性较好、耐硫酸盐侵蚀和耐水性较好、抗冻性差、易泌水、干缩较大	高温和有耐热要求的混凝土结构、大体积混凝土结构、蒸养的混凝土构件、有抗硫酸盐侵蚀要求的一般工程	早期强度要求较高的工程、严寒地区及处于水位升降范围内的混凝土结构
火山灰质硅酸盐水泥	P·P	32.5，32.5R，42.5，42.5R，52.5，52.5R	硬化慢、水化热较低、耐硫酸盐侵蚀和耐水性较好、耐热性抗冻性差、易泌水、干缩较大	地下及水小大体积混凝土结构和、蒸养的混凝土结构、有抗硫酸盐侵蚀要求的一般工程	处于干燥环境的工程、有耐磨性要求的工程、其他同矿渣水泥
粉煤灰硅酸盐水泥	P·F		硬化慢、水化热较低、耐热性差、干缩较小、抗裂性较好、抗炭化能力差、耐硫酸盐侵蚀和耐水性较好	地上和地下及水中大体积混凝土结构、蒸养的混凝土结构、一般混凝土结构、有抗硫酸盐侵蚀要求的一般工程	有抗炭化要求的工程、其他同火山灰水泥

2203 公路桥梁工程高性能混凝土用水泥有什么质量要求？

高性能混凝土用水泥宜选用品质稳定、标准稠度低、强度等级不低于42.5的硅酸盐水泥或普通硅酸盐水泥，不宜采用矿渣硅酸盐水泥、火山灰质硅酸盐水泥及粉煤灰硅酸盐水泥。水泥的技术要求除应符合现行国家标准《通用硅酸盐水泥》(GB 175)的规定外，尚应符合表2-7的规定。

表2-7 水泥质量要求

项目	技术要求	检验标准
比表面积(m^2/kg)	≤350(硅酸盐水泥、抗硫酸盐硅酸水泥)	《水泥比表面积测定方法(勃氏法)》(GB/T 8074)
80 μm方孔筛余(%)	≤10.0(普通硅酸盐水泥)	《水泥细度检验方法(筛析法)》(GB/T 1345)
游离氧化钙含量(%)	≤1.5	《水泥化学分析方法》(GB/T 176)
碱含量(%)	≤0.60	《水泥化学分析方法》(GB/T 176)
熟料中的C_3A含量(%)	≤8；海水互不干涉下≤10	按《水泥化学分析方法》(GB/T 176)检验后计算求得
氯离子含量(%)	≤0.03	《水泥化学分析方法》(GB/T 176)

2204 水泥为什么要控制碱含量？控制值一般为多少？

水泥含碱量的控制主要是从碱—集料反应的角度考虑。工程实践中发现有的结构混凝土的开裂是由于水泥的高含碱量所引起的收缩所致，为防止碱促进混凝土的开裂，水泥的含碱量应不大于0.6%的要求，水泥的碱含量按氧化钠当量计($Na_2O+0.658K_2O$)。这个碱含量的限值是国际上公认的安全指标。

2205 水泥强度波动对混凝土强度有什么影响?

当水灰比(W/C)一定时,混凝土强度将随水泥 28 d 胶砂强度变化而变化,但不同等级混凝土(水灰比 W/C 不同)的强度变化率不一样。当水泥强度变化 1 MPa 时,理论上各等级混凝土强度的变化值在 0.67～1.50 MPa 范围内变化。C40 及以上高强度混凝土的强度对水泥强度波动较为敏感,例如水泥强度每波动 1 MPa,C60 混凝土强度波动达1.5 MPa;而对 C40 以下低强度混凝土,水泥强度波动对混凝土强度的影响较小。一般同一水泥厂的同一强度等级水泥的强度波动范围在7～13 MPa,其对 C20～C60 混凝土强度分别造成 5.0～20 MPa 的波动幅度。在配制 C20～C60 混凝土时,混凝土富余强度一般在 6～10 MPa,水泥强度波动引起混凝土的强度波动已经接近或超过混凝土富余强度,因此若水泥强度波动过大,则容易造成混凝土强度不合格。

2206 水泥在施工现场应如何保存?

(1)入库的水泥应按品种、标号、出厂日期分别堆放,并树立标志,做到先到先用,并防止混掺使用。

(2)为了防止水泥受潮,现场仓库应尽量密封,包装水泥存放时,应垫起离地约 30 cm,离墙亦应在 3 cm 以上,堆放高度一般不能超过 10 袋,临时露天暂时存放水泥也应用防雨篷布盖严,底板要垫高并采取防潮措施,一般不能用油纸、油毡和油布铺垫。

(3)水泥贮存时间不宜过长,以免结块降低强度,常用水泥在正常环境下存放 3 个月,强度将降低很大,为此,水泥存放时间按出厂日期算起,超过三个月应视为过期水泥,使用时必须重新检验确定标号。

(4)受潮水泥经鉴定后,在使用前将结成的硬块筛除,凡受潮和过期的水泥不宜用于强度等级高的混凝土或主要工程结构部位。

(5)水泥不得与石灰石、石膏、白垩、黏土、农药、化肥等粉状物混合存放在同一仓库内,以免误用或混杂。

2207 砂子为什么设置细度模数和颗粒级配这两个指标?什么样的砂子适宜配制重要工程的混凝土?

细度模数是反映砂的全部颗粒粗细程度的指标,它不能反映颗粒级配程度。细度模数相同而级配不同的砂,会具有不同的混凝土配制性质。合格粒径与良好级配的集料可使混凝土用水量降低约20%,有可能减小收缩值约100×10^{-6}。因此,砂子一般都对细度模数和颗粒级配有具体要求。砂子一般按颗粒级配分为三个区,其中Ⅰ区基本属于粗砂范畴,Ⅱ区基本属于中砂范畴,Ⅲ区基本属于细砂范畴。为了保证混凝土结构物的质量,重要工程的混凝土用砂宜选用中砂,细度模数宜为2.9～2.6。

2208 砂子含泥量对混凝土性能有哪些影响?

砂子含泥量对新拌混凝土性能的影响表现在对混凝土用水量、坍落度的影响,砂子含泥量大,混凝土的需水量高,坍落度减少,坍落度损失加大,尤其是对聚羧酸高性能减水剂的影响更大,含泥量超过3%后,掺聚羧酸外加剂的混凝土坍落度能减少50～70 mm,坍落度损失半小时能达到初始坍落度的一半。这主要是由于砂子含泥量中的细颗粒吸附水与外加剂的能力较其他颗粒更大。

砂子含泥量对硬化混凝土性能的影响表现在强度和收缩性方面,一般砂子含泥量超过2%就会对混凝土强度产生不利影响。同时含泥量的增加会加大混凝土的干缩,降低混凝土的抗渗性、抗冻性,这主要是由于含泥量会减弱各组分之间的黏结力,增加混凝土微小渗水通道的缘故。

2209　高性能混凝土用砂一般有哪些质量要求?

高性能混凝土用砂技术指标见表 2-8。

2210　工程中为什么选用连续级配的粗集料?

粗集料的级配和粒径不好，必然要加大混凝土的胶凝材料总量和用水量，从而增加混凝土的收缩、增加混凝土的渗透性等不良性能，为了提高混凝土的耐久性，要求采用良好的级配。粗集料的良好级配应使孔隙小、水泥用量少、不易离析及和易性好。连续级配粗集料的分级尺寸互相衔接，每级均占一定数量，天然卵石属此种级配，拌制混凝土时和易性好，不易发生离析。单粒级的集料分级尺寸不相衔接，易离析，捣固较困难，只有在特殊的情况下，并经拌制混凝土试验，无离析现象时方考虑采用单粒级配。

2211　选择粗骨料的最大粒径时应符合哪些规定?

粗集料最大粒径宜按混凝土结构情况及施工方法选取，但应符合下列要求：

(1)最大粒径不得超过结构最小边尺寸的 1/4 和钢筋最小净距的 3/4。

(2)在两层或多层密布钢筋结构中，最大粒径不得超过钢筋最小净距的 1/2，同时不得超过 75.0 mm。

(3)混凝土实心板的粗集料最大粒径不宜超过板厚的 1/3，且不得超过 37.5 mm。

(4)泵送混凝土的粗集料最大粒径，除应符合上述规定外，对碎石不宜超过输送管径的 1/3；对卵石不宜超过输送管径的 2/5。

2212　高性能混凝土用粗骨料质量要求是什么?

高性能混凝土用粗骨料技术指标见表 2-9。

表 2-8 高性能混凝土用砂技术指标

序号	项目	质量指标			检验标准	备注
		<C30	C30～C45	≥C50		
1	颗粒级配	符合 GB/T 14684 第 6.1 条 2 区			《公路工程集料试验规程》(JTG E42)	符合 JTG/T F50—2011 第 6.3.1 条规定
2	细度模数	2.3～3.1				符合 JTG/T F50—2011 第 6.15.5 条规定
3	含泥量(%)	≤3.0	≤2.5	≤2.0		符合 JTG/T F50—2011 第 6.15.5 条规定
4	泥块含量(%)	≤0.5				符合 JTG/T F50—2011 第 6.15.5 条规定
5	云母含量(%)	≤0.5				符合 JTG/T F50—2011 第 6.15.5 条规定
6	轻物质含量(%)	≤0.5				符合 JTG/T F50—2011 第 6.15.5 条规定
7	氯离子含量(%)	<0.02			《建设用砂》(GB/T 14684)	符合 JTG/T F50—2011 第 6.15.5 条规定
8	硫化物及硫酸盐含量(%)	≤0.5			《公路工程集料试验规程》(JTG E42)	符合 JTG/T F50—2011 第 6.15.5 条规定
9	有机物含量	合格				符合 JTG/T F50—2011 第 6.15.5 条规定
10	坚固性(%)	≤8(天然砂,硫酸钠溶液法) ≤25(人工砂,压碎指标)				符合 JTG/T F50—2011 第 6.3.1 条Ⅱ类砂

续上表

序号	项目		质量指标			检验标准	备注
			<C30	C30～C45	≥C50		
11	石粉含量(%)	MB 值<1.4	≤10	≤7	≤5	《公路工程集料试验规程》(JTG E42)	符合 JTG/T F50—2011 第 6.3.1 条规定
		MB 值≥1.4	≤5	≤3	≤2		
12	吸水率(%)		≤2%				符合 JTG/T F50—2011 第 6.15.5 条规定
13	表观密度(kg/m^3)		>2 500				符合 JTG/T F50—2011 第 6.3.1 条规定
14	松散堆积密度(kg/m^3)		>1 350				符合 JTG/T F50—2011 第 6.3.1 条规定
15	空隙率(%)		<47				符合 JTG/T F50—2011 第 6.3.1 条规定
16	碱集料反应		经碱集料反应试验后，试件无裂缝、酥裂、胶体外溢现象，在规定试验龄期的膨胀率应小于 0.10%			《建设用砂》(GB/T 14684)	符合 JTG/T F50—2011 第 6.3.1 条规定

表 2-9　高性能混凝土用粗骨料的技术指标

序号	项　目	质量指标			检验标准	备　注
		<C30	C30～C45	≥C50		
1	颗粒级配	符合 JTG/T F50—2011 第 6.4.3 条规定			《公路工程集料试验规程》(JTG E42)	符合 JTG/T F50—2011 第 6.4.3 条规定
2	含泥量(%)	≤1.0	≤1.0	≤0.5		符合 JTG/T F50—2011 第 6.15.6 条规定
3	泥块含量(%)	≤0.25				符合 JTG/T F50—2011 第 6.15.6 条规定
4	针、片状颗粒总含量(%)	≤7				符合 JTG/T F50—2011 第 6.15.6 条规定
5	硫化物及硫酸盐含量(%)	≤0.5			《建设用卵石、碎石》(GB/T 14685)	符合 JTG/T F50—2011 第 6.15.6 条规定
6	氯离子含量(%)	≤0.02				符合 JTG/T F50—2011 第 6.15.6 条规定
7	有机物含量	比色法合格			《公路工程集料试验规程》(JTG E42)	符合 JTG/T F50—2011 第 6.15.6 条规定
8	压碎值(%)	≤18			《建设用卵石、碎石》(GB/T 14685)	符合 JTG/T F50—2011 第 6.15.6 条规定
9	坚固性(%)	<8(预应力混凝土<5)			《公路工程集料试验规程》(JTG E42)	符合 JTG/T F50—2011 第 6.15.6 条规定
10	吸水率(%)	<2				符合 GB/T 14685 第 6.8 条Ⅱ类规定

续上表

序号	项目	质量指标			检验标准	备注
		<C30	C30～C45	≥C50		
11	岩石抗压强度(MPa)	火成岩>80;变质岩>60,水成岩>30			《公路工程岩石试验规程》(JTG E41)	符合 JTG/T F50—2011 第 6.4.1 条规定
12	表观密度(kg/m³)	>2 500			《公路工程集料试验规程》(JTG E42)	符合 JTG/T F50—2011 第 6.4.1 条规定
13	松散堆积密度(合成级配)(kg/m³)	>1 500				符合 JTG/T F50—2011 第 6.15.6 条规定
14	紧密空隙率(合成级配)(%)	<40			《建设用卵石、碎石》(GB/T 14685)	符合 JTG/T F50—2011 第 6.15.6 条规定
15	碱集料反应	经碱集料反应试验后,试件无裂缝、酥裂、胶体外溢现象,在规定试验龄期的膨胀率应小于 0.10%			《建设用卵石、碎石》(GB/T 14685)	符合 JTG/T F50—2011 第 6.4.1 条规定

2213 水在混凝土中的作用有哪些?

水是混凝土组成中必不可少的组份,水在混凝土中的作用有三个方面,一是水化作用,提供胶凝材料水化反应所需水,这部分水在混凝土总用水量中所占比例较少,一般为水泥用量的17%左右;二是润滑作用,是混凝土形成可施工性的关键,该部分水量的多少与所要求的坍落度等施工性能有直接关系,而且,各种原材料的种类、用量、需水性大小以及外加剂、纤维掺加与否关系较大。起润滑作用的水在混凝土浇筑振捣完成后逐步向混凝土表面渗透蒸发掉,而在混凝土结构中形成大大小小的渗水通道,这些渗水通道是混凝土在工作状态中遭受环境介质侵害的根本性原因,它的状况直接关系到混凝土的强度与耐久性;水在混凝土中第三个作用是养护,混凝土的水化是一个长期而漫长的过程,而水化必须在水分充足的情况下才能正常进行。

2214 拌制混凝土用水应符合哪些质量要求?

(1)拌和用水应不影响混凝土的和易性及凝结;不影响混凝土强度的发展;不降低混凝土的耐久性;不加快钢筋的锈蚀及导致预应力钢筋脆断;不污染混凝土表面。

(2)拌和用水与饮用水样进行水泥凝结时间对比试验,对比试验的水泥初凝时间差及终凝时间差均不得大于 30 min,且其初凝与终凝时间尚应符合 GB 175 水泥标准的规定。

(3)用拌和用水与饮用水样进行水泥胶砂强度对比试验,拌和用水配制的水泥胶砂 3 d 和 28 d 强度不得低于用饮用水配制的水泥胶砂 3 d 和 28 d 强度的 90%。

(4)拌和用水不应有漂浮明显的油脂和泡沫,不应有明显的颜色和异味。

(5)拌和用水的 pH 值、不溶物、可溶物、氯化物、硫酸盐及碱含量的含量应符合表 2-10 规定。

表 2-10 水的物质含量限值 单位:mg/L

项目	预应力混凝土	钢筋混凝土	素混凝土	项目	预应力混凝土	钢筋混凝土	素混凝土
pH 值	≥5.0	≥4.5	≥4.5	Cl^-	≤500	≤1 000	≤3 500
不溶物	≤2 000	≤2 000	≤5 000	SO_4^{2-}	≤600	≤2 000	≤2 700
可溶物	≤2 000	≤5 000	≤10 000	碱含量	≤1 500	≤1 500	≤1 500

注:采用非碱活性骨料时,可不检验碱含量。对于设计使用年限为 100 年的结构混凝土,Cl^- 含量不得超过 500 mg/L。

2215 粉煤灰使用中应注意哪些事项?

(1)掺粉煤灰混凝土的抗碳化性需要改善。措施包括:适当增加混凝土保护层厚度、混凝土的表面作防护处理,采用双掺技术、在粉煤灰混凝土中掺入耐久性改善剂等,以减少和防止掺粉煤灰混凝土的过早碳化。据研究掺入耐久性改善剂,可提高混凝土的抗碳化性能。例如掺入耐久性改善剂的钢筋混凝土结构(水灰比为 0.5,保护层 40 mm),其碳化速度极慢,碳化至钢筋表面需 800 年。

(2)粉煤灰混凝土搅拌时,由于粉煤灰遇水易黏结成团,因此应与水泥同时投料并拌匀,然后再加水搅拌,搅拌时间宜延长,其潮湿养护时间也应适当延长。

(3)粉煤灰中的粗颗粒可在混凝土中起稳定体积的作用,故不必追求细度。碳会降低粉煤灰的抗裂性,故对粉煤灰重点应控制烧失量(含碳量)。

(4)掺粉煤灰混凝土比普通混凝土更需要加强养护才能发挥粉煤灰的作用。

2216 矿粉与粉煤灰有什么区别?

(1)两者来源不同:粉煤灰来源于热电厂排放的烟气经收尘处理后收集得到的飞灰;而磨细矿粉则是由炼铁高炉排出的熔融态矿渣经水淬(粒化)后再进行干燥、磨细加工而得到的超细粉末。

(2)两者化学组成不同:一般粉煤灰含很高的SiO_2、Al_2O_3,但CaO却非常低(仅为1%～5%);磨细矿粉则具有与普通硅酸盐水泥非常相近的化学组成,如CaO含量30%～42%,SiO_2含量35%～38%,Al_2O_3含量10%～18%,MgO含量5%～14%。

(3)两者水化活性不同:粉煤灰不具有自身水化硬化特性,只能在有活性激发剂(如硅酸盐水泥等)作用下,才能具有强度;磨细矿粉却具有自身水化硬化特点,能在加水拌和后自行水化硬化并具有强度。当有硅酸盐水泥激发时,其活性得到更充分的发挥。

(4)两者的允许掺量不同:粉煤灰在水泥中的允许掺加量为20%～40%,但在混凝土中最大掺量一般不超过35%;磨细矿粉在水泥或混凝土中的掺加量则可达20%～70%。一些欧洲国家甚至允许掺到85%。

2217 矿渣粉在混凝土中使用应注意哪些事项?

(1)严格控制矿粉质量,特别是矿粉的细度

一旦其细度大幅度降低,会给混凝土带来诸多问题,如:黏聚性下降出现离析和泌水;凝结时间延长;早期强度降低,甚至28d强度也会不同程度降低等。因此,在使用矿粉时应加强比表面积检测。

(2)掺量选择要合适

单掺矿粉时,可按等量取代原则确定矿粉的合适掺量,对于地上结构以及有较高早期强度要求的混凝土结构,掺量一般为20%～30%;对于地下结构、强度要求中等的混凝土结构,掺量一般为30%～50%;对于大体积混凝土或有严格温升限制的混凝土结构,掺量一般为50%～65%;对于有较高耐久性能要求的特殊混凝土结构(如海工防腐蚀结构、污水处理设施等),掺量可达50%～70%。

(3)养护非常重要

受施工进度、结构形式、养护手段和人员素质等方面因素的影响,混凝土的养护经常得不到重视。使混凝土的养护出现不少问

题。在矿粉或矿粉和粉煤灰复合掺加的情况下，更需要加强养护，只有充分养护才能发挥掺合料的作用。首先早期养护应在混凝土终凝前进行（如喷洒养护剂、覆盖湿麻布或塑料布等）；再者水养护时间至少为 7 d，当掺量达 50%以上时，水养护期应延长至 14 d。在拆模后由专人负责一遍又一遍地用喷雾器在墙上喷水，这样既能长期保持混凝土表面的湿度，又节约用水，还减少了因养护用水四处流淌影响施工。

2218　矿渣粉掺量过大时会给混凝土带来哪些问题？

尽管在试配时，矿粉掺量在 70%以内对混凝土强度影响不大，但过大的掺量在实际应用中确存在很多问题。

(1)混凝土凝结时间问题。掺量过高时，薄壁结构由于混凝土温度很快与环境温度相同，其混凝土的凝结时间会明显加长，不利于施工。对于竖向结构，由于混凝土长期处于塑性状态，会使混凝土发生较大沉降收缩，常常出现沿箍筋的环行裂缝。大体积混凝土的凝结时间则不然，由于它能积聚水化热，凝结时间往往比试验要短的多。因此采用大掺量矿粉或矿粉与粉煤灰复配可降低水化热，延缓凝结时间，对大体积混凝土是比较有利的。

(2)混凝土黏聚性问题。随着混凝土强度等级提高，混凝土的黏聚性不断增加，这样配制混凝土就存在着两头难的问题。低强度等级混凝土黏聚性差，需要设法增加其黏度，减少混凝土离析泌水的可能；高强度等级混凝土黏聚性大，需要设法降低其黏度来保证施工性能。由于细度达到 400 m^2/kg 以上的矿粉可增加混凝土黏度，因此它有利于低强度等级混凝土而不利于高强度等级混凝土配制。配制高强度混凝土时需要矿粉和可以降低混凝土黏度的优质粉煤灰复合使用。

2219　高性能混凝土用减水剂主要性能要求有哪些？

高性能混凝土用减水剂主要性能要求见表 2-11。

表 2-11 高性能减水剂的性能要求

序号	项目		技术要求			检验标准	备注
			早强型	标准型	缓凝型		
1	硫酸钠含量(%)(折固)			≤5.0		《混凝土外加剂匀质性试验方法》(GB/T 8077)	符合 JTG/T F50—2011 第 6.15.7 条规定
2	氯离子含量(%)(折固)			≤0.2			JT/T 769 要求
3	碱含量(%)(折固)			≤10.0			JT/T 769 要求
4	减水率(%)			≥25		《混凝土外加剂》(GB 8076)	符合 GB 8076 第 5.1 条规定
5	泌水率比(%)			≤20		《混凝土外加剂》(GB 8076)	符合 JTG/T F50—2011 第 6.15.7 条规定
6	抗压强度比(%)不小于	1 d	180	170	—	《混凝土外加剂》(GB 8076)	符合 GB 8076 第 5.1 条规定
		3 d	170	160	—		
		7 d	145	150	140		
		28 d	130	140	130		
7	收缩率比(%)			≤110		《混凝土外加剂》(GB 8076)	符合 GB 8076 第 5.1 条规定
8	相对耐久性(%)			≥80		《混凝土外加剂》(GB 8076)	符合 JTG/T F50—2011 第 6.15.7 条规定

2220　高性能混凝土用膨胀剂的技术要求有哪些?

高性能混凝土用膨胀剂的技术要求见表 2-12。

表 2-12　膨胀剂的技术要求

序号	项目		技术要求		检验标准
			Ⅰ型	Ⅱ型	
1	氧化镁含量(%)		≤5.0		《水泥化学分析法》(GB/T 176)
2	碱含量(%)		≤0.75		《水泥化学分析法》(GB/T 176)
3	氯离子含量(%)		≤0.05		《水泥化学分析法》(GB/T 176)
4	细度	比表面积(m^2/kg)	≥200		《水泥比表面积测定方法》(GB 8074)
		1.18 mm 筛筛余(%)	≤0.5		《水泥细度检验方法》(GB/T 1345)
5	凝结时间(min)	初凝	≥45		《水泥标准稠度用水量、凝结时间、安定性检验方法》(GB/T 1346)
		终凝	≤600		
6	抗压强度(MPa)	7 d	≥20		《水泥胶砂强度检验方法》(GB/T 17671)
		28 d	≥40		
7	限制膨胀率(%)	水中 7 d	≥0.025	≥0.050	《混凝土膨胀剂》(GB 23439)
		水中 7 d 转空气中 21 d	≥−0.020	≥−0.010	

2221　如何根据工程特点选用合适的外加剂?

几乎各种混凝土都可以掺用外加剂,但必须根据工程需要、施工条件和施工工艺等选择合适的外加剂。如一般混凝土主要采用普通减水剂,早强、高强混凝土采用高效减水剂,气温高时,掺用引气性大的减水剂或缓凝减水剂,气温低时,一般不用单一缓凝型减水剂,多用复合早强减水剂,为了提高混凝土的抗渗性,采用防水剂,高层建筑采用泵送混凝土时应使用泵送剂等,为了发挥各种外加剂的特点,不宜互为代用。同时,外加剂对不同的水泥有适应性问题,使用中必须检测控制。

2222 水泥对外加剂有什么影响?

在原材料中,水泥对外加剂的影响最大,水泥品种不同,将影响减水剂的减水、增强效果,其中对减水效果影响更明显。高效减水剂对水泥更有选择性,不同水泥其减水率的相差较大,水泥矿物组成、掺和料、调凝剂、碱含量、细度等都将影响减水剂的使用效果,如掺有硬石膏的水泥,对于某些掺减水剂的混凝土将产生速硬或使混凝土初凝时间大大缩短,其中萘系减水剂影响较小,糖蜜类会引起速硬,木钙类会使初凝时间延长。因此,同一种减水剂在相同的掺量下,往往因水泥不同而使用效果明显不同,或同一种减水剂,在不同水泥中为了达到相同的减水增强效果,减水剂的掺量明显不同。在某些水泥中,有的减水剂会引起异常凝结现象。为此,当水泥可供选择时,应选用对减水剂较为适应的水泥,提高减水剂的使用效果。当减水剂可供选择时,应选择施工用水泥较为适用的减水剂,为使减水剂发挥更好效果,在使用前应结合工程进行水泥选择试验。

使用前进行试验:为了确保工程质量,根据现有的标准,如对减水剂在使用前首先要作匀质性试验,一般应测定减水率和含固量(含水率)等,然后进行混凝土试配,如检验减水剂混凝土的性能,一般应测定坍落度损失、减水率、含气量和抗压强度 4 项。

2223 外加剂掺量对混凝土有哪些影响?影响外加剂掺量的因素有哪些?

每种外加剂都有适宜的掺量,即使同一种外加剂,不同的用途有不同的适宜掺量。掺量过大,不仅在经济上不合理,而且可能造成质量事故。如对有引气、缓凝作用的减水剂,尤其要注意不能超掺量。如木钙掺量大于水泥重量的 0.5%,会引入过量空气而使初凝缓慢,降低混凝土强度。高效减水剂掺量过小,失去高效能作用,而掺量过大,则会由于泌水而影响质量。氯盐的限制是众所周知的,过量会引起钢筋锈蚀。防冻剂的掺量与温度有关,并且根据强度效果作了掺量规定,总之,影响外加剂掺量的因素较多,如对减水剂就有掺加方法、水泥品种、拌和物的初始流动性及养护制度等。

2224　外加剂掺加方法有哪几种？选择外加剂掺加方法时应考虑哪些因素？

在混凝土搅拌过程中，外加剂的掺加方法对外加剂的使用效果影响较大。如减水剂掺加方法大体分为先掺法（在拌和水之前掺入）、同掺法（与拌和水同时掺入）、滞水法（在搅拌过程中减水剂滞后于水 1～2 min 加入）、后掺法（在拌和后经过一定的时间才按 1 次或几次加入到具有一定含量的混凝土拌和物中，再经 2 次或多次搅拌）。

不同的掺加方法将会带来不同的使用效果，不同品种的减水剂，由于作用机理不同，其掺加方法也不一样。如对于萘系高效减水剂，为了避开水泥中的 C_3A、C_4AF 矿物成分的选择性吸附，以后掺法为好。又如木钙类减水剂，由于其作用机理是大分子保护作用，故不同的掺加方法影响不显著。影响减水剂掺加方法的因素主要有水泥品种、减水剂品种、减水剂掺量、掺加时间及复合的其他外加剂等。均宜通过试拌确定。

2225　掺有外加剂的混凝土配合比，应如何调整？

一般地说，外加剂对混凝土配合比没有特殊要求，可按普通方法进行设计。但在减水或节约水泥的情况下，应对砂率、水泥用量、水灰比等作适当调整。

（1）砂率。砂率对混凝土的和易性影响很大。由于掺入减水剂后和易性能获得较大改善，因此砂率可适当降低，其降低幅度约为 1%～4%，如用木钙外加剂砂率可降低 1%～2%，掺引气性减水剂外加剂砂率可降低 3%～4%，若砂率偏高，则降低幅度可增大，过高的砂率不仅影响混凝土强度，也给成形操作来一定的困难。

（2）水泥用量。混凝土中掺用减水剂均有不同程度节约水泥的效果，使用普通减水剂可节约 5%～10%，高效减水剂可节约 10%～15%。用高强度水泥配制混凝土，掺减水剂可节约更多的水泥。

（3）水灰比。掺减水剂混凝土的水灰比应根据所掺品种的减水率确定。原来水灰比大者减水率也较水灰比小者高。在节约水泥后为保持坍落度相同，其水灰比应与未省水泥时相同或增加约0.01～0.03。

2226　掺外加剂混凝土搅拌、运输及养护时应注意什么？

如搅拌过程中要严格控制减水剂和水的用量，选用合适的掺加方法和搅拌时间，保证减水剂充分起作用。对于不同的掺加方法应有不同的注意事项，如干掺时注意所用的减水剂要有足够的细度，粉粒太粗，溶解不匀，效果就不好；后掺或干掺的，必须延长搅拌时间 1 min 以上。

掺减水剂的混凝土坍落度损失一般较快，应缩短运输及停放时间，否则要要增加保坍措施。在运输过程中应注意保持混凝土的匀质性，避免分层，掺缓凝型减水剂要注意初凝时间延缓。

添加外加剂的混凝土，其施工性能及硬化后的性能均与不掺外加剂混凝土有很大的不同，有的延长混凝土的凝结，有的早期强度增长特别快，大多数外加剂使混凝土的收缩量增加，而膨胀剂使混凝土体积膨胀。因此掺外加剂的混凝土更应该注意养护，保持混凝土在潮湿条件下养护是混凝土达到设计要求的关键条件与避免混凝土开裂的重要步骤。

蒸养混凝土中外加剂若使用不当，混凝土表面会出现起鼓、胀裂酥松等质量问题，强度也显著下降，因此在蒸养混凝土中要注意如下问题：选择合适的外加剂，如引气类外加剂就不宜使用；要控制外加剂掺量；要有一定的预养期和升温期；要通过试验确定恒温温度和时间。

第三节　混凝土配合比

2301　桥梁工程混凝土配合比的确定有哪些基本规定？

(1)混凝土的配合比应以质量比表示，并应通过计算和试配选定。试配时应使用施工实际采用的材料，配制的混凝土拌和物应满足和易性、凝结时间等施工技术条件；制成的混凝土应满足强度、耐久性(抗冻、抗渗、抗侵蚀)等质量要求。

(2)普通混凝土的配合比,可按照现行行业标准《普通混凝土配合比设计规程》(JGJ 55)的规定进行计算,并应通过试配确定。

(3)混凝土的试配强度,应根据设计强度等级,并考虑施工条件的差异和变化以及原材料质量可能的波动确定。

(4)混凝土的坍落度和工作性能宜根据结构物情况和施工工艺要求确定,在满足工艺要求的前提下,宜采用低坍落度的混凝土施工。

(5)通过设计和试配确定的配合比,应经批准后方可使用,且应在混凝土拌制前将理论配合比换算为施工配合比。

2302 桥梁工程混凝土的水胶比、水泥用量及氯离子含量有什么要求?

混凝土的最大水胶比、最小水泥用量及最大氯离子含量应符合表 2-13 的规定。

表 2-13 混凝土的最大水胶比、最小水泥用量及最大氯离子含量

环境类别	环境条件	最大水胶比	最小水泥用量(kg/m³)	最低混凝土强度等级	最大氯离子含量(%)
Ⅰ	温暖或寒冷地区的大气环境与无侵蚀的水或土接触的环境	0.55	275	C25	0.30
Ⅱ	严寒地区的大气环境、使用除冰盐环境、滨海环境	0.50	300	C30	0.15
Ⅲ	海水环境	0.45	300	C35	0.10
Ⅳ	受侵蚀性物质影响的环境	0.40	325	C35	0.10

注:1. 水胶比、氯离子含量系指其与胶凝材料用量的百分比。
2. 最小水泥用量,包括掺合料。当掺用外加剂且能有效地改善混凝土的和易性时,水泥用量可减少 25 kg/m³。
3. 严寒地区系指最冷月份平均气温低于或等于 −10 ℃,且日平均温度低于或等于 5 ℃的天数在 145 d 以上的地区。
4. 预应力混凝土结构中的最大氯离子含量为 0.06%,最小水泥用量为350 kg/m³。
5. 封底、垫层及其他临时工程的混凝土,可不受本表的限制。

2303 使用外加剂的桥梁，对混凝土有什么要求？

在混凝土中掺入外加剂时，除性能指标应符合标准规定外，尚应符合下列规定：

(1)在钢筋混凝土和预应力混凝土中，均不得掺用氯化钙、氯化纳等氯盐。

(2)当从各种组成材料引入的氯离子含量(折合氯盐含量)大于表2-13规定的限值时，宜在混凝土中采取掺加阻锈剂、增加保护层厚度、提高密实度等防腐蚀措施。

(3)掺入引气剂的混凝土，其含气量宜为3.5%～5.5%。

除应对由各种组成材料带入混凝土中的碱含量进行控制外，尚应控制混凝土的总碱含量。每立方米混凝土的总碱含量，对一般桥涵不宜大于3.0 kg/m^3，对特大桥、大桥和重要桥梁不宜大于1.8 kg/m^3；当混凝土结构处于受严重侵蚀的环境时，不得使用有碱活性反应的集料。

2304 泵送混凝土的配合比应符合哪些规定？

(1)最小水泥用量宜为280～300 kg/m^3(输送管径100～150 mm)。通过0.3 mm筛孔的砂不宜少于15%，砂率宜控制在35%～45%范围内。

(2)混凝土拌和物的出机坍落度宜为100～200 mm，泵送入模时的坍落度宜控制在80～180 mm之间。

(3)宜通过试验掺用适量的减水剂、泵送剂和掺合料。

2305 大体积混凝土在选用原材料和进行配合比设计时的原则是什么？还有什么的规定？

大体积混凝土在选用原材料和进行配合比设计时，应按照降低水化热温升的原则进行，并应符合下列规定：

(1)宜选用低水化热和凝结时间长的水泥品种。粗集料宜采用连续级配，细集料宜采用中砂。宜掺用可降低混凝土早期水化热的外加剂和掺合料，外加剂宜采用缓凝剂、减水剂；掺合料宜采用粉煤灰、矿渣粉等。

(2)进行配合比设计时，在保证混凝土强度、和易性及坍落度要求的前提下，宜采取改善粗集料级配、提高掺合料和粗集料的含量、降低水胶比等措施，减少单方混凝土的水泥用量。

(3)大体积混凝土进行配合比设计及质量评定时，可按 60 d 龄期的抗压强度控制。

2306 有抗冻要求的混凝土配合比设计有哪些规定?

(1)宜选用硅酸盐水泥或普通硅酸盐水泥，不宜使用火山灰质硅酸盐水泥。粗集料宜选用连续级配，其最大粒径不宜大于 37.5 mm，含泥量应不大于 1%；细集料的含泥量应不大于 2%。集料的坚固性 5 次循环试验质量损失应不大于 3%，并不得含有泥块。

(2)抗冻混凝土的配合比设计，除满足普通混凝土配合比设计的规定外，最大水胶比应小于 0.50，同时应进行抗冻融性能试验。

(3)位于水位变动区有抗冻要求的混凝土，其抗冻等级指标不应低于表 2-14 的规定。

表 2-14 水位变动区混凝土抗冻等级选定标准

结构物所在地区	海水环境	淡水环境
严重受冻地区(最冷月的月平均气温低于－8 ℃)	F350	F250
受冻地区(最冷月的月平均气温在－4～－8 ℃之间)	F300	F200
微冻地区(最冷月的月平均气温在 0～－4 ℃之间)	F250	F150

注：1. 试验过程中试件所接触的介质应与结构物实际接触的介质相近。

2. 墩、台身等结构物的混凝土应选用比同一地区高一级的抗冻等级。

(4)有抗冻性要求的混凝土宜掺入适量引气剂，同时宜掺入减水剂，其拌和物的适宜含气量应在表 2-15 范围内选择。

表 2-15　有抗冻性要求的混凝土拌和物含气量控制范围

集料最大粒径(mm)	含气量范围(%)	集料最大粒径(mm)	含气量范围(%)
9.5	5.0～8.0	31.5	3.5～6.5
19.0	4.0～7.0	37.5	3.0～6.0

2307　有抗渗要求的混凝土配合比设计有哪些规定?

(1)混凝土的抗渗等级应符合设计要求。

(2)粗集料宜选用连续级配,其最大粒径不宜大于 37.5 mm。

(3)胶凝材料总量不宜小于 320 kg/m^3;砂率宜为 35%～45%;最大水胶比应符合表 2-16 的规定。

表 2-16　抗渗混凝土最大水胶比

抗渗等级	最大水胶比	
	C20～C30 混凝土	C30 以上混凝土
W6	0.60	0.55
W8～W12	0.55	0.50
W12 以上	0.50	0.45

(4)掺引气剂的抗渗混凝土,应做含气量试验,其含气量宜控制在 3%～5%之间。

2308　高强混凝土配合比的设计有哪些规定?

(1)高强混凝土的配合比应有利于减少温度收缩、干燥收缩和自身收缩引起的体积变形,避免早起开裂。

(2)配制高强度混凝土所用砂率及所采用的外加剂和矿物掺合料的品种、掺量等,均应通过试验确定。

(3)高强度混凝土的水泥用量不宜大于 500 kg/m^3,胶凝材料总量不宜大于 600 kg/m^3。

(4)当采用 3 个不同的配合比进行混凝土强度试验时,其中一个应为基准配合比,另外两个配合比的水胶比宜较基准配合比分别增加和减少 0.02～0.03。

(5)高强度混凝土的设计配合比确定后，尚应采用该配合比进行不少于6次的重复试验进行验证，其平均值应不低于配制强度。

2309　桥梁高性能混凝土对胶凝材料用量和水胶比有什么要求?

高性能混凝土的配合比应根据原材料品质、设计强度等级、耐久性以及施工工艺对工作性能的要求，通过计算、试配和调整等步骤确定。进行配合比设计时应符合下列规定：

(1)对不同强度等级混凝土的胶凝材料总量应进行控制，C40以下不宜大于400 kg/m³；C40～C50不宜大于450 kg/m³；C60及以上的非泵送混凝土不宜大于50 kg/m³，泵送混凝土不宜大于530 kg/m³。

(2)配有钢筋的混凝土结构，在不同环境条件下其最大水胶比和单方混凝土中胶凝材料的最小用量应符合设计要求，设计未要求时应符合表2-17的规定。

表2-17　高性能混凝土的最大水胶比和最小胶凝材料用量

单位：kg/m³

环境作用等级	强度等级	最大水胶比	最小胶凝材料用量	强度等级	最大水胶比	最小胶凝材料用量
	设计基准期100年			设计基准期50年		
A	C30	0.55	280	C25	0.60	260
B	C35	0.50	300	C30	0.55	280
C	C40	0.45	320	C35	0.50	300
D	C45	0.40	340	C40	0.45	320
E	C50	0.36	360	C45	0.40	340
F	C50	0.32	380	C50	0.36	360

注：1. 大掺量矿物掺合料混凝土的水胶比应不大于0.42。
2. 对环境作用等级为E或F的重要工程，其混凝土材料的拌和用水量不宜高于150 kg/m³。
3. 对冻融和化学腐蚀环境下的薄壁结构或构件，其水胶比宜适当低于表中对应的数值。

2310　桥梁高性能混凝土中掺和料的使用原则是什么?

混凝土中宜适量掺加优质的粉煤灰、磨细矿渣粉或硅灰等矿物掺合料，用以提高其耐久性，改善其施工性能和抗裂性能，其掺量宜根据混凝土的性能要求通过试验确定，且不宜小于胶凝材料总量的20%。当混凝土中粉煤灰掺量大于30%时，混凝土的水胶比不得大于0.45；在预应力混凝土及处于冻融环境的混凝土中，粉煤灰的掺量不宜大于30%，且粉煤灰的含碳量不宜大于2%。对暴露于空气中的一般构件混凝土，粉煤灰的掺量不宜大于20%，且单方混凝土胶凝材料中的硅酸盐水泥用量不宜小于240 kg。

2311 桥梁高性能混凝土在什么情况下使用引气剂？混凝土含气量有什么要求？

冻融环境下的混凝土宜采用引气混凝土。冻融环境作用等级D级及以上的混凝土必须掺用引气剂，并应满足下表对相应强度等级中最大水胶比和胶凝材料最小用量的要求；对处于其他环境作用等级的混凝土，亦可通过掺加引气剂(含气量不小于4%)提高其耐久性。混凝土抗冻性的耐久性指数(DF)应符合现行行业标准《公路工程混凝土结构防腐蚀技术规范》(JTG/T B07—01—2006)的规定。引气混凝土的适宜含气量和气泡间距系数应符合表2-18的规定。

表 2-18 引气混凝土的适宜含气量和气泡间距系数

集料最大粒径(mm)	含气量(%)		
	高度水饱和环境	中度水饱和环境	严冻环境
9.5	7.0	5.5	7.0
16	8.5	5.0	6.5
26.5	6.0	4.5	6.0
37.5	5.5	4.0	5.5
气泡间距系数(μm)	≤250	≤350	≤200

注：1. 高度水饱和指冰冻前长期或频繁接触水或湿润土体，混凝土体内高度水饱和；中度水饱和指冰冻前偶受雨水或潮湿，混凝土体内饱水程度不高。
2. 表中含气量为在现场新拌混凝土中取样测得的平均值，允许误差为1.0%。
3. 气泡间距系数为在现场或模拟现场的硬化混凝土中钻芯取样测得的数值。

第四节　混凝土搅拌、运输

2401　混凝土的拌制有哪些基本规定?

(1)混凝土的配料宜采用自动计量装置,各种衡器的精度应符合要求,计量应准确。计量器具应定期标定,迁移后应重新进行标定。拌制混凝土所用的各项材料应按质量投料,配料数量的允许质量偏差应符合表 2-19 的规定。

表 2-19　配料数量允许质量偏差

材料类别	允许误差(%)	
	现场拌制	预制场或集中搅拌站拌制
水泥、干燥状态掺合料	±2	±1
粗、细集料	±3	±2
水、外加剂	±2	±1

(2)外加剂宜以稀释溶液加入,其稀释用水和原液中的水量,应从拌和加水量中扣除。加入搅拌筒的外加剂溶液应充分溶解,并搅拌均匀。掺合料应采用与水泥相同的输入、计量方式加入。

(3)混凝土应采用机械拌制,拌制时自全部材料装入搅拌筒开始搅拌至开始出料的最小搅拌时间,应按照搅拌机产品说明书的要求并经试验确定。

(4)混凝土拌和物应搅拌均匀,颜色一致,不得有离析和泌水现象,对在施工现场集中拌制的混凝土,应检测其拌和物的均匀性。检测时,应在搅拌机的卸料过程中,从卸料流的 1/4～3/4 之间部位取试样进行试验,试验结果应符合下列要求:

1)混凝土中砂浆密度两次测值的相对误差应不大于 0.8%;

2)单位体积混凝土中粗集料含量两次测值的相对误差应不大于 5%。

2402 混凝土的运输有哪些基本要求?

(1)运输能力应与混凝土的凝结速度和浇筑速度相适应,应使浇筑工作不间断且混凝土运到浇筑地点时仍能保持其均匀性和规定的坍落度。混凝土的运输宜采用搅拌运输车,或在条件允许时采用泵送方式输送;采用吊斗或其他方式运输时,运距不宜超过100 m且不得使混凝土产生离析。

(2)用搅拌运输车运输已拌成的混凝土时,混凝土的装载量约为搅拌筒几何容量的2/3。途中应以2～4 r/min的慢速进行搅动,卸料前应以常速再次搅拌。混凝土运至浇筑地点后发生离析、泌水或坍落度不符合要求时,应进行第二次搅拌,二次搅拌时不宜任意加水,确有必要时,可同时加水、相应的胶凝材料和外加剂并保持其原水胶比不变;二次搅拌仍不符合要求时,则不得使用。

(3)混凝土采用泵送方式时应符合下列规定:

1)混凝土的供应宜使输送混凝土的泵能连续工作,泵送的间歇时间不宜超过15 min。在泵送过程中,受料斗内应具有足够的混凝土,应防止吸入空气产生阻塞。

2)输送管应顺直,转弯处应圆缓,接头应严密不漏气。

3)向低处泵送混凝土时,应采取必要措施,防止混凝土离析或堵塞输送管。

4)泵送前应先用适量的、与混凝土内成分相同的水泥浆润滑输送管内壁。混凝土出现离析现象时,应立即用压力水或其他方法冲洗管内残留的混凝土。

2403 高强度混凝土的搅拌与运输应符合哪些规定?

(1)混凝土应采用强制式搅拌机拌制,不得采用自落式搅拌机搅拌。配料数量的允许偏差应符合规范关于预制场或集中搅拌站拌制的规定。

(2)应准确控制用水量,粗、细集料的含水率应及时测定,并应按测定值调整用水量和集料用量，不得在拌和物出机后再加水。

(3)搅拌混凝土时高效减水剂宜采用后掺法，且宜制成溶液后再加入，并应在混凝土用水量中扣除溶液用水量。加入减水剂后，混凝土拌和料在搅拌机中继续搅拌的时间不宜少于 30 s。

2404　什么是一次投料法？

一次投料法是将各种原材料和水几乎同时投放到搅拌机内的方法。二次投料法是先将砂、水泥、水、减水剂投入搅拌机里拌和成砂浆，再加入石子拌制成混凝土拌和物的方法，也叫先拌水泥砂浆法，或水泥裹砂法。

2405　混凝土的浇筑质量要求是什么？

(1)混凝土拌和物材料均匀、浇筑密实；

(2)结构位置、外形尺寸偏差不超出允许范围；

(3)混凝土表面平整、密实，符合要求；

(4)混凝土与基底或应连接的结构，连接紧密，黏结牢固；

(5)钢骨架及预埋件的位置准确，如有偏差，不超出允许范围；

(6)钢筋保护层厚度不小于规定。

2406　搅拌机类型有哪些？各适用范围是什么？

搅拌机分为自落式搅拌机和强制式搅拌机两种。自落式搅拌机适于拌和低流动性和塑性混凝土；强制式搅拌机适于拌制半干硬性或干硬性混凝土。

2407　贮藏材料注意什么事项？

(1)不应使材料质量下降，如有可能还应加以改善；

(2)不应出现由于搬运混乱而使拌和中断，而且水泥和骨料等有必要贮藏够拌和 3 天的数量，最低限度应保证 1 天的拌和用量。

2408 夏季施工混凝土的运输应注意哪些事项?

(1)选择好运输设备,运输距离和时间尽可能缩短,控制在1 h以内;

(2)使用手推车、履带运输机、翻斗车等运输时,在白天要覆盖,以防曝晒;

(3)用混凝土泵送时,输送管要覆盖湿布;

(4)在输送过程中即使减少了坍落度,在浇筑地点也不宜重新加水搅拌;

(5)为防止运输引起坍落度降低,宜使用缓凝型外加剂。运到现场的坍落度降低过大时,可采用外加剂二次添加,增大坍落度。

2409 使用混凝土搅拌输送车注意事项有哪些?

(1)混凝土必须能在最短的时间内均匀无离析地排出,出料干净、方便,能满足施工的要求,如与混凝土泵联合输送时,其排料速度应能相匹配;

(2)从搅拌输送车运卸的混凝土中,分别取1/4和3/4处试样进行坍落度试验,两个试样的坍落度值之差不得超过3 cm;

(3)混凝土搅拌输送车在运送混凝土防止坍落度损失的有效办法是后掺掺缓凝型减水剂。

2410 新拌混凝土和易性指的是什么?包括哪几方面内容?

在保证各成分均匀混合,不发生分层离析的情况下,适合于搅拌、运输、浇筑、振捣、整平等工艺过程,从而获得均匀、密实的混凝土的性能,称为混凝土拌和料的合易性。含有:流动性、黏聚性、保水性。

2411 设置现场混凝土搅拌站时应考虑哪些内容?

设置现场搅拌站必须考虑工程任务大小、施工现场条件、机具设备等情况,因地制宜设置。一般宜采用流动性组合方式,使所有机械设备采取装配连接结构,基本能做到拆装、搬运方便,有利于建筑工地转移。

2412 暑期混凝土怎样配制和搅拌?

(1)拌和水使用冷却装置,对水管及水箱加遮阴和隔热设施。在拌和水中加碎冰作为拌和水的一部分。

(2)水泥、砂、石料应遮阴防晒,以降低骨料温度,可在砂石料堆上喷水降温。

(3)配合比设计应考虑坍落度损失。可掺加减水剂以减少水泥用量和提高混凝土的早期强度。

(4)掺用活性材料粉煤灰取代部分水泥,减少水泥用量。

(5)拌和站料斗、储水器、皮带运输机、拌和楼都要尽可能遮阴。尽量缩短拌和时间。经常测混凝土的坍落度,以调整混凝土的配合比,满足施工所必须的坍落度。

2413 混凝土拌和物性能应在什么地方检测?检测内容有什么?

(1)混凝土拌和物的坍落度及其损失,宜在搅拌地点和浇筑地点分别取样检测,每一工作班或每一单元结构物不应少于 2 次,评定时应以浇筑地点的测值为准。当混凝土拌和物从搅拌机出料至浇筑入模的时间不超过 15 min 时,其坍落度可仅在搅拌地点取样检测。

(2)必要时,尚应对工作性能、泌水率及含气量等混凝土拌和物的其他指标进行检测。

第五节 混凝土浇筑

2501 浇筑混凝土前的准备工作有哪些?

(1)应根据待浇筑结构物的情况、环境条件及浇筑量等制定合理的浇筑工艺方案,工艺方案应对施工缝设置、浇筑顺序、浇筑工具、防裂措施、保护层的控制等作出明确规定。

(2)应对支架、模板、钢筋和预埋件进行检查,模板内的杂物、积水及钢筋上的污物应清理干净。模板如有缝隙或孔洞时,应堵塞严密且不漏浆。

(3)对混凝土的均匀性和坍落度等性能进行检测。

2502　混凝土浇筑施工有哪些基本规定?

(1)自高处向模板内倾卸混凝土时,应防止混凝土离析,从高处直接倾卸时,其自由倾落高度不宜超过 2 m,以不发生离析为度。当倾落高度超过 2 m 时,应通过串筒、溜管或振动溜管等设施下落,在串筒出料口下面,混凝土堆积高度不宜超过 1 m。倾落高度超过 10 m 时,应设置减速装置。

(2)混凝土应按一定的厚度、顺序和方向分层浇筑,且应在下层混凝土初凝或能重塑前浇筑完成上层混凝土;上下层同时浇筑时,上层与下层的前后浇筑距离应保持 1.5 m 以上;在倾斜面上浇筑混凝土时,应从低处开始逐层扩展升高,并保持水平分层。混凝土分层浇筑厚度不宜超过表 2-20 的规定。

表 2-20　混凝土分层浇筑厚度

振捣方式		浇筑层厚度(mm)
采用插入式振动器		300
采用附着式振动器		300
采用表面振动器	无筋或配筋稀疏时	250
	配筋较密时	150

(3)混凝土的浇筑宜连续进行,因故中断间歇时,其间歇时间应小于前层混凝土的初凝时间或能重塑时间。混凝土的运输、浇筑及间歇的全部时间不宜超出表 2-21 的规定;当超出时应按浇筑中断处理,并应留置施工缝,同时应记录。

表 2-21　混凝土的运输、浇筑时间及间歇的全部允许时间

单位：min

混凝土强度等级	气温不大于 25 ℃	气温大于 25 ℃
不大于 C30	210	180
大于 C30	180	150

注：当混凝土中掺有促凝剂或缓凝剂时，其允许时间应通过试验确定。

(4)在环境相对湿度较小、风速较大的条件下浇筑混凝土时，应采取适当措施防止混凝土表面过快失水。浇筑混凝土期间，应随时检查支架、模板、钢筋、预应力管道和预埋件等的稳固情况，并应及时填写混凝土施工记录。新浇筑混凝土的强度达到 2.5 MPa 之前，不得使其承受行人、运输工具、模板、支架及脚手架等荷载。

2503　混凝土振捣有哪些要求?

(1)使用插入式振动器时，移动间距不应超过振动器作用半径的 1.5 倍；与侧模应保持 50～100 mm 的距离；插人下层混凝土 50～100 mm，每一处振动完毕后应边振动边徐徐提出振动棒；应避免振动棒碰撞模板、钢筋及其他预埋件。

(2)表面振动器的移位间距应以使振动器平板能覆盖已振实部分 100 mm 左右为宜。

(3)附着式振动器的布置距离，应根据结构物形状和振动器的性能通过试验确定。

(4)对每一振点的振捣延续时间宜为 20～30 s，以混凝土停止下沉，不出现气泡，表面呈现浮浆为度。

2504　施工缝应如何设置与处理?

施工缝的位置应在混凝土浇筑之前确定，且宜留置在结构受剪力和弯矩较小并便于施工的部位，施工缝宜设置成水平面或垂直面。对施工缝的处理应符合下列规定：

(1)处理层混凝土表面的松弱层应予以凿除。对处理层混凝

土的强度，当采用水冲洗凿毛时，应达到 0.5 MPa；人工凿毛时，应达到 2.5 MPa；采用风动机凿毛时，应达到 10 MPa。

(2)经凿毛处理后的混凝土面，应采用洁净水冲洗干净。在浇筑次层混凝土前，对垂直施工缝宜刷一层水泥净浆，对水平缝宜铺一层厚为 10～20 mm 的 1∶2 的水泥砂浆。

(3)重要部位及有抗震要求的混凝土结构或钢筋稀疏的钢筋混凝土结构，宜在施工缝处补插锚固钢筋；有抗渗要求的混凝土，其施工缝宜做成凹形、凸形或设置止水带；施工缝为斜面时宜浇筑或凿成台阶状。

(4)施工缝处理后，须待处理层混凝土达到一定强度后才能继续浇筑混凝土。

2505　沉降缝、伸缩缝的作用？

沉降缝是解决混凝土结构因基础不均匀沉落而发生上下错动的问题。所以沉降缝自墙身至基础都是直通的，留缝的距离也与基础地质有密切关系，如土石分界处，必须设置沉降缝。伸缩缝是解决混凝土由于热胀冷缩或干燥收缩而发生的裂缝问题。因基础一般在土中，其温度和湿度变化较小，一般不设伸缩缝，而地面以上混凝土尺寸过长时需设置 2～3 cm 的伸缩缝。

2506　大体积混凝土的浇筑有哪些规定？

(1)施工前应根据原材料、配合比、环境条件、施工方案和施工工艺等因素，进行温控设计和温控监测设计，并应在浇筑后按该设计要求对混凝土内部和表面的温度实施监测和控制。对大体积混凝土进行温度控制时，应使其内部最高温度不大于 75 ℃、内表温差不大于 25 ℃。

(2)大体积混凝土可分层、分块浇筑，分层、分块的尺寸宜根据温控设计的要求及浇筑能力合理确定；当结构尺寸相对较小或能满足温控要求时，可全断面一次浇筑。

(3)分层浇筑时，在上层混凝土浇筑之前应对下层混凝土的顶面作凿毛处理，且新浇混凝土与下层已浇筑混凝土的温差宜小于20℃，并应采取措施将各层间的浇筑间歇期控制在7 d以内。

(4)分块浇筑时，块与块之间的竖向接缝面应平行于结构物的短边，并应在浇筑完成拆模后按施工缝的要求进行凿毛处理。分块施工所形成的后浇段，应在对大体积混凝土实施温度控制且其温度场趋于稳定后方可浇筑；后浇段宜采用微膨胀混凝土，并应一次浇筑完成。

(5)大体积混凝土的浇筑宜在气温较低时进行，但混凝土的入模温度不低于5℃；热期施工时，宜采取措施降低混凝土的入模温度，且其入模温度不宜高于28℃。

2507　大体积混凝土浇筑方案如何选择?

制定浇筑方案时，首先确定分层厚度 H 及每层时间间隔 T。分层厚度 H，取决于采用的振捣设备，时间间隔 T 与水泥及外加剂的种类和混凝土的温度有关，一般可取 $2H$，当 H、T 确定后，则根据结构尺寸，现场搅拌机的生产效率与因素，确定最后浇筑方案。浇筑方案一般有三种：

(1)全面分层：适用于一般平面尺寸不大的结构。

(2)分段分层：适用于厚度不大而面积或长度较大的结构。

(3)斜面分层：适用于长度超过厚度3倍的结构。

2508　大体积混凝土施工可采取哪些措施来控制温度?

(1)优先采用水化热较低的水泥，如大坝水泥、矿渣水泥、粉煤灰水泥等；用改善骨料级配、降低水灰比、掺加混合料、掺加外加剂等方法减少水泥用量。

(2)在保证混凝土强度等级的前提下，使用适当的缓凝减水剂。

(3)冷却骨料，如石子浇水降温。

(4)控制浇筑层厚度和进度，以利散热。

(5)控制浇筑温度。

(6)预埋冷却水管，用循环水降低混凝土温度，进行人工导热。

(7)在拌和水中加入部分冰块或全部用冰水也是可行的。

(8)设测温装置，加强观测，并做好记录。

(9)在遇气温骤降的天气或寒冷季节浇筑混凝土后，应注意覆盖保温，加强养护。

2509 混凝土施工中质量检查应包括哪些内容？

混凝土的质量宜分为施工前、施工过程和施工后三个阶段进行检验。施工前检验的项目应全部合格方可进行施工；施工过程中的检验项目不合格时，应分析原因，采取措施调整，待合格后方可继续施工；施工后的检验应与施工前、施工过程的检验共同作为混凝土质量评定和验收的依据。

(1)混凝土浇筑前的试验检查：

1)施工设备与场地；

2)混凝土的原材料和各种组成材料的质量；

3)混凝土配合比及其拌和物的工作性能、力学性能及抗裂性能等，对耐久性混凝土，尚应包括耐久性的性能；

4)基础、钢筋、预埋件等隐蔽工程及支架、模板；

5)混凝土的运输、浇筑、养护方法及设施，安全设施。

(2)混凝土浇筑中的试验检查：

1)混凝土组成材料的外观及配料、拌制，每一工班应不少于2次，必要时随时抽样试验。

2)混凝土坍落度及和易性等工作性能，每一工作班至少2次；

3)砂石等材料的含水率，每日开工前测一次，天气有较大变化时应随时测验。当含水量变化较大并将使配料偏差超过规定时，应及时调整；

4)钢筋、预应力管道、模板、支架灯的安装位置及稳固性；

5)混凝土的浇筑质量；

6)外加剂使用效果。

(3)混凝土浇筑后检查，应对其养护情况、拆模情况及拆模后的外观情况等进行检查

1)养护情况；

2)混凝土强度、拆模时间；

3)混凝土外露面质量；

4)结构的外形尺寸、位置、裂缝、变形和沉降等。

2510　高性能混凝土的质量除普通混凝土的规定检验内容外，耐久性检测还应有哪些规定？

耐久性质量应根据不同要求和处于不同环境作用下的工程，对混凝土的拌和物及实体结构分别进行相应的检验。质量检验的结果应符合设计的规定，同时应符合规范的相关规定；当质量检验评定结果不合格时，应委托专门的咨询机构就其耐久性质量进行评价，并应按其评价结论采取措施进行处理。耐久性的质量检验应符合下列规定：

(1)对高性能混凝土的拌和物，宜进行抗渗、抗冻和电通量等耐久性指标的检验；对引气混凝土，尚应抽检其含气量。抗渗、抗冻检验的试验方法应符合现行行业标准《公路工程水泥及水泥混凝土试验规程》(JTG E30)的规定的规定，高性能混凝土的电通量应不大于1 000C。检验结果应满足设计和经批准的施工配合比的要求。

(2)实体结构在拆模且养护结束后，应对钢筋的混凝土保护层厚度，保护层混凝土的密实性、渗透性等进行检验。必要时，可从实体结构的混凝土中取芯制作试件，测定混凝土的含气量和气泡间距系数、抗冻等级或耐久性指数DF、氯离子扩散系数等指标。

(3)高性能混凝土的保护层厚度，宜采用专用的钢筋保护层厚度检测仪进行无损检测；当对保护层厚度检测结果有怀疑时，可采用局部破损的方法进行复核，但复核结束后应对破损部位进行及时修复。

(4)保护层混凝土的密实性宜采用标准预埋件的拔出试验或

回弹试验，通过测定表层混凝土的强度并间接估计其质量。宜在达到 28 d 龄期时进行，测得的强度平均值应不低于预先规定的数值。采用回弹仪测定时应在实验室内通过标定对比试验确定。

(5)高性能混凝土的渗透性检验宜采用混凝土渗透性测试仪，测定结构物表层混凝土的抗渗性，其结果应不低于设定值。

2511 混凝土浇筑质量方面有哪些要求？

(1)混凝土拌和物材料均匀、浇筑密实。

(2)结构位置、外形尺寸偏差不超出允许范围。

(3)混凝土表面平整、密实，符合要求。

(4)混凝土与基底或应连接的结构，连接紧密，黏结牢固。

(5)钢筋骨架及预埋件位置准确，如有偏差不超出允许范围。

(6)钢筋保护层厚度不小于规定。

2512 雨期施工应符合哪些规定？

(1)雨期施工应根据当地气象预报及施工所在地的具体情况，制定施工期间的防洪、排涝安全防护措施。

(2)雨期前，必须对施工场地、材料堆放、生活驻地，运输便道及水电设备的防洪、防雨、排涝等设施进行检查，排涝沟渠必须疏通；人行道路、跳板和作业场所等应采取防滑措施。

(3)暴雨前后，应对脚手架、缆风绳、地锚、边坡、基坑、临时房屋和设施等进行检查；发现倾斜、变形、下沉、漏雨、漏电或有可能发生坍塌的施工地段，应及时修复和加固。

(4)处于洪水可能淹没地段的机械设备、材料等应采取防洪措施。

2513 冬季混凝土施工中模板外铺贴防水层其作用是什么？

(1)模板必须严密拼合，模板外面宜铺贴防水层如塑料薄膜等，以免保温材料受潮；

(2)以免损伤或污染新灌注的混凝土表面。

2514　冬期施工混凝土应采取哪些特殊措施？

(1)原材料

1)选用水化热高的水泥。

2)必要时将砂等材料加热，并根据气温情况加以覆盖，以防混入雪水。

3)必要时可用蒸汽将拌和用水加热。

4)可使用早强剂或防冻剂。

(2)配合比

为防止冻害，应减少用水量，或增加水泥用量以利用水化热来防止受冻。

(3)运输

时间应缩短，运输机械应进行保温。

(4)浇筑

浇筑温度不应低于 5℃，连续浇筑，分层后厚度不小于20 cm，钢筋温度不低于 5℃。

(5)养护

选择能保温、保湿的养护方法，如玻璃钢集热罩太阳能养护。

2515　采用暖棚法的优缺点是什么？

除需要搭设暖棚的材料、取暖设备和燃料外，不需要特殊机具设备，适合一般工地条件，施工控制简单易行，并且解决了工作人员工作时的取暖问题。缺点是搭设大型取暖棚费工、费料，费用较高。

2516　暑期混凝土的运输及浇筑应注意哪些问题？

(1)运输时尽量缩短时间，宜采用混凝土运输搅拌车，运输中应慢速搅拌。

(2)不得在运输过程加水搅拌。

(3)从拌和机到入模的传递时间及浇筑时间要尽量缩短，并尽快开始养护。

(4)混凝土的浇筑温度应控制在32℃以下,宜选在一天中温度较低的时间内进行。

(5)浇筑场地应遮阴,以降低模板、钢筋的温度和改善工作条件;也可在模板、钢筋和地基上喷水以降温,但在浇筑时不能有附着水。

(6)应加快混凝土的修整速度,修整时可用喷雾器洒少量水,防止表面裂纹,但不准直接往混凝土表面洒水。

2517 冬期施工混凝土采用蒸汽加热法养护混凝土升温、降温阶段有何规定?

升温阶段应控制升温速度,对于塑性混凝土不宜超过10～15℃/h,对于干硬性混凝土不宜超过30～35℃/h,对于大体积混凝土不宜超过10℃/h。降温速度不宜超过15～20℃/h,厚大构件不宜超过10℃/h。

2518 夏季施工混凝土应采取哪些措施?

(1)原材料

1)选用水化热低的水泥。

2)砂石料应避免日光直晒,必要时可洒水,以利散热。

3)必要时可用冰降低拌和用水的温度。

4)可使用缓凝剂。如木质磺酸钙、柠檬酸等。

(2)配合比

当坍落度损失大时,应增加用水量和水泥用量,但应保持水灰比不变。

(3)运输

采用不易受热的容器运送并尽量缩短时间。采用后掺法掺缓凝型减水剂。

(4)灌注

利用夜间气温较低的时间进行灌注,浇筑时间应缩短。

(5)养护

进行充分地潮湿养护。模板、钢盘以及浇筑地的基岩和应洒水并使之吸足水分。

2519　采用滑升模板浇筑墩台混凝土时,应符合哪几项规定?

(1)宜采用低流动度或半干硬性混凝土。

(2)浇筑应分层分段进行,各段应浇筑到距模板上口不小于10～150 mm的位置为止。若为排柱式墩台,各立柱应保持进度一致。

(3)应采用插入式振动器振捣。

(4)为加速模板提升,可掺入一定数量的早强剂。

(5)在滑升中须防止千斤顶或油管接头在混凝土或钢筋处漏油。

(6)每一整体结构的浇筑应连续进行,若因故中途停工,应按施工缝处理。

(7)混凝土脱模时的强度宜为0.2～0.5 MPa,脱模后如表面有缺陷时,应及时予以修补。

第六节　混凝土养护

2601　混凝土养护的基本规定有哪些?

(1)对新浇筑混凝土的养护,应满足其对温度、湿度和时间的要求。应根据施工对象、环境条件、水泥品种、外加剂或掺合料以及混凝土性能等因素,制订具体的养护方案,并严格实施。

(2)混凝土浇筑完成后,应在其收浆后尽快予以覆盖并洒水保湿养护。对干硬性混凝土、高强度和高性能混凝土、炎热天气浇筑的混凝土以及桥面等大面积裸露的混凝土,应加强初始保湿养护,具备条件的可在浇筑完成后立即加设棚罩,待收浆后再予以覆盖和洒水养护,覆盖时不得损伤或污染混凝土的表面。混凝土面有模板覆盖时,应在养护期间使模板保持湿润。

(3)混凝土的养护不得采用海水或含有害物质的水。混凝土的洒水保湿养护时间应不少于7 d,对重要工程或有特殊要求的混凝土,应根据环境湿度、温度、水泥品种,以及掺用的外加剂和掺合料等情况,酌情延长养护时间,并应使混凝土表面始终保持湿润状态。当气温低于5℃时,应采取保温养护的措施,不得向混凝土表面洒水。当采用喷洒养护剂对混凝土进行养护时,所使用的养护剂应不会对混凝土产生不利影响,且应通过试验验证其养护效果。

(4)新浇筑的混凝土与流动的地表水或地下水接触时,应采取临时防护措施,保证混凝土在可以在强度达到设计强度的50%以前,不受水的冲刷侵袭;当环境水具有侵蚀作用时,应保证混凝土在10 d以内且强度达到设计强度的70%以前,不受水的侵袭。混凝土处于冻融循作用的环境时,宜在结冰期到来4周前完成浇筑施工,且在混凝土强度未达到设计强度等级的80%前不得受冻,否则应采取技术措施,防止发生冻害。

(5)对大体积混凝土的养护,应根据气候条件采取控温措施,并按需要测定浇筑后的混凝土表面和内部温度,将温差控制在设计要求的范围内,当设计无要求时,温差不宜超过25℃。

(6)混凝土强度达到2.5 MPa前,不得使其承受行人、运输工具、模板、支架及脚手架等荷载。

2602　大体积混凝土的养护有什么要求?

(1)大体积混凝土的温度控制按照内降外保的原则,对混凝土内部采取设置冷却水管通循环水冷却,对混凝土外部采取覆盖蓄热或蓄水保温等措施进行保温。在混凝土内部通水降温时,进出口水的温差不宜大于10℃,且水温与内部混凝土的温差宜不大于20℃,降温速率宜不大于2℃/d;利用冷却水管中排出的降温用水在混凝土顶面蓄水保温养护时,养护水温度与混凝土表面温度的差值应不大于15℃。

(2)大体积混凝土采用硅酸盐水泥或普通硅酸盐水泥时,其浇筑后的养护时间不宜少于14 d,采用其他品种水泥时不宜少于

21 d。在寒冷天气或遇气温骤降天气时浇筑的混凝土，除应对其外部加强覆盖保温外，尚需适当延长养护时间。

2603 高强混凝土的入模温度怎么确定？养护时间一般不少于多少天？

高强度混凝土的人模温度应根据环境状况和结构所受的内、外约束程度加以确定。保湿养护的时间应不少于 7 d。

2604 模板拆除有哪些强度要求？

(1)不承重侧面模板，应在混凝土强度能保证其表面及棱角不因拆除模板而受损坏时，方可拆除，一般规定为设计强度 25%或 2.5 MPa。

(2)承重的底面模板，应在混凝土获得足以安全地承受荷载的强度后，方可拆除，后张法施工应待钢丝束张拉完毕后拆除底模。

2605 蒸汽养护分哪几个阶段？第一阶段有什么规定？

蒸汽加热养护分预养、升温、恒温、降温四个阶段进行。

预养温度不宜低于 10℃，预养时间：对于塑性混凝土宜为 2～4 h，对于干硬性混凝土可为 1 h，掺有缓凝型外加剂时宜为4～6 h。

2606 蒸汽养护升温规定是什么？

升温阶段应控制升温速度，对于塑性混凝土不宜超过 10～15℃/h，对于干硬性混凝土不宜超过 30～35℃/h，对于大体积混凝土不宜超过 10℃/h。

2607 蒸汽加热法养护混凝土，恒温阶段有何规定？

恒温阶段应控制恒温温度和时间。对于用硅酸盐水泥或普通水泥拌制的混凝土及预应力混凝土不宜超过 80℃，对于用矿渣水泥、火山灰水泥或粉煤灰水泥拌制的混凝土以及小型混凝土构件不宜超过 85 t～95℃；恒温需用时间依恒温温度及要求达到的强度而异，一般宜通过试验确定或参考有关规定确定。

2608 暑期混凝土的养护应注意什么？

(1)不宜单独使用专用养护膜覆盖法养护高强度混凝土，除非当地无足够的清洁水用于养护混凝土。

(2)洒水养护宜用自动喷水系统和喷雾器，湿养护应不间断，不得形成干湿循环。

(3)混凝土浇筑完，表面应立即覆盖清洁的塑料膜，初凝后撤去塑料膜，用浸湿的粗麻布覆盖，经常洒水，保持潮湿状态最少 7 d。如有可能湿养期间采取遮光和挡风措施，以控制温度和干热风的影响。构造物的竖直面拆模后，宜立即用湿粗麻布把构件缠起来，麻布处整个用塑料膜包紧，粗麻布应至少 7 d 保持潮湿状态，随后可用树脂类养护化合物喷涂。

第三章　模板、支架、拱架

第一节　模板、支架、拱架设计

3101　模板的常见分类方法及种类是什么？制作的基本要求有哪些？

模板按制作材料不同可分为木模板、钢模板、竹木模板、钢丝网水泥模板，玻璃钢模板、胶囊内胎模等。钢模板类型有平面模板、转角模板、倒棱模板、梁液模板、柔性模板、可调模板、嵌补模板等。组合钢模板的连接配件包括：U形卡、L形插销、钩头螺栓、对拉螺栓、紧固螺栓、扣件等。

按构造形式和安装方法不同，模板可分为固定式模板和活动式模板。主要有组合式模板、定型模板、滑升模板、翻转模板、拉模等。

模板板面应平整光洁，接缝严密，不漏浆，保证结构物外露面光洁美观，线条流畅；保证结构物各部形状、尺寸准确。模板应用内撑进行支撑，用对拉螺栓销紧；内撑根据混凝土构件厚度、高度的大小及部位的不同，分别可用钢管、钢筋、硬塑料管或采用木料作为临时内撑。

3102　支架的种类及其使用基本要求有哪些？

支架按其构造分为立柱式、梁式和梁—柱式支架；按材料可分为木支架、钢支架、钢木混合支架和万能杆件拼装的支架等。拱架按结构分有支柱式、撑架式、扇形、桁式拱架、组合式拱架等；按材料分有木拱架、钢拱架、竹拱架和土牛拱胎。支架、拱架应尽量采用标准化、系列化、通用化的钢结构拼装。工程施工中常用支架主要有钢管支架、六四式军用梁、万能杆件设备和贝雷梁等。

支架立柱必须安装在有足够承载力的地基上，底部应加设垫板以分布和传递压力。地基土必须进行夯实或碾压坚实，必要时需进行换填或其他有效的处理，并有良好的排水设施。制作木支架、木拱架时，长杆件接头应尽量减少，两相邻立柱的连接接头应尽量分设在不同的水平面上。主要压力杆的纵向连接，应使用对接法，并用木夹板或铁夹板夹紧。次要构件的连接可用搭接法。

3103 模板、支架和拱架的设计原则是什么？

(1)宜优先使用胶合板和钢模板。模板、支架和拱架的设计，应根据结构型式、设计跨径、施工组织设计、荷载大小、地基土类别及有关的设计、施工规范进行。模板应能与混凝土结构或构件的特征、施工条件和浇筑方法相适应，应保证结构物各部位形状尺寸和相互位置的准确。

(2)在计算荷载作用下，对模板、支架及拱架结构按受力程序分别验算其强度、刚度及稳定性。模板、支架及拱架应具有足够的强度、刚度及稳定性，应能承受施工过程中所产生的各种荷载。验算模板、支架在自重和风荷载等作用下的抗倾覆稳定性时，其抗倾覆稳定系数不小于1.3。

(3)模板板面之间应平整，接缝严密，不漏浆，保证结构物外露面美观，线条流畅。

(4)构造应简单、合理，结构受力明确，制作、装拆方便。

(5)支架应稳定、坚固，应能抵抗在施工过程中可能发生的振动和偶然撞击。

(6)在模板上设置的吊环，严禁采用冷加工钢筋制作，且吊环的计算拉应力应不大于50 MPa。

(7)应制定模板、支架和拱架结构的安装、使用、拆卸保养等有关技术安全措施和注意事项。

(8)应绘制模板、支架和拱架总装图、细部构造图。应编制模板、支架及拱架材料数量表。应编制模板、支架及拱架设计说明书。

(9)支架的地基与基础设计应符合现行行业标准《公路桥涵地基与基础设计规范》(JTG D63)的规定,并应对地基承载力进行计算。

3104 模板的构造要求应符合哪些规定?

(1)模板背面应设置主肋和次肋作为其支承系统,主肋和次肋的布置应根据模板的荷载和刚度要求进行。次肋的配置方向应与模板的长度方向相垂直,应能直接承受模板传递的荷载,其间距应按荷载数值和模板的力学性能计算确定。主肋应承受次肋传递的荷载,且应能起到加强模板结构的整体刚度和调整平直度的作用,支架或支撑的着力点应设置在主肋上。

(2)模板的配板应根据配模面的形状、几何尺寸及支撑形式决定。配板时宜选用大规格的模板为主板,其他规格的模板作为补充;配板后的板缝应规则,不得杂乱无章。

(3)对在墩柱、梁、板的转角处使用的模板及各种模板面的交接部分,应采用连接简便、结构牢固、易于拆除的专用模板。

(4)当设置对拉螺杆或其他拉筋,需要在模板上钻孔时,应使钻孔的模板能多次周转使用,并应采取措施减少或避免在模板上钻孔。

3105 支架的构造要求应符合哪些规定?

(1)支架的总体构造和细部构造均应设置成几何不变体系。

(2)支架的立杆之间应根据其受力要求和结构特点设置水平和斜向等支撑连接杆件,增强支架的整体刚度和稳定性。

(3)采用定型碗扣式钢管脚手架材料作支架时,其构造应符合下列要求:

1)应根据支架所承受的实际荷载选择立杆的间距和步距。立杆底部应设置可调底座或固定底座,底层纵、横向水平杆作为扫地杆时，距地面的高度应小于或等于 350 mm；立杆上端包括可调螺杆伸出顶层水平杆的长度应不大于 0.7 m，立杆上端应采用 U 形顶托，且该顶托应支撑在模板主肋的底部。

2)支架高度大于 4.8 m 时，其顶部和底部均应设置水平剪刀撑，中间水平剪刀撑的设置间距应不大于 4.8 m。

3)立杆间距小于或等于 1.5 m 时，应在支架的四周及中间的纵、横向，由底至顶连续设置竖向剪刀撑，其间距应不大于 4.5 m，立杆间距大于 1.5 m 时，应在拐角处设置通高的专用斜杆，中间每排每列均应设置通高的八字形斜杆或剪刀撑。剪刀撑的斜杆与地面的夹角应在 45°～60°之间，斜杆应每步与立杆扣接。

4)支架的高宽比宜小于等于 2；当高宽比大于 2 时，宜扩大下部架体尺寸或采取其他构造措施。

5)支架周围有主体结构时，应设置连墙体。

6)在支架中设置通道时，其宽度应小于或等于 4.8 m。应在通道的上部架设专用横梁，通道两侧的立杆应加密并应加设斜杆，与架体的连接应牢固。通行机动车的通道，应设置防撞击的设施。

(4)采用定型门式或扣件式钢管脚手架材料作支架时，其构造要求应分别符合现行行业标准《建筑施工门式钢管脚手架安全技术规范》(JGJ 128)和《建筑施工扣件式钢管脚手架安全技术规范》(JGJ 130)的规定。

3106 模板及支架设计时应考虑哪些荷载？荷载如何组合？

(1)计算模板、支架和拱架时，应考虑下列荷载：

1)模板、支架和拱架自重；

2)新浇筑混凝土、钢筋混凝土或其他圬工结构物的重力；

3)施工人员和施工材料、机具等行走运输或堆放的荷载；

4)振捣混凝土时产生的荷载；

5)新浇筑混凝土对侧面模板的压力；

6)混凝土入模时产生的水平方向的冲击荷载；

7)设于水中的支架所承受的水流压力、波浪力、流冰压力、船只及其他漂浮物的撞击力；

8)其他可能产生的荷载，如风荷载、雪荷载、冬季保温设施荷载等。

(2)模板、支架设计计算的荷载组合见表3-1。

表3-1 模板、支架设计计算的荷载组合

模板、支架结构类别	荷载组合	
	强度计算	刚度验算
梁、板的底模板以及支撑板、支架等	1+2+3+4+7+8	1+2+7+8
缘石、人行道、栏杆、柱、梁、板等的侧模板	4+5	5
基础、增台等厚大结构物的侧模板	5+6	5

注：表中数字1～8分别代表(1)条中1)～8)条所列荷载。

3107 验算模板、支架的刚度时，其最大变形值有哪些相关规定？

(1)结构表面外露的模板挠度为模板构件跨度的1/400。

(2)结构表面隐蔽的模板，挠度为模板构件跨度的1/250。

(3)支架受载后挠曲的杆件(横梁、纵梁)，其弹性挠度为相应结构计算跨度的1/400。

(4)钢模板的面板变形为1.5 mm，钢棱和柱箍变形为$L/500$和$B/500$(其中，L为计算跨径；B为柱宽)。

3108 支架(拱架)预留施工拱度时应考虑哪些因素？

(1)支架和拱架拆除后上部构造本身及活载1/2所产生的挠度；

(2)支架和拱架在荷载作用下的弹性压缩；

(3)支架和拱架在荷载作用下的非弹性压缩；

(4)支架和拱架基底在荷载作用下的非弹性沉陷；

(5)由混凝土收缩及温度变化而引起的挠度；

(6)承受推力的墩台，因墩台水平位移所引起的拱圈挠度(拱桥特有)。

3109 模板立柱、拉杆的布置要求是什么?

立柱的布置要根据墩台的实际尺寸通过计算来确定,一般间距不超过 1 m,圆端形桥墩平面与曲面交接处必须设立柱。拉杆常采用钢拉杆,布置原则一般为立柱与肋木相交接处均设拉杆,若肋木间距小于 50 cm,则隔一根肋木,设一根拉杆。

3110 模板和支架应具备的技术条件是什么?

(1)保证工程结构和构件各部分形状尺寸和相互位置的正确;

(2)具有足够的强度、刚度和稳定性,能可靠地承受新浇混凝土的重量和侧压力,以及在施工过程中所产生的荷载;

(3)构造简单,装拆方便,并便于钢筋的绑扎与安装和混凝土的浇筑养护;

(4)模板接缝严密,不得漏浆;

(5)支撑牢固。

3111 模板支撑有哪些技术要求?

(1)支撑的安装

1)必须支承在坚实的地基或其他构件上。

2)应有足够的支承面积,保证灌注混凝土时不发生不允许的下沉,特别是不均匀的下沉。

(2)上、下模板的支柱

1)应安装在同一竖直中线上。

2)如无法做到时,应有保证支柱上荷载传递到下面支撑结构上的可靠措施。

(3)模板支撑与脚手架之间完全分离不发生任何联系。

第二节　模板的制作与安装

3201　模板的分类及安装的基本要求有哪些？

模板按制作材料不同可分为木模板、钢模板、竹木模板、钢丝网水泥模板，玻璃钢模板、胶囊内胎模等。按构造形式和安装方法不同，模板可分为固定式模板和活动式模板。模板板面应平整光洁，接缝严密，不漏浆，保证结构物外露面光洁美观，线条流畅；保证结构各部形状、尺寸准确。模板应用内撑进行支撑，用对拉螺栓销紧；内撑根据混凝土构件厚度、高度的大小及部位的不同，分别可用钢管、钢筋、硬塑料管或采用木料作为临时内撑。待混凝土浇筑至内撑位置时随即取掉，对于厚度较小的构件也可利用底模和立木支设外撑。外露面混凝土模板的脱模剂应采用同一品种，不得使用污染混凝土表面的废机油等，且不得污染钢筋及混凝土施工缝部位。模板截面尺寸与长度（分扇长度和组拼后总长度）要准确，钢模的放样、拼装及整体拼焊应在工作平台上或胎具上进行。工作平台的底梁应具有足够的刚度和稳定性，台面必须平整。

3202　钢模板制作的技术要求有哪些？

（1）钢模板宜采用标准化的组合模板。组合钢模板的拼装应符合现行国家标准《组合钢模板技术规范》。各种螺栓连接件应符合国家现行有关标准。

（2）钢模板及其配件应按批准的加工图制作，成品经检验合格后方可使用。

（3）钢模板组装前应对零部件的几何尺寸和焊缝进行全面检查，合格后方可进行组装。面板变形及整体刚度应符合要求。

（4）制作钢木组合模板时，钢与木之间的接触面应贴紧。面板采用防水胶合板的模板，除应使胶合板与背楞之间密贴外，对在制作过程中裁切过的防水胶合板茬口，应及时涂刷防水涂料。

3203 木模板制作的技术要求有哪些?

(1)材质要根据各地区实际情况,一般采用红、白松等优质材,不得采用扭曲厉害及质脆变潮易变形的木材。

(2)木模板与混凝土接触的板面,一般应予刨光拼缝可为平缝,上下搭口缝、企口缝及夹条缝等,有缝隙处应用油灰木条等嵌缝紧密,做到严密不漏浆,定型模板宜用企口缝或夹条缝以利多次倒用不变形。

(3)组拼模板应在平整的场地上或工作台上进行,以利挤紧板缝控制楞木间距使模型平直整齐,尺寸符合设计要求。

(4)组拼模板的铁线钉钉头应钉平板面,如有凹入板面者钉坑宜用油灰抹平,铁线钉及螺栓规格及排列等均应符合设计规定。

(5)普通木模板的允许偏差不超过有关规定。

3204 模板安装有什么技术要求?

(1)模板与钢筋安装工作应配合进行,妨碍绑扎钢筋的模板应待钢筋安装完毕后安设。模板不应与脚手架连接(模板与脚手架整体设计时除外),避免引起模板变形。

(2)安装侧模板时,应防止模板移位和凸出。基础侧模可在模板外设立支撑固定,墩、台、梁的侧模可设拉杆固定。浇筑在混凝土中的拉杆,应按拉杆拔出或不拔出的要求,采取相应的措施。对小型结构物,可使用金属线代替拉杆。

(3)模板安装完毕后,应对其平面位置、顶部标高、节点联系及纵横向稳定性进行检查,签认后方可浇筑混凝土。浇筑时,发现模板有超过允许偏差变形值的可能时,应及时纠正。

(4)模板在安装过程中,必须设置防倾覆设施。

(5)当结构自重和汽车荷载(不计冲击力)产生的向下挠度超过跨径的 1/1 600 时,钢筋混凝土梁、板的底模板应设预拱度,预拱度值应等于结构自重和 1/2 汽车荷载(不计冲击力)所产生的挠度。纵向预拱度可做成抛物线或圆曲线。

(6)后张法预应力梁、板，应注意预应力、自重和汽车荷载等综合作用下所产生的上拱或下挠，应设置适当的预挠或预拱。

(7)当所有和模板有关的工作做完，待浇混凝土构件中所有预埋件亦安装完毕，应经监理工程师检查认可后，才能浇筑混凝土。这些工作应包括清除模板中所有污物、碎屑物、木屑、水及其他杂物。

3205　滑升、提升、爬升及翻转模板有哪些技术要求？

1. 爬升及翻转模板

(1)混凝土的强度应达到规定的数值后方可拆模并进行模板的翻转或爬架爬升。作用于爬模上接料平台、脚手平台和拆模吊栏的荷载应均衡，不得超载，严禁混凝土吊斗碰撞爬模系统。

(2)模板沿墩身周边方向应始终保持顺向搭接。在施工过程中，应随时检查爬模中线、水平位置和高程等，发现问题应及时纠正。

2. 滑升模板

(1)模板的高度宜根据结构物的实际情况确定；滑升模板的结构应有足够的强度、刚度和稳定性；支撑杆及提升设备应能保证模板竖直均衡上升。

(2)模板的滑升速度宜为 100～300 mm/h，滑升模板施工应连续进行，如因故中断，在中断前应将混凝土浇筑齐平。中断期间模板仍应继续缓慢地提升，直到混凝土与模板不至黏住时为止。

3. 提升模板

(1)提升模架其结构应满足使用要求。大块模板应用整体钢模板，加劲肋在满足刚度需要的基础上应进行加强，以满足使用要求。

(2)采用提升模板施工时，应设置脚手平台、接料平台、挂吊脚手及安全网等辅助设施。

3206　如何铺设脚手板？

钢、钢木脚手板在靠建筑物一侧及端部必须与小横杆绑牢防止滑出。钢脚手板要对头铺，在对头处下面有小横杆，并用铁线穿过套环与小横杆绑牢。竹、木脚手板可对头铺或搭接铺。对头铺时，在每块板端头下要有小横杆，小横杆离板端应不大于 15 cm，搭接铺时，两块板端头的搭接长度应不小于 20 cm，如有不平应用木板垫平，垫板应是在小横杆与大横杆相交处，使脚手板稳实的铺在小横杆木上。竹、木脚手板均应用绳索与小横杆绑牢。

3207　模板工程有哪些安全注意事项？

(1)进入施工现场人员必须戴好安全帽，高空作业人员必须佩戴安全带，并应系牢。

(2)经医生检查认为不适宜高空作业的人员，不得进行高空作业。

(3)工作前应先检查使用工具是否牢固，扳手等工具必须有锤链系挂在身上，以免掉落伤人；工作时要思想集中，防止钉子扎脚和空中滑落。

(4)安装与拆除 5 m 以上的模板，应搭脚手架并设防护栏杆，防止上下在同一垂直面操作。

(5)高空、复杂结构模板的安装与拆除，事先应有切实的安全措施。

(6)遇六级风以上的大风时，应暂停室外的高空作业，雪霜雨后应先清扫施工场地，略干不滑时再进行工作。

(7)二人抬运模板时要互相配合，协同工作。传递模板、工具应用运输工具或绳子系牢后升降，不得乱扔。组台钢模板装拆时，上下应有人接应，钢模板及配件应随装拆随运送，严禁从高处掷下。高空拆模时，应有专人指挥，并在下面标出工作区，用绳子和红白旗加以围拦，暂停人员过往。

(8)不得在脚手架上堆放大批模板等材料。

(9)支撑、牵杠等不得搭在门窗框和脚手架上。通路中间的斜撑、拉杠等应设在 1.8 m 高以上。

(10)支模过程中，如需中途停歇时，应将支撑、搭头、柱头板等钉牢。拆模间歇时，应将已活动的模板、牵杠、支撑等运走或妥善推放，防止因扶空，踏空而坠落。

(11)模板上有预留洞者，应在安装后将洞口盖好。混凝土板的预留洞，应在模板拆除后随即将洞口盖好。

(12)拆除模板一般用长撬棍。人不许站在正在拆除的模板上。在拆除楼板模板时，要注意整块模板掉下，尤其是用定型模板做平台模板时，拆模人员要站在门窗洞口外拉支撑，防止模板突然全部掉落伤人。

(13)在组合钢模板上架设的电线和使用电动工具，应用 36 V 低电源或采取其他有效的安全措施。

3208 空心板制作时所使用的芯模应符合哪些要求?

(1)充气胶囊在使用前应经过检查，不得漏气，安装时应有专人检查钢丝头，钢丝头应弯向内侧，胶囊涂刷隔离剂。每次使用后，应妥善存放，防止污染、破损及老化。

(2)从开始浇筑混凝土到胶囊放气时止，其充气压力应保持稳定。

(3)浇筑混凝土时，为防止胶囊上浮和偏位，应采取有效措施加以固定，并应对称平衡地进行浇筑。

(4)胶囊的放气时间应经试验确定，以混凝土强度达到能保持构件不变形为宜。

(5)木芯模使用时应防止漏浆和采取措施便于脱模。要控制好拆芯模时间，过早易造成混凝土塌落，过晚拆模困难。应根据施工条件通过试验确定拆除时间。

(6)钢管芯模应由表面匀直、光滑的无缝钢管制作，混凝土终凝后，即可将芯模轻轻转动，然后边转动边拔出。

(7)充气胶囊芯模在工厂制作时，应规定充气变形值，保证制作误差不大于设计规定的误差要求。在设计无规定时，应满足《公路桥涵施工技术规范》对板梁构造尺寸的要求。

第三节　支架的制作与安装

3301　支架的制作应符合哪些规定?

1. 支架

应根据设计图进行制作和安装,应尽可能采用标准化、系列化、通用化的构件拼装。无论使用何种材料的拱架和支架,均应进行施工图设计,支架整体、杆配件、节点、地基、基础和其他支撑物应进行强度和稳定验算。

2. 木拱架

拱架所用的材料规格及质量应符合要求。桁架拱架在制作时,各杆件应当采用材质较强、无损伤及湿度不大的木材。夹木拱架制作时,木板长短应搭配好,纵向接头要求错开,其间距及每个断面接头应满足使用要求。面板夹木按间隔用螺栓固定,其余用铁钉与拱肋固定。

木拱架的强度和刚度应满足变形要求。杆件在竖直与水平面内,要用交叉杆件连接牢固,以保证稳定。木拱架制作安装时,应基础牢固,立柱正直,节点连接应采取可靠措施以保证支架的稳定,高拱架横向稳定应有保证措施。应尽量减少长杆件接头,两相邻立柱的连接接头亦须分设在不同的水平面上。主要压力杆的纵向连接,应使用对接法,并用木夹板或铁夹板夹紧;次要构件的连接可用搭接法。木拱架、木支架的连接,应力求简单。

3. 钢拱架

(1)常备式钢拱架纵、横向距离应根据实际情况进行合理组合,以保证结构的整体性。

(2)钢管拱架排架的纵、横距离应按承受拱圈自重计算,各排架顶部的标高要符合拱圈底的轴线。为保证排架的稳定应设置足够的斜撑、剪力撑、扣件和缆风绳。

3302 支架的安装应符合哪些规定?

(1)支架基础必须稳固,承重后应能保持均匀沉落且沉落值不得超过预计范围。基础为石质时,应挖去表土,将柱根处岩面凿低,凿平,基础为密实土壤时,如在施工期间不致被流水冲刷,可采用枕木或石块铺砌基础;如在施工期间可能被流水冲刷,或为松软土质时,须采用桩基或框架结构或其他加固措施。

(2)支架应按施工图设计的要求进行安装。立柱应垂直,节点连接应可靠。

(3)支架在纵桥向和横桥向均应加强水平、斜向连接,增强整体稳定。高支架应设置足够的斜向连接、扣件或缆风绳,横向稳定应有保证措施。

(4)应通过预压的方式消除支架地基的不均匀沉降和支架的非弹性变形并获取弹性变形参数,或检验支架的安全性。预压荷载宜为支架需承受全部荷载的1.05~1.10倍,预压荷载的分布应模拟需承受的结构荷载及施工荷载。

(5)支架在安装完成后,应对其平面位置、顶部高程、节点连接及纵、横向稳定性进行全面检查,符合要求后,方可进行下一工序。

3303 支架如何考虑设置预拱度和卸落装置?

(1)设置的预拱度值,应包括结构本身需要的预拱度和施工需要的预拱度两部分。

(2)施工预拱度应考虑下列因素:模板、支架承受施工荷载引起的弹性变形;受载后由于杆件接头的挤压和卸落装置压缩而产生的非弹性变形;支架地基在受载后的沉降变形。

(3)专用支架应按其产品的要求进行模板的卸落;自行设计的普通支架应在适当部位设置相应的木楔、木马、砂筒或千斤顶等卸落模板的装置,并应根据结构形式、承受的荷载大小确定卸落量。

3304 支架的制做与安装有哪些注意事项。

(1)支架和拱架宜采用标准化、系列化、通用化的构件拼装。无论使用何种材料的支架和拱架,均应进行施工图设计,并验算其强度和稳定性。

(2)制作木支架、木拱架时,长杆件接头应尽量减少,两相邻立柱的连接接头应尽量分设在不同的水平面上。主要压力杆的纵向连接,应使用对接法,并用木夹板或铁夹板夹紧。次要构件的连接可用搭接法。

(3)安装拱架前,对拱架立柱和拱架支承面应详细检查,准确调整拱架支承面和顶部标高,并复测跨度,确认无误后方可进行安装。各片拱架在同一节点处的标高应尽量一致,以便于拼装平联杆件。在风力较大的地区,应设置风缆。

(4)支架和拱架应稳定、坚固,应能抵抗在施工过程中有可能发生的偶然冲撞和振动。安装时应注意以下几点:

1)支架立柱必须安装在有足够承载力的地基上,立柱底端应设垫木来分布和传递压力,并保证浇筑混凝土后不发生超过允许的沉降量。

2)施工用的脚手架和便桥,不应与结构物的模板支架相连接,以避免施工振动时影响浇筑混凝土质量。

3)船只或汽车通行孔的两边支架应加设护桩,夜间应用灯光标明行驶方向。施工中易受漂流物冲撞的河中支架应设坚固的防护设备。

(5)支架或拱架安装完毕后,应对其平面位置、顶部标高、节点连接及纵、横向稳定性进行全面检查,符合要求后,方可进行下一工序。

(6)在浇筑混凝土及砌筑拱圈过程中,承包人应随时测量和记录支架和拱架的变形及沉降量。

(7)现浇混凝土的梁(板)结构,在支架架设后,应按图纸要求,对支架进行预压,加在支架上的预压荷载应不小于梁(板)自重。

3305 满布式木拱架制作及安装程序有哪些？

(1)在平台上，按拱圈内弧线加建筑拱度放出拱模弧线，并将拱模弧线分成段，定出弧形木接头位置和排架、斜撑、拉杆的中心线。

(2)在样台上量出各杆件尺寸，制作各杆件大样。

(3)在支架及卸落设备上抄平，定出拉杆水平线。

(4)安装拉杆、立柱、斜撑、夹木及弧形木等杆件。

(5)在弧形木各节点上抄平(包括建筑拱度)，准确地按拱模弧线减去模板，垫木和横梁的高度)控制弧形木高度。

3306 安装木支架(拱架)有哪些注意事项？

(1)安装拱架前，对拱架立柱和拱架支承面应详细检查，准确调整拱架支承面和顶部标高，并复测跨度，确认无误后方可进行安装。

(2)支架立柱必须安装在有足够承载力的地基上，立柱底端应设置垫木，用以分布和传递压力，并保证浇筑混凝土后不发生超容许的沉降量。

(3)构造物的模板支架不应与施工用的脚手架和便桥相连，以免施工振动时影响浇筑混凝土质量。

(4)通行孔的两边支架应加设护桩，夜间应用灯光标明行驶方向，施工中易受漂物冲撞的河中支架应设坚固设备。

(5)安装拱架时应考虑到拱架和支架的便于拆卸，因此，应根据结构型式、承受的荷载大小及需要的卸落量，在拱架和支架适当部位设置相应的木楔、木马、砂筒或千斤顶等落模设备。

(6)拱架和支架安装完毕后应对平面位置、顶部标高、节点联系及纵、横向稳定性进行全面检查，符合要求，方可进行下一工序。

3307 简述木排架的制作方法。

(1)选料：按设计尺寸选用木料，并把树皮全部剥掉，将树节凸出部分削砍平顺。

(2)搭设制作平台：先搭设四个小木垛，垛上横放两根方木或半圆木。

(3)放样：按设计图将排架各立柱的位置在横放的方木或半圆木上画线标明，随即将各立柱安置于画线的设计位置用扒钉固定，然后按设计高度将立柱截断。

(4)安置帽木及底木：在排垛帽木及底木的设计位置两端处，各搭设一个与制作平台等高的小木垛，随即将帽木及底木安置于设计位置用扒钉与立柱联结固定密贴，然后按夹板钻眼、安装夹板，拧紧螺栓与各立柱联结，而后安装斜夹木。

(5)安装夹木：排架设计有平夹木的，应先安装平夹木，后安装斜夹木，任何排架的平夹木和斜夹木，均需钻眼上螺栓与立柱联结，如在基础旁组制排架时，可先只安装一面夹木，待将排架立好后，再安装另一面夹木。安装斜夹木前，应核对对角线应相等。

第四节 模板、支架的拆除

3401 模板、支架和拱架拆除期限的原则规定有哪些？

(1)模板、支架和拱架的拆除期限应根据结构物特点、模板部位和混凝土所达到的强度来决定。

1)非承重侧模板应在混凝土强度能保证其表面及棱角不致因拆模而受损坏时方可拆除，一般应在混凝土抗压强度达到2.5 MPa时方可拆除侧模板。

2)芯模和预留孔道内模，应在混凝土强度能保证其表面不发生塌陷和裂缝现象时，方可拔除，拔除时间可按《公路桥涵施工技术规范》的有关规定确定。

3)钢筋混凝土结构的承重模板、支架和拱架，应在混凝土强度能承受其自重力及其他可能的叠加荷载时，方可拆除，当构件跨度不大于4 m时，在混凝土强度符合设计强度标准值的50%的要求后，方可拆除；当构件跨度大于4 m时，在混凝土强度符合设计强度标准值的75%的要求后，方可拆除。

如设计上对拆除承重模板、支架、拱架另有规定，应按照设计规定执行。

(2)石拱桥的拱架卸落时间应符合下列要求：

1)浆砌石拱桥，须待砂浆强度达到设计要求，或如设计无要求，则须达到砂浆强度的70%。

2)跨径小于10 m的小拱桥，宜在拱上建筑全部完成后卸架；中等跨径的实腹式拱，宜在护拱砌完后卸架；大跨径空腹式拱，宜在拱上小拱横墙砌好(未砌小拱圈)时卸架。

3)当需要进行裸拱卸架时，应对裸拱进行截面强度及稳定性验算，并采取必要的稳定措施。

3402 模板、支架和拱架拆除时有什么技术要求?

(1)模板拆除应按设计的顺序进行，设计无规定时，应遵循先支后拆，后支先拆的顺序，拆时严禁抛扔。

(2)为便于支架和拱架的拆卸，应根据结构型式、承受的荷载大小及需要的卸落量，在支架和拱架适当部位设置相应的木楔、木马、砂筒或千斤顶等落模设备。

(3)卸落支架和拱架应按拟定的卸落程序进行，分几个循环卸完，卸落量开始宜小，以后逐渐增大。在纵向应对称均衡卸落，在横向应同时一起卸落。在拟定卸落程序时应注意以下几点：

1)在卸落前应在卸架设备上画好每次卸落量的标记。

2)满布式拱架卸落时，可从拱顶向拱脚依次循环卸落；拱式拱架可在两支座处同时均匀卸落。

3)简支梁、连续梁宜从跨中向支座依次循环卸落；悬臂梁应先卸挂梁及悬臂的支架，再卸无铰跨内的支架。

4)多孔拱桥卸架时，若桥墩允许承受单孔施工荷载，可单孔卸落，否则应多孔同时卸落，或各连续孔分阶段卸落。

5)卸落拱架时，应设专人用仪器观测拱圈挠度和墩台变化情况，并详细记录。另设专人观察是否有裂缝现象。

(4)墩、台模板宜在其上部结构施工前拆除。拆除模板，卸落支架和拱架时，不允许用猛烈敲打和强扭等方法进行。

(5)模板、支架和拱架拆除后，应维修整理，分类妥善存放。

3403 以满布式拱架为例，说明拱架卸落的原则?

在卸落拱架中，只有当达到一定的卸落量 h 时，拱架才能脱离拱件。满布式拱架所需卸落量，应为拱体弹性下沉量及拱架弹性回升量之和。此卸落量为拱顶处的卸落量，拱顶两边各支架的卸落量可按直线比例分配。为使拱体逐渐均匀地降落和受力，各点卸落量应分成几次和几个循环逐步完成。各次和各循环之间应有一定的间歇，间歇后应将松动的卸落设备顶紧使拱体落实。卸落时可依据算出和分配的各点的卸落量，从拱顶开始，同时向两端对称地进行。

3404 组合钢模板应如何拆除?

(1)模板拆除时间要符合相关规定。

(2)模板拆除的顺序和方法按照设计规定，一般应先拆侧面模板，后拆底板，先拆非承重部分，后拆承重部分。若拆除整体拼装模板，应先挂好吊绳，然后拆除斜撑和连接两块拼装模板的附加钢楞，U 形卡及 L 形插销，拆除时，要用木锤敲击板体，使之与混凝土脱离，再吊运到指定位置堆放整齐。单块模板拆除时，借助模板肋条上的拼装孔，用工具拉下。

(3)拆除梁、板等结构的承重模板时，在横向应同时，在纵向应对称均衡卸落。简支梁、连续梁结构的模板宜从跨中向支座方向依次循环卸落；悬臂梁结构的模板宜从悬臂端开始顺序卸落。

(4)拆除模板后，应及时从混凝土中取出对拉螺栓，并用砂浆将孔洞堵平。

(5)在低温、干燥或大风环境下拆除模板时，应采取必要的措施，防止混凝土表面产生裂缝。

3405 组合钢模板如何维修保管?

(1)模板使用后，如肋边发生翘曲、弯折、板面发生变形时，应在清理时矫正平直，开焊处要补焊牢固。

（2）模板使用后，应将板面残留的混凝土用平刮刀清除干净，注意不要将板面刮伤。

（3）清理整修好的模板应刷脱模剂，防锈漆脱落的应及时补涂。

（4）钢板及附件，应设专人保管、维护，不论在工地或仓库，均应按规格、种类分别堆放，建立账册，露天堆放的钢模板，须用帆、布或塑料布等遮盖，以防生锈。

3406　钢模板如何组拼？

组拼模板一般按自下而上的顺序进行，每块模板要求搁置正确，表面平整向下，置于平整场地上，按划出的模板位置搁放。用回形卡钩头穿入相邻两模板边肋的卡孔中，按下回形卡孤形部分，使其夹住模板拼接处两肋边。两模板端部卡孔则用 L 形插头插入连接，然后装上纵横向钢楞和碟形扣件或弯形扣件，用钩头螺栓从两钢楞中间穿入，钢头穿挂入肋边卡孔中，并用螺栓帽旋紧。钢楞装好后，拧紧模板拉杆螺栓，并设立支撑使模板保持整体稳定，防止浇筑混凝土时，模板受力变形。非直角转角处，钢模板拼缺处，均须现制部分木模板镶补，木模板应按钢模边肋上的卡孔眼位钻孔，然后适当的紧固螺栓将木模与钢模连接。

3407　支架卸落时有哪些注意事项？

梁桥支架的卸落，应对称、均匀和有顺序地进行。卸落设备应放在适当的位置，当为排架式支架时应放在立柱处，当为梁式支架时应放在支架梁的支点处。支架卸落时，简支梁和连续梁应从跨中向两端进行，悬臂梁应先卸落挂梁及悬臂部分，然后卸落主跨部分，肋板梁等型式的上部构造，应按传递荷载的顺序进行。卸落时应分几循环进行，开始宜小以后逐渐加大，纵向对称进行，横向同时卸落，当达到一定的卸落量后，支架才能脱离梁体。

第四章　桥梁基础工程

第一节　明挖地基

4101　土石围堰的设计与施工应符合哪些规定?

1.土石围堰的高程、平面尺寸及填筑应符合下列规定

(1)围堰顶面的高程应高出施工期间可能出现的最高水位0.5～0.7 m。

(2)围堰的外形尺寸应考虑河流断面被压缩后流速增大导致水流对围堰本身和河床的集中冲刷,以及河道泄洪、通航和导流的影响等不利因素。围堰的平面尺寸应满足施工作业的需要。

(3)围堰的填筑应分层进行,减少渗漏,并满足围堰本身强度和稳定性的要求。

2.土围堰的填筑施工应符合下列规定

(1)水深1.5 m以内,流速0.5 m/s以内,河床土质渗水性较小且满足泄洪要求时,可筑土围堰。

(2)围堰顶的宽度宜根据施工需要确定,边坡的坡度应根据围堰位置的不同、高度及基坑开挖深度等条件确定。

(3)在修筑围堰之前,应将围堰底河床处的树根、石块及其他杂物清除干净。围堰材料宜用黏性土或砂夹黏土,填筑应自上游开始至下游合拢,超出水面后进行夯实。围堰外坡面有受水流冲刷危险时,应采用合适的材料对其进行防护。

3.土袋围堰的填筑应符合下列规定

(1)水深在3 m以内,流速在1.5 m/s以内,河床土质渗水性较小且满足泄洪要求时,可筑土袋围堰。

(2)袋内填土宜采用结性土,装填量宜为60%;水流流速较大时在过水面及迎水面,袋内可装填粗砂或卵石。堆码时土袋的上下层和内外层应相互错缝,搭接长度宜为1/2 ～1/3 ,堆码应密实平整。

(3)围堰的中心部分可填筑黏土及黏性土芯墙。围堰外边坡坡度宜为1∶0.5～1∶1，围堰内边坡坡度宜为1∶0.2～1∶0.5。

4102　不支护坑壁的基坑开挖在什么情况下选用？施工时有哪些规定？

(1)对于在干涸无水河滩、河沟中，或有水但经过改移河道(或筑堤)能排除地表水的河沟中，在地下水位低于基底，或渗透量少，不影响坑壁稳定；以及基础埋置不深，施工期较短，挖基坑时，不影响邻近建筑物安全的施工场所，可考虑选用坑壁不加支撑的基坑。

(2)黏土在半干硬或硬塑状态，基坑顶缘无活荷载，稍松土质基坑深度不超过0.5 m，中等密实(锹挖)土质基坑深度不超过1.25 m，密实(镐挖)土质基坑深度不超过2.0 m时，均可采用垂直坑壁基坑。基坑深度在5 m以内，土的湿度正常时，采用斜坡坑壁开挖或按坡度比值挖成阶梯形坑壁。基坑深度大于5 m时，坑壁坡度适当放缓，或加做平台。土的湿度影响坑壁的稳定性时，应采用该湿度下土的天然坡度或采取加固坑壁的措施。当基坑的上层土质适合敞口斜坡坑壁条件，下层土质为密实黏土或岩石时，可用垂直坑壁开挖，在坑壁坡度变换处，应保留有至少0.5 m的平台。坑壁形式如图4-1所示。

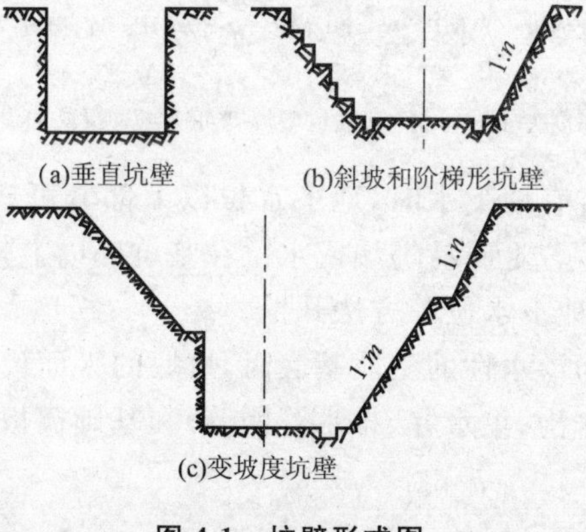

图4-1　坑壁形式图

(3)基坑的顶面应设置防止地面水流入基坑的设施。基坑顶面有动荷载时，其边缘与动荷载之间应留有不小于 1 m 宽的护道，动荷载较大时宜适当加宽护道；若水文和地质条件较差，应采取加固措施。

(4)基坑坑壁的坡度宜根据地质条件、基坑深度、施工方法等情况确定。当为无水基坑且土层构造均匀时，基坑坑壁的坡度可按表 4-1 确定；当土的湿度有可能使坑壁不稳定而引起坍塌时，基坑坑壁坡度应缓于该湿度下的天然坡度。

表 4-1 基坑坑壁坡度

坑壁土类别	坑壁坡度		
	坡顶无荷载	坡顶有静荷载	坡顶有动荷载
砂类土	1∶1	1∶1.25	1∶1.5
卵石、砾类土	1∶0.75	1∶1	1∶1.25
粉质土、黏质土	1∶0.33	1∶0.5	1∶0.75
极软土	1∶0.25	1∶0.33	1∶0.67
软质土	1∶0	1∶0.1	1∶0.25
硬质岩	1∶0	1∶0	1∶0

注：1. 坑壁有不同土层时，基坑坑壁坡度可分层选用，并酌设平台。

2. 坑壁土的类别按照现行行业标准(公路土工试验规程)(JTG E40)划分；岩面单轴抗压强度＜5 MPa、5～30 MPa、＞30 MPa 时，分别定为极软、软质、硬质岩。

3. 当基坑深度大于 5 m 时，基坑坑壁坡度可适当放缓或加设平台。

(5)当基坑有地下水时，地下水位以上部分可放坡开挖；地下水位以下部分，若土质易坍塌或水位在基坑底以上较高时，应采用加固土体或降地下水位等方法开挖。

(6)基坑为渗水性的土质基底时，坑底的平面尺寸应根据排水要求(包括排水沟、集水井、排水管网等)和基础模板所需基坑大小确定。

4103　对坑壁采取支护措施进行基坑的开挖时，应符合哪些规定？

(1)当基坑壁坡不易稳定并有地下水，或放坡开挖场地受到限制，或基坑较深、放坡开挖工程数量较大，不符合技术经济要求时，可根据具体情况，采取加固坑壁措施，如挡板支撑、钢木结合支撑、混凝土护壁及锚杆支护等。

(2)基坑较浅且渗水量不大时，可采用竹排、木板、混凝土板或钢板等对坑壁进行支护；基坑深度小于或等于4 m且渗水量不大时，可采用槽钢、H型钢或工字钢等进行支护；地下水位较高，基坑开挖深度大于4 m时，宜采用锁口钢板桩或锁口钢管桩围堰进行支护，其施工要求应符合规范的规定，在条件许可时亦可采用水泥土墙、混凝土围圈或桩板墙等支护方式。

(3)对支护结构应进行设计计算，当支护结构受力过大时应加设临时支撑，支护结构和临时支撑的强度、刚度及稳定性应满足基坑开挖施工的要求。

(4)基坑坑壁采用喷射混凝土、锚杆喷射混凝土、预应力锚索和土钉支护等方式进行加固时，其施工应符合下列规定：

1)对基坑开挖深度小于10 m的较完整风化基层可直接喷射混凝土加固坑壁。喷射混凝土之前应将坑壁上的松散层或岩渣清理干净。

2)对锚杆、预应力锚索和土钉支护，均应在施工前按设计要求进行抗拉拔力的验证试验，并确定适宜的施工工艺。

3)采用锚杆挂网喷射混凝土加固坑壁时，各层锚杆进入稳定层的长度、间距和钢筋的直径均应符合设计要求。孔深小于或等于3 m时，宜采用先注浆后插入锚杆的施工工艺；孔深大于3 m时，宜先插入锚杆后注浆。锚杆插入孔内后应居中固定，注浆应采用孔底注浆法，注浆管应插至距孔底50～100 mm处，并随浆液的注人逐渐拔出，注浆的压力不宜小于0.2 MPa。

4)采用预应力锚索加固坑壁时，预应力锚索（包括锚杆）编束、安装和张拉等的施工应符合规范有关规定，可参照现行国家标准《建筑边坡工程技术规范》(GB 50330) 的规定执行。

5)采用土钉支护加固坑壁时,施工前应制订专项施工技术方案和施工监控方案,配备适宜的机具设备。土钉支护中的开挖、成孔、土钉设置及喷射混凝土面层等的施工可按现行行业标准《基坑土钉支护技术规程》(CECS 96) 的规定执行。

(5)不论采用何种加固方式,均应按设计要求逐层开挖、逐层加固,坑壁或边坡上有明显出水点处应设置导管排水。施工质量标准应符合现行行业标准《公路路基施工技术规范》(JTG F10) 的相关规定。

4104 基坑的开挖施工安排原则有哪些?

(1)挖基施工宜安排在枯水或少雨季节进行。基坑的开挖应连续施工,对有支护的基坑应采取防碰撞的措施;基坑附近有其他结构物时,应有可靠的防护措施。

(2)在开挖过程中进行排水时应不对基坑的安全产生影响,确认基坑坑壁稳定的情况下,方可进行基坑内的排水。排水困难时,宜采用水下挖基方法,但应保持基坑中的原有水位高程。

(3)采用机械开挖时应避免超挖,宜在挖至基底前预留一定厚度,再由人工开挖至设计高程;如超挖,则应将松动部分清除,并应对基底进行处理。

(4)基坑开挖施工完成后不得长时间暴露、被水浸泡或被扰动,应及时检验其尺寸、高程和基底承载力,检验合格后应立即进行基础工程的施工。

4105 桥梁基础施工中常用的基坑排水方法有哪些?应注意哪些问题?

1.集水坑排水法。除严重流沙外,一般情况下均可适用。

(1)基坑开挖时,宜在坑底基础范围之外设置集水坑并沿坑底周围开挖排水沟,使水流入集水坑内,排出坑外。集水坑的尺寸宜视渗水量的大小确定。

(2)排水设备的排水能力宜为总渗水量的1.5～2.0倍。

2.井点降水法。当土质较差有严重流沙现象,地下水位较高,挖基较深,坑壁不易稳定,用普通排水方法难以解决时,可采用井点降水法。

(1)井点降水法宜用于粉砂、细砂、地下水位较高、有承压水、挖基较深、坑壁不易稳定的土质基坑,在无砂的黏质土中不宜采用。井点类别的选择,宜按照土层的渗透系数、要求降低水位的深度以及工程特点确定。

(2)井管的成孔可根据土质分别采用射水成孔或冲击钻机、旋转钻机及水压钻探机成孔。井点降水曲线应低于基底设计高程或开挖高程0.5 m。

(3)应做好沉降及边坡位移监测,保证水位降低区域内构筑物的安全,必要时应采取防护措施。

3.其他排水法。对于土质渗透性较大、挖掘较深的基坑,可采用板桩法或沉井法。此外,视工程特点、工期及现场条件等,还可采用帷幕法,即将基坑周围土层用硅化法、水泥灌浆法、沥青溜浆法及冻结法等处理成封闭的不透水的帐幕。

4106　边坡失稳的原因有哪些?

基坑开挖边被失稳一般由以下几种情况引起:

(1)基坑深度过大,而坑壁坡度较陡。

(2)对于湿土而言,坑壁坡度陡于该湿度下的天然坡度。

(3)地下水以下部分开挖,土质易坍塌却没有增设加固措施。

(4)基坑四周没有设置截水沟、排水沟拦截地表径流。

(5)弃土位置距基坑太近甚至放在基坑四周。

(6)在粗、细砂质土层中,水的渗流会挟带细砂颗粒流动,破坏土体结构,引起基坑壁坍塌。

(7)施工延续时间过长。

(8)施工所用大型设备在坑周边重复作业或振动较大等。

4107 边坡失稳的预防及处理措施有哪些?

(1)基坑开挖之前,应先做好地面排水系统,在基坑顶外缘四周应向外设置排水坡或设置防水梁、并在适当距离设截水沟,且应防止水沟渗水,避免影响坑壁稳定。

(2)坑顶边缘应有一定的距离作护道,堆载距坑缘不小于0.5 m,动载(包括机械及机械通道)距坑缘不小于1.0 m,垂直坑壁坑缘边的护道还应适当增宽,堆置弃土的高度不得超过1.5 m。

(3)挖基经过不同土层时,边坡可分层而异,视情况留平台。

(4)在施工过程中注意观察坑缘顶面有无裂缝,坑壁有无松散塌落现象。

(5)对地质情况发生变化的地层应及时增设支护;水文地质条件欠佳时应提前采取加固措施。

(6)基坑自开挖起,应抓紧连续不断施工直至基础完成,施工时间绝不可延续太长。

(7)严格按规范、图纸施工。

(8)基坑应尽量安排在少雨季节施工。

若基坑开挖边坡不稳出现坍塌时,要认真分析其原因,及时处理。其处理方法主要是增设抗滑桩或木板支护、钢板桩支护、锚桩式支护、锚锭板支护、喷锚支护等;待边坡稳定后,进行清理或继续施工,并尽快完成基础施工。

4108 基底处理的方法常见的有哪些?

基底处理的主要方法有;换填土法、桩体挤密法、砂井法,袋装砂井法、预压法加固地基、强夯法、电渗法、振动水冲法、深层搅拌桩法、高压喷射注浆法、化学固化剂法等。对于一般软弱地基土层加固处理方法可归纳为四种类型。

(1)换填土法:将基础下软弱土层全部或部分挖除,换填力学物理性质较好的土。

(2)挤密土法:用重锤夯实或砂桩、石灰桩、砂井、塑料排水板等方法，使软弱土层挤压密实或排水固结。

(3)胶结土法：用化学浆液灌入或粉体喷射搅拌等方法，使土壤颗粒胶结硬化，改善土的性质。

(4)土工聚合物法：用土工膜、土工织物、土工格栅与土工合成物等加筋土体，以限制土体的侧向变形，增加土的内应力，有效提高地基承载力。

4109　细粒土、特殊土地基的处理有什么规定？

(1)对符合设计要求的细粒土、特殊土等基底，经修整完成后，应尽快进行基础的施工，不得使基底侵水或长期暴露；基坑开挖后如基底的地质情况与设计不符时，应按程序进行设计变更并对地基进行处理。地基处理应根据地基土的种类、强度和密度，按照设计要求，并结合现场情况，采取相应的处理方法。地基处理的范围应宽出基础之外不小于 0.5 m。

(2)对强度低、稳定性差的细粒土及特殊土地基，如饱和软弱黏土层、粉砂土层及湿陷性黄土、膨胀土和黏土及季节性冻土，处理时应视该类土的处治深度、含水量等情况，采取固结、换填等措施处理，以满足设计要求。

4110　粗粒土和巨粒土地基的处理有什么规定？

(1)对于强度和稳定性满足设计要求的粗粒土及巨粒土基底，应将其承重面平整夯实。

(2)基底有水不能彻底排干时，应将水引至排水沟，然后在其上修筑基础。

4111　岩层基底的处理有什么要求？

(1)风化的岩层，应挖至设计高程并满足地基承载力要求后尽快进行封闭，防止其继续风化。

(2)在未风化的平整岩层上，修建基础前，应先将淤泥、苔藓、松动的石块清除干净，并凿出新鲜岩面。

(3)对坚硬的倾斜岩层,应将岩层面凿平。倾斜度较大,无法凿平时,则应凿成多级台阶。台阶的宽度宜不小于0.3 m。

4112 多年冻土地基的处理有什么要求?

(1)基础不应置于季节冻融土层上,并不得直接与冻土接触。

(2)基础位于多年冻土层(即永冻土)上时,基底之上应设置隔温层或保温层,且铺筑宽度应在基础外缘加宽1 m。

(3)按保持冻结的原则设计的明挖基础,其多年平均地温等于或高于−3℃时,应在冬季施工;多年平均地温低于−3℃时,可在其他季节施工,但应避开高温季节,并应按下列规定处理:

1)严禁地表水流入基坑;

2)及时排除季节冻层内的地下水和冻土本身的融化水;

3)必须搭设遮阳棚和防雨棚;

4)施工前做好充分准备,组织快速施工。做好的基础应立即回填封闭,不宜间歇。必须间歇时,应以草袋、棉絮等加以覆盖,防止热量侵入。

(4)施工时,明水应在距坑顶10 m之外修排水沟。水沟之水,应引于远离坑顶宣泄并及时排除融化水。

4113 溶洞地基的处理有什么要求?

(1)处理溶洞地基时,不得堵塞溶洞水路。

(2)对干溶洞可用砂砾石、碎石、干砌或浆砌片石及灰土等回填密实。基底干溶洞较大,回填处理有困难时,可采用桩基处理,桩基的设置应履行设计变更手续,并应由设计单位进行设计。

4114 泉眼地基的处理有什么要求?

(1)可采用有螺口的钢管紧紧打入泉眼,盖上螺帽并拧紧,阻止泉水流出;或向泉眼内压注速凝的水泥砂浆,再打入木塞堵眼。

(2)堵眼有困难时,可采用管子塞入泉眼,将水引流至集水坑排出；或在基底下设盲沟引流至集水坑排出，待基础施工完成后，向盲沟压注水泥浆堵塞。采用引流排水时，应注意防止砂土流失，引起基底沉陷。

(3)不论采用何种方法处理，都不应使基底泡水。

第二节 桩基础工程

4201 什么是桩基础？桩的分类有哪些？

桩基础是深入土层的柱形结构，其作用是将作用于桩顶以上的结构物传来的荷载传到较深的地基持力层中去。当荷载较大或桩数量较多时需在桩顶设承台将所有桩基连接成一个整体共同承担上部结构的荷载。

桩是垂直或微斜埋置于土中的受力杆件，它的横截面尺寸比长度小得多，其所承受的荷载由桩侧土的摩阻力及桩端地层的反力共同承担。

(1)按桩的使用功能分类

竖向抗压桩：主要承受竖向下压荷载(简称竖向荷载)的桩，应进行竖向承载力计算，必要时还需计算桩基沉降，验算软弱下卧层的承载力以及负摩阻力产生的下拉荷载。

竖向抗拔桩：主要承受竖向上拔荷载的桩，应进行桩身强度和抗裂计算以及抗拔承载力验算。

水平受荷桩：主要承受水平荷载的桩，应进行桩身强度和抗裂验算以及水平承载力和位移验算。

复合受荷桩：承受竖向、水平荷载均较大的桩，应按竖向抗压(或抗拔)桩及水平受荷桩的要求进行验算。

(2)按桩承载性能分类

摩擦桩：当软土层很厚，桩端达不到坚硬土层或岩层上时，则桩顶的极限荷载主要靠桩身与周围土层之间的摩擦力来支承，桩尖处土层反力很小，可忽略不计。

端承桩：桩穿过软弱土层，桩端支承在坚硬土层或岩层上时，则桩顶极限荷载主要靠桩尖处坚硬岩土层提供的反力来支承，桩侧摩擦力很小，可以忽略不计。

摩擦端承桩：桩顶的极限荷载由桩侧阻力和桩端阻力共同承担，但主要由桩端阻力承受。

端承摩擦桩：桩顶的极限荷载由桩侧阻力和桩端阻力共同承担，但主要由桩侧阻力承受。

(3)按桩身材料分类

可分为木桩、混凝土桩、钢桩、组合桩等。

(4)按桩径大小分类

小桩：桩径 $d \leqslant 250$ mm。

中等直径桩：250 mm$< d <$800 mm。

大直径柱：桩径 $d \geqslant 800$ mm。

因为桩径大且桩端还可以扩大，因此，单桩承载力较高。此类桩除大直径钢管桩外，多数为钻、冲、挖孔灌注桩，近年来的发展较快，应用范围逐渐增大，并可实现柱下单桩的结构型式。

(5)按施工方法分类

可分为沉桩、钻孔灌注桩、挖孔桩，其中沉桩又分为锤击沉桩法、振动沉桩法、射水沉桩法、静力压桩法。

4202 各种桩基础适用于什么情况?

(1)沉桩。

锤击沉桩法：一般适用于松散、中密砂土、黏性土，桩锤有坠锤、单动汽锤、双动汽锤、柴油机锤、液压锤等，可根据土质情况选用适用的桩锤。

振动沉桩法：一般适用于砂土，硬塑及软塑的黏性土和中密及较松的碎石土。

射水沉桩法：适用在密实砂土，碎石土的土层中，用锤击法或振动法沉桩有困难时，可用射水法配合进行。

静力压桩法：在标准贯入度 $N<20$ 的软黏土中，可用特制的液压机或千斤顶或卷扬机等设备沉入各种类型的桩。

钻孔埋置桩为钻孔后，将预制的钢筋混凝土圆形有底空心桩埋入，并在桩周压注水泥砂浆固结而成，适用于在黏性土、砂土、碎石土中埋置大量的大直径圆桩。

（2）钻孔灌注桩：适用于黏性土、砂土、砾卵石、碎石、岩石等各类土层。

（3）挖孔灌注桩：适用于无地下水或少量地下水，且较密实的土层或风化岩层，如空气污染物超标，必须采取通风措施。

4203　沉入桩施工时应注意什么？

（1）沉桩前，应对桩架、桩锤、动力机械等主要设备部件进行检查。

（2）沉桩过程中应注意桩帽与桩周围应有 5～10 mm 间隙，以便锤击时桩在桩帽内可作微小的自由转动，避免桩身产生超过许可的扭转应力；打桩机的导向杆应予固定，以便施打时稳定桩身。

4204　锤击沉桩的停锤控制标准是什么？

（1）设计桩尖标高处为硬塑黏土、碎石土、中密以上的砂土或风化岩等土层时，贯入度达到控制贯入度。

（2）当贯入度已达到控制贯入度，而桩尖标高未到达设计标高时，应继续锤入 0.10 m 左右（或锤击 30～50 次），如无异常变化即可停锤；若桩尖标高比设计标高高得多时，应报有关部门研究确定。

（3）设计桩尖标高处为一般黏土或其他松软土层时，应以标高控制，贯入度作为校核。当桩尖已达设计标高，而贯入度仍较大时，应继续锤击，使其接近控制贯入度。

（4）从沉桩开始时起，应严格控制桩位及竖桩的竖直度或斜桩的倾斜度。在沉桩过程中，不得采用顶、拉桩头或桩身的办法来纠偏，以防桩身开裂并增加桩身附加弯矩。

4205 灌注水下混凝土应注意哪些事项?

(1)注意防止水流对混凝土的冲刷影响,在灌注范围内,水不得流动,在灌注过程中以及在混凝土尚未充分硬化以前,不得做任何抽水,排水工作。

(2)导管应试拼冲水检查保证不漏水、不脱节、内壁不锈蚀,并在使用前用充水法进行检查;灌注不得中断。

(3)如采用多组导管同时灌注,应注意各组导管保持均一的灌注速度。

(4)在灌注过程中,应经常不断的提升导管。

(5)为避免灌注工作发生中断,应有备用搅拌机和导管等设备。

4206 流砂事故有哪些处理方法和措施?

(1)安排在全年最低水位季节施工,使基坑内动水压减小。

(2)采取水下挖土(不抽水或少抽水),使坑内水压与坑外水压相平衡或缩小水头差。

(3)采用井点降水,使水位降至基坑底 0.5 m 以下,使动水压力的方向朝下,坑底土面保持无水状态。

(4)沿基坑外围四周打板桩,深入坑底下面一定深度,以阻挡坑外水向坑内渗入减小动水压力。

(5)采用化学压力注浆或高压水泥注浆,固结基坑周围粉砂层使形成防渗帷幕。

(6)往坑底抛大石块,增加压重和减小动水压力,同时组织快速施工。

(7)当基坑面积较小,也可采取在四周设钢板护筒,随着挖土不断加深,直到穿过流砂层。

4207 钻孔桩应如何埋设护筒?

(1)护筒一般采用板厚为 4～8 mm 的钢板加工而成,高度为

1 500～2 000 mm。钻孔桩的护筒内径应比钻头直径大100～150 mm；冲孔桩的护筒内径应比钻头直径大200～250 mm。护筒的顶部应开设1～2个溢浆口，并高出地面250～350 mm。护筒顶高程，采用反循环钻时顶部应高出地下水位2.0 m；采用正循环钻时应高出地下水位1～1.5 m，且高出地面0.3 m。

(2)护筒中心与桩位中心应重合，周边用黏土夯填密实。护筒位置要根据设计桩位，按纵横轴线中心埋设。埋设护筒的坑不要太大。坑挖好后，将坑底整平，放入护筒，经检查位置正确，筒身竖直后，四周即用黏土回填，分层夯实，并随填随观察，防止填土时护筒位置偏移。护筒埋好后应复核校正，护筒中心与桩位中心应重合，偏差不得大于50 mm。

(3)护筒在黏性土中不宜小于1 m；在砂土中不宜小于1.5 m，并在保持孔内泥浆液面高于地下水位1 m以上。

4208　钻孔桩的泥浆制备有什么要求?

采用膨润土泥浆进行护壁。泥浆比重一般控制在1.1～1.3，胶体率不低于95%；含砂率不大于4%。成孔过程中，泥浆系统应定期清理，确保文明施工。泥浆池实行专人管理。泥浆性能指标及测试方法具体见表4-2泥浆性能指标及测试方法表。

表4-2　泥浆性能指标及测试方法表

序号	项目	性能指标	测试方法
1	相对密度	1.06～1.10	相对密度计
2	黏度	18～28 s	500 cc/700 cc漏斗法
3	含砂率	≤4%	含砂率计
4	胶体率	≥95%	静置、澄清
5	失水率	≤20 mL/30 min	滤纸法
6	泥皮厚	≤3 mm/30 min	
7	静切力	1～2.5 Pa	空心不锈钢泥浆切力计
8	酸碱度	8～10 pH	比色法

4209　钻孔桩在钻进成孔时应如何施工？施工中应注意什么？

钻进时，边钻进边注入泥浆进行护壁，保持泥浆面始终不低于护筒顶下 0.5 m，钻进过程中随时检测垂直度，并随时调整。成孔后泥浆比重控制在 1.25 以内，成孔时做好记录。

施工中应注意以下事项：

(1)开始钻进时，应先轻压慢转，待钻头正常工作后，逐渐加大转速。

(2)桩孔上部孔段钻进时轻压慢转，尽量减小桩孔超径；在黏土层，适当增加扫孔次数，防止缩径；砂层中用中等压力、慢转速，并适当增加泵量。

(3)施工过程中如发现地质情况与原勘查资料不符，立即通知设计、监理等单位及时处理。

(4)根据孔内土层地质柱状图和捞取钻渣样判别土类，每进尺 2 m，检查泥浆指标及时调整泥浆比重，防止坍孔事故。

(5)成孔过程中，每进 4～6 m 检查一次成孔质量，接近设计孔深时，准确地控制好钻进深度，并做好进入持力层的记录。

(6)钻进过程中应认真、准确、及时地做好成孔记录，填写报表。

4210　钻孔桩成孔后桩孔质量检测包括什么？

桩孔质量参数包括：孔深、孔径、钻孔垂直度等。

(1)孔深：钻孔前先用水准仪确定护筒标高，并以此作为基点，按设计要求的孔底标高确定孔深，以测锤确定孔深。

(2)孔径：用探孔器测量，若出现缩径现象应进行扫孔，符合要求后进行下道工序。

(3)垂直度：采用双向锤球或孔锤测定，偏差应小于 1%。

4211　钻孔桩成孔后的清孔如何施工？清孔标准是什么？

钻到设计标高后即开始清孔作业，用孔内钻斗(带挡板的钻斗)来掏除钻渣,如果沉淀时间较长,则用水泵进行浊水循环,清孔完毕时要达到如下标准:泥浆比重在1.05～1.15之间,含砂率在8%以内,黏度为18～20 s,沉淀层厚度不大于10 cm。清孔完毕后用检测笼测量孔径与垂直度,桩径误差应不小于30 mm,不大于50 mm,垂直度偏差不大于0.5%,如不合格应汇同监理工程师进行处理(洗孔或回填重钻)。

4212　钻孔桩的钢筋笼应如何加工和吊放?

(1)钢筋笼加工

1)钢筋笼采用现场加工制作,加工尺寸严格按设计图纸及规范要求进行控制。钢筋笼主筋采用焊接,焊接方法及长度符合设计要求,主筋与箍筋采用点焊。为起吊方便钢筋笼分段提前制作,孔口现场焊接,钢筋接头按规定错开。

2)为保证灌注桩的保护层厚度,采用钢筋"耳朵"的方法。钢筋"耳朵"焊在骨架主筋外侧,间距2～4 m。为确保钢筋笼刚度,起吊不变形,要求每隔2 m增设加强筋。

3)制好的钢筋骨架必须放在平整、干燥的场地上。存放时,每个加强筋与地面接触处都垫上等高的方木,以免粘上泥土。成型骨架都要挂牌标识,避免吊装时出错。

4)钢筋笼加工完毕,报请监理验收,合格后方可使用。

(2)钢筋笼吊放

1)根据设计,采用合适吨位的汽车吊车下放钢筋笼。为了保证钢筋笼起吊时不变形,采用两点吊。起吊前在钢筋笼内临时加木杆,加强其刚度。上下两节钢筋笼在孔口进行焊接。

2)下笼时由人工辅助对准孔位,保持钢筋笼的垂直,轻放、慢放,避免碰撞孔壁,严禁高提猛放和强制下入。

3)吊放钢筋笼过程中,必须始终保持钢筋笼轴线与桩轴线吻合,并保证桩顶标高符合设计要求。为防止混凝土灌注过程中钢筋笼上浮,钢筋笼最上端设定位筋,由测定的孔口标高来计算定位筋的长度,反复核对无误后焊接定位。

4)灌注完的混凝土开始初凝时,割断定位骨架竖向筋,使钢筋笼不影响混凝土的收缩。避免钢筋混凝土的黏结力受损失。

4213　水下混凝土灌注钻孔桩时如何施工?

清孔、下钢筋笼后,立即灌注混凝土。为使混凝土有较好的和易性,其水泥用量、含砂率、水灰比应符合设计和规范要求。混凝土进入导管时的坍落度以设计和规范要求为准。首批灌注的混凝土初凝时间不得早于灌注桩全部混凝土灌注完成时间,灌注应尽量缩短时间,连续作业。

(1)灌注水下混凝土施工顺序

1)安设导管。用汽车吊车将导管吊入孔内,位置应保持居中,导管下口与孔底距离保留 30～50 cm。导管在使用前及灌注 4～6 根桩后,要检查导管及其接头的密闭性,确保密封良好。

2)灌注首批混凝土。灌注首批混凝土之前在漏斗中放入隔水塞,然后再放入首批混凝土。在确认储存量备足后,即可剪断铁丝,借助混凝土重量排除导管内的水,使隔水塞留在孔底。灌注首批混凝土量应使导管埋入混凝土中深度不小于 1.0 m 。

3)连续灌注。首批混凝土灌注正常后,应连续不断灌注,灌注过程中应用测锤测探混凝土面高度,推算导管下端埋入混凝土深度,并做好记录,正确指导导管的提升和拆除。直至导管下端埋入混凝土的深度达到 4 m 时,提升导管,然后再继续灌注。在灌注过程中应将井孔内溢出的泥浆引流至适当地点处理,防止污染环境。

(2)灌注水下混凝土的技术要求

1)首批混凝土灌注量应保证导管底口埋入混凝土中不小于 1.0 m,灌注过程中混凝土面应高于导管下口 2.0 m,每次拆除导管前其下端被埋入深度不大于 6.0 m。灌注必须连续,防止断桩。

2)随孔内混凝土的上升,需逐节快速拆除导管,时间不宜超过 15 min。

3)在灌注过程中,当导管内混凝土不满,含有空气时,后续的混凝土应徐徐灌入漏斗和导管，不得将混凝土整斗从上而下倾入管内，以免在管内形成高压气囊，挤出管节的橡胶密封垫。

4)混凝土上层存在一层浮浆需要凿除，为此桩身混凝土需超浇 0.5～1 m，达到强度后，将设计桩顶标高以上部分用风镐凿除。

5)做好混凝土浇筑记录。

6)灌注过程要保护安设在钢筋笼上监测元件。

4214　钻孔桩成孔施工时必须做好哪些工作？

(1)据地质资料，详细研究施工措施，并对钻孔桩的施工方法和施工工艺提前进行技术交底，并对钻孔桩位进行复核，钉设十字桩。平整桩位四周的松软场地，先进行适当处理，清除杂物，整平夯实。

(2)钻孔前，要求材料部门积极备料，黏土、片石、水泥均应有大量的备用料，防止钻孔时塌孔。

(3)沿线路方向设足够容量的泥浆屯积池及循环池，集中管理钻孔桩泥浆。在每个泥浆池的周围安装防护栏，并设醒目的警示牌或警示灯以确保安全。

(4)由于钻孔灌注桩的直径为 1.5～1.8 m，桩基础钢护筒采用 10 mm 厚的钢板卷制而成，护筒内径大于桩径 0.2 m，各桩基护筒下沉深度以穿越过淤泥层为准，并高出地面 0.2 m 以上，四周用黏土夯填密实，用以测放桩中心点和水平控制标高，钻进过程中，要确保护筒平面位置的偏差不大于 10 mm，护筒与桩轴线的偏差不大于 1%。

(5)钻孔桩施工采用原土造浆，在软弱地质带适当投放膨润土造浆，增强护壁功能，在砂土层适当投放一定量的黏土块，维持孔内泥浆浓度，避免发生坍孔。冲孔过程中，采用泥浆泵向孔内输送新鲜泥浆，泥浆管口离孔底一定高度，不停地置换孔内泥浆，维持孔内正常的泥浆比重，置换出的泥浆通过泥浆沟排入沉淀池，达到排渣的作用。钻进过程中根据实际钻进的地质情况，调整泥浆的参数指标，满足钻进施工需要。

(6)采用冲击钻机冲击成孔，冲击过程中，随时注意调节松绳长度，避免打空锤，每钻进 4～5 m 采用钢筋笼验孔器检孔一次，以便及时纠正冲孔的偏差，确保冲孔一次成功。冲孔过程中，每钻进 4～5 m 要抽取泥浆样品检测其各项指标，取渣样一次，并作好钻孔深度记录，便于技术工程师和监理工程师根据地质情况作出钻孔深度的决定。进入基岩后，每钻进 10～30 cm 要取渣样一次，核实设计的地层情况。冲孔中发现与地质资料不符之处应立即停止施工，及时通知监理工程师和业主，查明情况采取处理措施后再重新开始施工。

(7)钻孔完成后将钻头提出，先将输浆管送入孔底，置换泥浆 10～20 min，置换率不小于 0.8，并检测孔底沉渣厚度，若超过规范要求，可换用抽渣筒进行孔内排渣，以确保沉渣厚度符合规范要求。钢筋笼吊装、导管拼装完成后，再次测定沉渣厚度，直到沉渣厚度不大于 5 cm 为止，方可进入下一道工序。

4215 混凝土灌注桩浇筑时，导管埋深有何规定？如何保证？

首批混凝土浇筑量应保证导管底口埋入混凝土中不小于 1.0 m，浇筑过程中混凝土面应高于导管下口 2.0 m，但不大于 6.0 m。导管的内径不小于 25 cm。为防止断桩，混凝土浇筑必须连续进行，浇筑过程中应用测锤测探混凝土面高度，推算导管下端埋入混凝土的深度，并做好记录。随着孔内混凝土上升，正确指导导管的提升和拆除，直至导管下端埋入混凝土的深度达到 6 m 时，提升导管，每次花费时间不超过 15 min，然后再继续浇筑。

4216 混凝土灌注桩浇筑时，为防止钢筋笼被混凝土顶托上升，应采取哪些措施？

(1)在孔口固定钢筋笼上端。

(2)浇筑混凝土的时间尽量加快，以防止混凝土进入钢筋笼时其流动性过小。

(3)当孔内混凝土接近钢筋笼底时，应保持埋管深度并放慢浇筑速度。

(4)当孔内混凝土面进入钢筋笼 1～2 m 后,应适当提升导管减小导管埋置深度,增大钢筋笼在下层混凝土中的埋置深度。

(5)在浇筑将近结束时,导管内混凝土柱高度减小,压力降低,而导管外的泥浆及所含渣土的稠度和比重增大,如出现混凝土上升困难时,可在孔内加水稀释泥浆,也可掏出部分沉淀物,使浇筑快速进行,在最后一次拔管时,要缓慢提拔导管,以免孔内上部泥浆压入桩中。浇筑过程中,如因机械故障、堵塞、操作失误等原因,造成断桩事故,应及时向监理工程师及设计人员报告,研究补救措施。

第三节　沉井基础

4301　什么是沉井基础?分为哪几种?

沉井基础是以沉井法施工的地下结构物和深基础的一种型式。是先在地表制作成一个井筒状的结构物(沉井),然后在井壁的围护下通过从井内不断挖土,使沉井在自重作用下逐渐下沉,达到预定设计标高后,再进行封底,构筑内部结构。沉井基础的分类方法有以下几种:

1.按沉井形状分

(1)按平面形状分

①圆形沉井:形状对称、挖土容易,下沉不宜倾斜,但与墩、台截面形状适应性差

②矩形沉井:与墩、台截面形状适应性好,模板制作简单,但边角土不易挖除,下沉易产生倾斜

③圆端形沉井:适用于圆端形的墩身,立模不便,但控制下沉与受力状态较矩形好

(2)按立面形状分

①柱形:构造简单,挖土较均匀,井壁接长较简单,模板可重复使用

②阶梯形：除底节外，其他各节井壁与土的摩擦力较小，但施工较复杂，消耗模板多

2.按沉井的建筑材料分：

(1)混凝土沉井：下沉时易开裂

(2)钢筋混凝土沉井：常用

(3)钢沉井：多用于水中施工

4302 沉井基础有什么优缺点？在什么情况下宜采用沉井基础？

(1)优点：

1)埋置深度可以很大，整体性强、稳定性好，有较大的承载面积，能承受较大的垂直荷载和水平荷载。

2)沉井既是基础，又是施工时的挡土和挡水结构物，下沉过程中无需设置坑壁支撑或板桩围壁，简化了施工。

3)沉井施工时对邻近建筑物影响较小。

(2)缺点：

1)施工期较长。

2)施工技术要求高。

3)施工中易发生流砂造成沉井倾斜或下沉困难等。

(3)沉井基础的适用条件。

1)上部荷载较大，而表层地基土的容许承载力不足，扩大基础开挖工作量大，以及支撑困难，但在一定深度下有好的持力层，采用沉井基础与其他深基础相比较，经济上较为合理时。

2)在山区河流中，土质虽好，但冲刷大或河中有较大卵石不便桩基础施工时。

3)岩层表面较平坦且覆盖层薄，但河水较深；采用扩大基础施工围堰制作有困难时。

4303 就地制作和下沉钢筋混凝土沉井基础的主要工序有哪些？

(1)制作工艺流程

场地平整→定位放线→开挖基坑(应用于地坑制作)或加固地

基(应用于地基承载力不足)或筑岛(位于浅水或可能被水淹没地段)→夯实基底→抄平放线验线→铺砂垫层、垫木或挖刃脚土模→安设刃脚铁件、绑钢筋→支刃脚、井身模板→浇筑混凝土、养护、拆模→抽出垫木或拆砖垫座。

(2)下沉工艺流程

下沉准备工作→设置垂直运输机械、排水泵,挖排水沟、集水井→挖土下沉→观测→纠偏→沉至设计标高、核对标高→降水→设集水井、铺设封底垫层→底板防水→绑底板钢筋、隐检→底板浇筑混凝土→施工内隔墙、梁板、顶板、上部建筑及辅助设施→回填土。

4304　钢筋混凝土沉井基础的分节高度如何确定?

钢筋混凝土沉井的制作有一次制作和多节制作,地面制作及地坑制作等方案,如沉井高度不大时宜采用一次制作,可减少接高作业,加快施工进度;高度较大时可分节制作,但尽量减少分节节数。

每节制作高度的确定,应保证地基及其自身稳定性,并有适当重量使其顺利地下沉,一般每节高度以 6～8 m 为宜。每节下沉时应计算下沉系数,保证顺利下沉。

4305　钢筋混凝土沉井的基坑如何开挖?

(1)沉井一般采用地坑制作,采用地坑制作法可减少沉井下沉的高度,同时也减小了沉井的施工高度,给施工带来便利。

(2)地坑开挖的深度根据地质报告,地下水位,开挖的土方量综合考虑,确定施工方便,经济合理的开挖深度。

(3)根据基坑的大小来确定机械开挖或人工开挖,机械开挖时一般预留 200 mm 厚土方,用人工清除,以免扰动地基土体。外围应留出 2 000～2 500 mm 工作面,以便搭设脚手架及混凝土灌注施工,也便于沉井接节施工。如地下水位较高则还应设置排水沟及集水井,基坑上口设置挡水坝。

(4)基坑开挖放坡系数，根据土质类别而定，对黏土、粉质黏土放坡系数宜取 0.33～0.75；对砂卵石类土放坡系数宜取 0.5～0.75；对软质岩石放坡系数宜为 0.1～0.35。

4306 钢筋混凝土沉井的地基处理及刃脚的支设如何进行？

(1)根据地基土的承载力验算是否能承受沉井重量或分节的重量。如不能，应对地基进行处理，处理方法一般采用砂、砂砾、碎石、灰土垫层，用打夯机夯实或机械碾压等措施使其能够承受沉井重量或分节的重量。

(2)刃脚的支设。

1)刃脚的支设，可视沉井重量、施工荷载和地基承载力情况，采用垫架法、半垫架法、砖胎模或土底模等。

2)较大较重的沉井，在较软弱地基上制作，常采用垫架或半垫架法，此法先在刃脚处整平地基夯实，或再铺设砂垫层，然后在其上铺承垫木或垫架，垫木常用 16 cm×20 cm(或 15 cm×15 cm)枕木，根数由沉井或每节的重量和地基(或砂垫层)的承载力计算得出。枕木应对称铺设。

3)对重量较轻，土质较好，地基承载力能够满足要求，可采用砖胎模和土底模，砖胎模采用 MU7.5 砖(或 MU30 毛石)、M10 的水泥砂浆，沿周长分成 6～8 段，中间留 20 mm 空隙，以便拆除。土底模按刃脚的形状成型后，土底模及砖胎模内壁用 1∶3 水泥砂浆抹平并压光，在浇筑混凝土前涂刷隔离剂，保证刃脚光滑，以减少摩擦便于下沉。

4307 钢筑混凝土沉井壁的模板与钢筋施工如何进行？

(1)模板支设

1)井壁模板采用钢组合式定型模板或木定型模组装而成，为便于后序工程钢筋绑扎先支内模，待钢筋验收完毕后再封外模。

2)模板采用对拉螺栓紧固，由于一次浇筑混凝土较高，在支模前应对模板进行计算，避免胀模、暴模的现象出现。当有防渗要求或地下水位较高时，在对拉螺栓中间设：100 mm×100 mm×3 mm钢板止水片，止水片与对拉螺栓必须满焊。为防止在浇捣混凝土时模板发生位移，保证模板整体稳定，应与内部的脚手架及外部脚手架、基坑边坡连接牢固。模板拼缝要严密，避免漏浆形成蜂窝麻面，模板应涂刷脱模剂，使混凝土表面光滑，减小阻力便于下沉。

3）模板及其支架安装和拆除的顺序及安全措施应按施工技术方案执行。

（2）钢筋绑扎

1）在支好沉井一面模板即可进行钢筋绑扎，每节竖筋可一次绑到顶部，在顶部用几道环向钢筋固定，水平筋可分段绑扎。竖筋与上一节井壁连接处伸出的插筋采用焊接或搭接连接，接头错开，在 35 d 并不小于 500 mm 区域内或 1.3 倍的搭接长度区域内，接头面积的百分比不应超过 50%。为确保钢筋位置和保护层厚度正确，内外钢筋之间加设支撑钢筋，每 1.0 m 不少于 1 个，梅花形布置。在钢筋外侧垫置水泥砂浆保护层垫块或塑料卡。钢筋用挂线控制垂直度，用水平仪测量并控制水平度。

2）钢筋安装时受力钢筋的品种、级别、规格和数量必须符合设计要求。

4308 钢筋混凝土沉井的混凝土浇筑和养护有什么要求？

（1）根据沉井的大小选择混凝土拌和物输送机械，可采用塔吊或汽车吊吊运，最好选用臂长能完全覆盖整个浇筑面的混凝土泵车进行浇筑。浇筑前应在沉井四周搭设操作平台，便于混凝土浇筑作业。

（2）混凝土浇筑应分层进行，每层厚度 300～500 mm（振动棒作用部分长度的 1.25 倍）。为防止模板变形或地基不均匀下沉，浇筑时应从沉井（箱）两侧对称进行、匀衡下料，外壁和隔墙同时上升。

每节沉井的混凝土应一次连续完成，不留施工缝。待下一节混凝土强度达到70%时方可浇筑上一节混凝土。当井壁有抗渗要求时，上下节井壁的水平施工缝应留成凸形或加止水带。支设下一节模板前，应将施工缝处剔除水泥薄膜和松动的石子以及软弱混凝土层，并冲洗干净，但不得积水。继续浇筑下节混凝土前，宜先在施工缝处铺一层与混凝土内成分相同的水泥砂浆。

(3)混凝土养护：混凝土浇筑完毕后 12 h 内对混凝土表面覆盖和浇水养护，井壁侧模拆除后应悬挂草袋并浇水养护，每天浇水次数应能保持混凝土处于湿润状态。浇水养护时间，当混凝土采用硅酸盐水泥、普通硅酸盐水泥或矿渣硅酸盐水泥时不得少于 7 d，当混凝土内掺用缓凝型外加剂或有抗渗要求时不得少于 14 d。

4309 沉井的下沉有哪些方法?

根据地下水和土质情况及施工条件，沉井下沉常用方法有排水下沉和不排水下沉两种。当沉井、沉箱所穿过的土层透水性较低，地下涌水量不大，不会因排水而产生流砂，或因排水造成井周地面过大沉降时，可采用排水挖土下沉法施工。排水下沉可以在干燥的条件下施工，挖土方便，容易控制均衡下沉，土层中的孤石等障碍物易于发现和清除，下沉时一旦发生倾斜也容易纠正；当土层不稳定、涌水量很大时，在井内排水挖土很容易产生流砂，此时可采用水下挖土不排水下沉。采用不排水下沉，井内水位应始终保持高出井外水位 1～2 m，井内出土可视土质情况采用机械抓斗水下挖土或用高压水泵破土，再用吸泥机排出泥浆。但此方法需一定的冲土吸泥设备。

4310 沉井的排水下沉如何施工?

(1)排水方法的选择

1)设明沟、集水井排水：在沉井内离刃脚 2～3 m 挖一圈排水明沟，设 3～4 个集水井，深度比地下水位深 1～1.5 m，沟和井底深度随沉井挖土而不断加深，在井内或井壁上设水泵，将地下水排出井外。为不影响井内挖土操作和避免经常搬动水泵，一般采取在井壁上预埋铁件，焊钢操作平台安设水泵，或设木吊架安放水泵，水泵下加草垫或橡皮垫，避免振动。水泵抽吸高度控制不大于 5 m。如果井内渗水量很少，则可直接在井内设高扬程潜水电泵将地下水排出井外。本法简单易行，费用很低，适于地质条件较好时使用。

2)井点降水、井点与明排水相结合的方法：在沉井外部周围设置轻型井点、喷射井点或深井井点以降低地下水位，使井内保持干燥挖土。适于地质条件较差，有流砂发生的情况下使用。如采用此方法应编制详细的降水施工方案。

(2)挖土方法

常用人工或风动工具，或在井内用小型反铲挖土机，在地面用抓斗挖土机分层开挖，挖土必须对称，均匀进行，使沉井均匀下沉，挖土方法随土层情况而定。

1)普通土层：从沉井中间开始逐渐向四周挖，每层挖土厚度为 0.4～0.5 m，在刃脚处留 1～1.5 m 宽台阶，然后沿沉井壁每 2～3 m一段，向刃脚方向逐层全面、对称、均匀的开挖土层，每次挖去 5～10 cm，当土层经不住刃脚的挤压而破裂，沉井便在自重作用下均匀破土下沉，当沉井下沉很少或不下沉时，可再从中间向下挖 0.4～0.5 m，并继续向四周均匀掏挖，使沉井平稳下沉。

2)砂夹卵石或硬土层：从沉井中间开始逐渐向四周挖土，当挖到刃脚，沉井仍不下沉或下沉不平稳，则须按平面布置分段的次序逐段对称地将刃脚下挖空，并超出刃脚外壁约 10 cm，每段挖完用小卵石填塞夯实，待全部挖填后，再分层挖掉回填的小卵石，可使沉井均匀减少承压面而平衡下沉。

3)岩层、风化或软质岩层：可用风镐或风铲等从中间向四周开挖，在刃脚口打炮孔，进行松动爆破，炮孔深 1.3 m，以 1 m 的间距梅花形交错排列，使炮孔伸出刃脚口外 15～30 cm，以便开挖宽度可超出刃脚口 5～10 cm，下沉时，按刃脚分段顺序，每次 1 m 宽用小卵石进行回填，如此逐段进行，至全部回填后，再去除小卵石，使沉井平稳下沉。

4311 沉井的排水下沉应注意什么？

(1)沉井下沉开始 5 m 以内，要特别注意保持水平与垂直度，以免继续下沉时，不易调整。

(2)为减少下沉的摩擦力和以后的清淤工作，最好在沉井的外壁采用随下沉随填砂的方法，以减轻下沉困难。

(3)挖土应分层进行，防止中部锅底挖得太深，或刃脚挖土太快，突沉伤人。在挖土时，刃脚处，隔墙下不准有人操作或穿行，以避免刃脚处切土过多或突沉伤人。

(4)在沉井开始下沉和将沉至设计标高时，周边每层开挖深度应小于 30 cm 或更薄些，避免发生倾斜，在离设计标高 20 cm 左右应停止取土，依自重下沉到设计标高。

4312 沉井的不排水下沉有几种方法？

一般采用抓斗挖土、水力吸泥机冲土的等方法施工。

(1)抓斗挖土

用吊车或卷扬机吊抓斗挖掘井底中央部分的土，使形成锅底，在砂或砾石类土中，一般当锅底比刃脚低 1～1.5 m 时，沉井即可靠自重下沉，而将刃脚下土挤向中央锅底，再从井孔中继续抓土，沉井即可继续下沉。在黏性土或密实土中，刃脚下不易向中央坍落，则应配以射水管冲土。

(2)水力吸泥机冲土

用高压水泵将高压水流通过进水管分别送进沉井内的高压水枪和水力吸泥机处，利用高压水枪射出的高压水冲刷土层，使其形成一定稠度的泥浆汇流至集泥坑，然后用水力吸泥机（或空气吸泥机）将泥浆吸出，通过排泥管排出井外。水力吸泥机冲土，适用于粉质黏土、粉土、粉细砂土，在淤泥或粉砂层中使用水力吸泥时，为防止涌泥、流砂现象，应保持井内水位高出井外水位 1～2 m。

4313　沉井水力吸泥机冲土施工如何进行？

(1)机械选择及布置

水力挖土机械设备包括：高压水泵、水力冲泥机(又称水枪)、水力吸泥机以及进水和输泥管线等，根据沉井(箱)的面积选择机械设备的型号。

整个水力机械装置的进水管、排泥管及工作室内的连接管线，都采用橡胶垫座、法兰接头。安装和固定在沉箱顶板上或沉井上口的进水及排泥管宜采用直径 150 mm 无缝钢管，并装设直径 150 mm 阀门；排泥总管直径宜为 250 mm；工作室内进水管与水力冲泥机及吸泥相连接的管线宜为直径 100 mm，箱外管线与水泵站及排泥总管相连通。

(2)水力机械系统的布置

一般干线管路铺设于场外，冲泥机一般布置在所分担挖土区段的中部，吸泥机布设在其附近。冲泥机应尽可能地采用两个工作面交替进行，每台冲泥机的移动距离，宜恰等于一节水管长度。

(3)水力机械冲土施工

水力冲土从中间开始，先在水力吸泥机水龙头下方冲 1 个直径 2～5 m 的集泥坑，其深度应使吸泥管吸口下方有足够的容积，以便泥浆来源暂时中断时，其存量仍足以维持 2～3 min，同时吸泥龙头又可伸至浆面下 0.5～0.75 m，避免带入空气。然后用水枪成辐射形开拓通向集泥坑的土沟 4～6 条，沟坡度为 8%～10%，最后向四周用“顺向挖土方法”拓宽开挖井(箱)底土体使其成锅底形，用高压水柱切割箱底土层与土体混合成为相应稠度的泥浆，顺土沟流向集泥坑内，经水力机械排出沉井(箱)外，泥浆含量一般在 10%～30%之间，浓度愈大则效率愈高。为不使集泥坑和排泥沟内的泥砂沉淀，应经常用水枪轮流冲射搅动，如此循环作业分层冲土使锅底达到一定深度。为了便于控制沉降偏斜，减少附近土体扰动破坏，必要时在刃脚部位可辅以适当人工作业，为了防止沉井(箱)突然下沉引起过大的偏斜和发生安全事故，减少井(箱)外土体扰动，在靠近工作室四周刃脚 1.0～1.5 m 应保留一土堤。

(4)注意事项

挖土时应注意创造自由面以提高效率；几台冲泥机在同一地点工作时，应密切配合协同动作；水力必须集中使用不要分散，特别应防止水锋交织，抵消力量；泥浆流运送时，要注意经常清除和冲洗沟槽底部淤泥，避免堵塞和泥浆外溢；沉井底面以上应保留 0.3～0.5 m 厚土层，采用其他机械或人工方法挖除，以保持土体的天然结构和承载力，每次下沉以后的高度应能保持工作室内的自由高度不小于 1.6 m。

4314 沉箱人工挖土下沉如何施工?

在开始进行时，气压沉箱和开口沉井完全相同，直到水压力增加到必须施加压缩空气时，才在气压下挖土。人工挖土下沉方法，也采用开口沉井挖土相类似的方法，采取分段、分层开挖，碗形挖土，自重破土方式，从中间开始向四周，在刃脚部位则沿刃脚方向全面、均匀、对称地进行，使均衡平稳下沉，刃脚下部土方边挖边清理，对各种土层具体挖土方法按沉井排水下沉法施工方法。沉箱挖出的土体放在吊桶内吊出，在下沉时，宜每次将气压适当降低，促进沉箱下沉，但不得将气压降低到施工时气压半以上。初次下沉每次不得超过 30 cm，以后每次不超过 50 cm。如果挖的是砂，则可用“吹出法”，利用工作室中和外界压力之差除去泥砂，只需在沉箱内装一根柔性蛇管到箱外即可。

如遇到基岩，刃脚周边的沟道被挖至设计标高，并使空气压力始终等于或略大于沟槽底面处的静水压力，同时在四角及中部沿沉箱保留地段的全宽度设枕木支柱，使沉箱支在枕木支柱上。待刃脚下面等于沟槽深度的岩石全部挖掉后，遂将支柱取去，并且稍稍降低工作室内的空气压力，使沉箱分 3～4 次下沉，使降落到设计标高处。

4315　沉井的封底有哪两种方法？

分为湿封底和干封底两种，干封底施工设备和操作简单，质量易于控制，混凝土用量较少。沉井下沉至设计标高，经过观测在 8 h 内累计下沉不大于 10 mm，沉井下沉已经稳定时，即可进行沉井封底。

4316　沉井的干封底如何施工？

当沉井下沉到设计标高后，井内继续降水保持较低的地下水位，使地下水涌入井中流速小于 6 mm/min 时采用干封底；整平基土使基土面由沉井内壁四周向集水井倾斜，在中部设 2～3 个集水井，深 1～2 m，插入 ϕ600～ϕ800 的带孔眼钢管或混凝土管，或钢筋笼外缠绕 12 号钢丝，间隙 3～5 mm，外包两层尼龙窗纱，上口低于底板混凝土表面 100 mm，四周填以卵石。由集水井向井壁四周辐射 300 mm×200 mm 排水沟，沟底铺 100 mm 细碎石，然后在沟内放 ϕ80 带孔 PVC 管外裹两层纱滤网，最后用细碎石填满形成排水盲沟，使与集水井相互连通。井底的水通过排水盲沟汇集到集水井，用泵排出，保持地下水位低于基底面 0.5 m 以下，然后浇筑封底混凝土。封底一般铺一层 150～500 mm 厚碎石或卵石层，再在其上浇筑一层厚约 0.35～1.5 m 的混凝土垫层，在刃脚下填严，振捣密实，以保证沉井的最后稳定。垫层混凝土达到 50%设计强度后，在垫层上绑扎钢筋，两端伸入刃脚或凹槽内，浇筑上层底板混凝土。封底混凝土与老混凝土接触面应冲刷干净；封底混凝土浇筑时应在整个沉井面积上分层、同时、不间断地进行，由四周向中央推进，每层厚度 300～500 mm，并用振捣器捣实；当井内有隔墙时，应前后左右对称地逐孔浇筑。混凝土采用自然养护，养护期间应继续抽水。待底板混凝土强度达到 70%的设计强度后，集水井逐个停止抽水、逐个封堵。封堵方法是将集水井中水抽干，在套管内迅速用干硬性高强混凝土或快硬水泥配制的混凝土进行封堵并捣实，然后上法兰盘用螺栓拧紧或四周焊接封闭，上部用混凝土垫实抹平。

4317 沉井的湿封底如何施工？

井底向井中较大规模的涌水、涌砂、涌泥不可用于封底时，采用不排水封底(即在水下进行封底)。要求将井底浮泥清除干净，新老混凝土接触面用水冲刷干净，并铺碎石垫层，封底混凝土用导管法灌注，待水下封底混凝土达到所需要的强度后，即一般养护为7～14 d，方可从沉井中抽水，检查封底情况，进行检漏补修，按干封底法施工上部钢筋混凝土底板。

第四节 地下连续墙

4401 什么是地下连续墙？

在地面上用专用的挖槽设备，沿基坑周边，按照事先划好的幅段，开挖狭长的沟槽，在开挖过程中，为保证槽壁的稳定，沟槽采用特制的泥浆护壁，每个幅段的沟槽开挖结束后，在槽段内放置钢筋笼，并浇筑水下混凝土，然后将若干个幅段连成一个整体，形成一个连续的地下墙体，即现浇钢筋混凝土壁式连续墙。

在初期阶段，基本上都是用作防渗墙或临时挡土墙。通过开发使用许多新技术、新设备和新材料，现在已经越来越多地用作结构物的一部分或用作主体结构，已广泛用于大坝坝基防渗、竖井开挖、工业厂房重型设备基础、城市地下铁道、高层建筑深基础、铁道和桥梁工程、船坞、船闸、码头、地下油罐、地下沉渣池等各类永久性工程。

4402 地下连续墙有哪些优缺点？

(1)地下连续墙的主要优点：

1)墙体刚度大、整体性好,防渗截水性能好;

2)施工时振动小、噪声低,对周边的地基无扰动;

3)不用开挖大量的土方量,降低造价,可昼夜施工,缩短工期;

4)施工期间不需降水,不需挡土护坡,不需立模板与支撑,把施工护坡与永久性工程融为一体;

5)适用于多种地质条件,可用作刚性基础代替桩基础、沉井和沉箱基础;

6)结构变形和地基土变形较小,能够紧邻已有建筑物及地下管线开挖深、大基坑,尤其在城市建(构)筑物密集的地区,为防止对邻近建筑物安全稳定的影响,地下连续墙更显示出它的优越性。

(2)地下连续墙的缺点:

1)弃土及废泥浆的处理问题,除增加工程费用外,如处理不当,还会造成新的环境污染;

2)一般用地下连续墙只作围护挡墙时,造价稍高,不够经济;

3)墙面不够光滑,如为"二墙合一",即同时作为地下结构的外墙时,尚需加工处理或另作衬壁。

4403　地下连续墙有哪些类型?

(1)按墙的用途可分为临时挡土墙、用作主体结构一部分兼作临时挡土墙的地下连续墙、用作多边形基础兼作墙体的地下连续墙。

(2)按成墙方式可分为桩排式、壁板式、组合式。

(3)按挖槽方式大致可分为抓斗式、冲击式、回转式。

4404　在地下连续墙开挖或钻孔桩成孔时泥浆有什么作用?

(1)防止槽壁坍塌:泥浆从槽壁表面向土层内渗透到一定范

围就黏附在土颗粒上，在槽壁上形成的泥皮（不透水膜），使得泥浆的静水压力有效地作用在槽壁上，防止槽壁的剥落和坍塌。

（2）悬浮土渣：如果不能迅速排出在挖槽过程中形成的土渣，会使泥浆的阻力增大，降低挖槽效果，混凝土质量下降，钢筋笼也难以插入。科学地调制泥浆，可使土渣悬浮，通过泥浆循环将其携带出地面。

4405 在地下连续墙开挖或钻孔桩成孔时用的泥浆有哪些种类？如何选择材料？

泥浆一般有膨润土泥浆、聚合物泥浆、CMC（羧甲基纤维素）泥浆、盐水泥浆。

（1）膨润土是由原矿石经加热干燥和粉碎而成，其主要成分是蒙脱石，加入清水混合后，水很快进入蒙脱石晶格层中，膨润土会很快地湿胀。选用可使泥浆成本比较经济的膨润土。预计施工过程中易受阳离子污染时，选用钙膨润土为宜。

（2）水的选择：饮用水可直接使用。水质要求：钙离子浓度应不超过 100 ppm，以防膨润土凝结和沉降分离；钠离子浓度不超过 500 ppm，以防膨润土湿胀性过多下降；pH 值为中性。超出这个范围时，应考虑在泥浆中掺加分散剂和使用耐盐性的材料，或改用盐水泥浆。

（3）CMC 的选择：泥浆中掺入 CMC 之后，提高泥皮的形成性十分明显。当溶解性有问题时，应选易溶的 CMC。当有海水混入泥浆时，应选耐盐的 CMC。CMC 的黏度分高、中、低三挡，黏度越高 CMC 的价格也高，但防漏效果很明显。

（4）分散剂的选择：分散剂的作用是提高泥水分离性，防止和处理盐分或水泥对泥浆的污染。被水泥污染的泥浆选用碳酸钠（Na_2CO_3）和碳酸氢钠（$NaHCO_3$）分散剂，分离效果较好。易被盐分污染的泥浆选用以腐殖酸钠或纸浆废液为原料的铁硼木质素磺酸钠分散剂效果较好。

(5) 加重剂的选择：加重剂的作用是增加泥浆密度，提高泥浆的稳定性。目前一般选用重晶石。在地下水位很高、地基非常软弱或土压力非常大时，槽壁稳定受到威胁，作为一种措施应在泥浆中掺入加重剂，增加泥浆的密度。

(6) 防漏剂的选择：防漏剂的作用是堵塞地基土中的孔隙，防止泥浆漏失。一般防漏剂的粒径相当于漏浆层土砂粒径10％～15％效果最好。

4406　施工各工序的泥浆应如何取样？检测哪些指标？

泥浆在施工过程中要及时取样进行试验，以检测泥浆的各种指标，关于各种泥浆在质量控制过程中的试验项目以及取样情况见表4-3。

表4-3　泥浆试验项目以及取样情况表

编号	泥浆		取样时间和次数	取样位置	试验项目
1	新鲜泥浆		搅拌泥浆达100 m^3时取样一次，搅拌后和放置一天后各取一次	搅拌机口	稳定性、密度、漏斗黏度、过滤、pH值、(含砂率)
2	供给的泥浆		每挖一个标准槽段长度，自开挖槽前到挖槽完成，每掘进5～10 m取样一次	送浆泵吸入口	稳定性、密度、漏斗黏度、过滤、pH值、含砂率、(含盐量)
3	槽内的泥浆	挖槽过程中	每挖一个标准槽段长度，挖至中间深度和接近挖槽完成时各取样一次	上部受供给泥浆影响较小的地方	密度、漏斗黏度、过滤、pH、含砂率、(含盐量)
		放置期间	在挖槽完成时，钢筋笼吊入后，或者浇灌混凝土之前取样	槽内泥浆的上、中、下三个位置	稳定性、密度、漏斗黏度、过滤、pH、含砂率、(含盐量)

续上表

编号	泥浆		取样时间和次数		取样位置	试验项目
4	挖槽过程中正循环着的泥浆	经物理再生处理的泥浆	每挖一个标准槽段长度,自开始挖槽之前到挖槽完成时,每掘进5～10 m取样一次。		在向振动筛、旋流器、沉淀池等内流入的前后	密度、漏斗黏度、过滤、pH、含砂率、(含盐量)
4	挖槽过程中正循环着的泥浆	经再生调制的泥浆	调制前,调制后		调制前,调制后	稳定性、密度、漏斗黏度、过滤、(pH)、含砂率、(含盐量)
5	混凝土置换的泥浆	判断置换出的泥浆能否使用	开始浇灌混凝土时和自混凝土浇灌到数米以内(5 m、4 m、3 m、2 m、1 m、0.5 m)		化学再生处理装置流入口,或者向槽内送浆的泵入口	密度、漏斗黏度、过滤、pH、含砂率、(含盐量)、(稳定性)
5	混凝土置换的泥浆	再生处理的泥浆	化学再生处理	处理前,处理后	处理前,处理后	密度、漏斗黏度、过滤、pH、含砂率、(含盐量)、(稳定性)
5	混凝土置换的泥浆	再生处理的泥浆	物理再生处理	处理前,处理后	处理前,处理后	密度、漏斗黏度、过滤、含砂率、(含盐量)、(稳定性)、(pH)
5	混凝土置换的泥浆	再生调制的泥浆		调制前	调制后	稳定性、密度、漏斗黏度、过滤、pH、含砂率、(含盐量)

4407　地下连续墙施工常用的机械设备有哪些?

地下连续墙常用施工机械见表 4-4。

表 4-4　地下连续墙常用施工机械

序号	项　目	设备名称	序号	项　目	设备名称
1	支护工程施工设备	抓斗挖槽机	4	起重设备	履带起重机
		冲击钻机	5	检测设备	全站仪
		制浆机			测距仪
		空气压缩机			经纬仪
2	土石方施工专用设备	反铲挖掘机			水准仪
		自卸汽车	6	其他设备	泥浆泵
3	钢筋、混凝土施工设备	钢筋弯曲机			轴流水泵
		钢筋切断机			乙炔气割机
		直流电焊机			锯木机
		交流电焊机			
		水下混凝土导管			

4408　简述地下连续墙的施工工艺?

在挖基槽前先作保护基槽上口的导墙,用泥浆护壁,按设计的墙宽与深分段挖槽,放置钢筋骨架,用导管灌注混凝土置换出护壁泥浆,形成一段钢筋混凝土墙。逐段连续施工成为连续墙。施工主要工艺为导墙、泥浆护壁、成槽施工、水下灌注混凝土、墙段接头处理等。

(1)导墙

导墙通常为就地灌注的钢筋混凝土结构。主要作用是保证地下连续墙设计的几何尺寸和形状;容蓄部分泥浆,保证成槽施工时液面稳定;承受挖槽机械的荷载,保护槽口土壁不破坏,并作为安装钢筋骨架的基准。导墙深度一般为 1.2～1.5 m。墙顶高出地面 10～15 cm,以防地表水流入而影响泥浆质量。导墙底不能设在松散的土层或地下水位波动的部位。

(2)泥浆护壁

通过泥浆对槽壁施加压力以保护挖成的深槽形状不变，灌注混凝土把泥浆置换出来。泥浆材料通常由膨润土、水、化学处理剂和一些惰性物质组成。泥浆的作用是在槽壁上形成不透水的泥皮，从而使泥浆的静水压力有效地作用在槽壁上，防止地下水的渗水和槽壁的剥落，保持壁面的稳定，同时泥浆还有悬浮土渣和将土渣携带出地面的功能。

在砂砾层中成槽必要时可采用木屑、蛭石等挤塞剂防止漏浆。泥浆使用方法分静止式和循环式两种。泥浆在循环式使用时，应用振动筛、旋流器等净化装置。在指标恶化后要考虑采用化学方法处理或废弃旧浆，换用新浆。

(3)成槽施工

国内使用成槽的专用机械有旋转切削多头钻、导板抓斗、冲击钻等。施工时应视地质条件和筑墙深度选用。一般土质较软，深度在15 m左右时，可选用普通导板抓斗；对密实的砂层或含砾土层可选用多头钻或加重型液压导板抓斗；在含有大颗粒卵砾石或岩基中成槽，以选用冲击钻为宜。槽段的单元长度一般为6～8 m，通常结合土质情况、钢筋骨架重量及结构尺寸、划分段落等决定。成槽后需静置4 h，并使槽内泥浆比重小于1.3。

(4)水下灌注混凝土

采用导管法按水下混凝土灌注法进行，但在用导管开始灌注混凝土前为防止泥浆混入混凝土，可在导管内吊放一管塞，依靠灌入的混凝土压力将管内泥浆挤出。混凝土要连续灌注并测量混凝土灌注量及上升高度。所溢出的泥浆送回泥浆沉淀池。

(5)墙段接头处理

地下连续墙是由许多墙段拼组而成，为保持墙段之间连续施工，接头采用锁口管工艺，即在灌注槽段混凝土前，在槽段的端部预插一根直径和槽宽相等的钢管，即锁口管，待混凝土初凝后将钢管徐徐拔出，使端部形成半凹榫状接头。也有根据墙体结构受力需要而设置刚性接头的，以使先后两个墙段连成整体。

4409　成槽施工中如何保证成槽尺寸及精度?

(1)为了保证成槽精度,导杆必须垂直槽段,张开抓斗徐徐入槽抓挖,严禁快速下放、快速提升,防止破坏槽壁引起坍塌。垂直度控制在 1/300 以内,抓斗抓土数次后必须旋转 180°,以确保槽段纵横面垂直。

(2)两端设有标志杆,控制抓斗离两侧导墙的距离,确保槽段尺寸准确同时配备有经验施工员现场具体负责。

(3)为了保证槽底平整,整幅槽段抓挖到底后,进行清槽扫孔,并控制在同一设计标高。

(4)清底扫孔完成后,根据槽底泥浆状况,采取相应的施工工艺,控制槽底沉渣厚度在 10 cm 以下。

(5)清槽结束后,采用超声波检侧仪测定槽壁的垂直度。每个槽段均有两个点以上检测段面。其平均垂直度均能满足设计要求。

(6)在端头井深连续墙施工完成后进行相邻的浅连续墙成槽施工时,与完成连续墙相邻处在达到设计深度时,因为相邻连续墙的存在,角部有部分土体不能挖出,因此成槽施工时这一部分挖到设计深度后应继续向下挖一爪。

4410　地下连续墙施工应采取哪些安全措施?

(1)施工区域应设警示标志,严禁非工作人员出入。

(2)施工中应对机械设备进行定期检查、养护、维修。

(3)为保证施工安全,现场应有专人统一指挥,并设一名专职安全员负责现场的安全工作,坚持班前进行安全教育制度。

(4)连续墙成槽过程中及成槽后,应在导墙两侧设立警示标志,防止人员失足跌入沟槽和槽边重载引起槽壁坍塌。

(5)钢筋笼起吊作业时,必须有专人指挥,现场设立禁戒线,无关人员一律不得进入起吊作业现场。

(6)水下混凝土灌注施工中,制订合理的作业程序和机械车辆走行路线,现场设专人指挥、调度,并设立明显标志,防止相互干扰碰撞,机械作业要留有安全 距离,确保协调、安全施工。

第五章　扩大基础、承台与墩台

第一节　扩大基础与承台施工

5101　扩大基础施工的基本规定和质量要求有哪些？

(1)扩大基础的基底为非黏性土或干土时，在施工前应将其润湿，并应按设计要求浇筑混凝土垫层，垫层顶面不得高于基础底面设计高程；地基为淤泥或承载力不足时，应按设计要求处理后方可进行基础的施工；基底为岩石时，应采用水冲洗干净，且在基础施工前应铺设一层不低于基础混凝土强度等级的水泥砂浆。

(2)扩大基础的施工宜采用钢模板。混凝土宜在全平截面范围内水平分层进行浇筑，且机械设备的能力应满足混凝土浇筑施工的要求；当浇筑量过大设备能力难以满足施工要求，或大体积混凝土温控需要时，可分块浇筑。

(3)扩大基础施工质量应符合表 5-1 的规定。

表 5-1　扩大基础质量标准

检查项目	规定值或允许偏差		检查项目	规定值或允许偏差
混凝土强度(MPa)	在合格标准内		平面尺寸(mm)	±50
基础底面高程(mm)	土质	±50	基础顶面高程(mm)	±30
	石质	+50，−200	轴线偏位(mm)	25

5102　承台施工的基本规定和质量要求有哪些？

(1)承台施工前应进行桩基等隐蔽工程的质量验收，桩顶的混凝土面应按水平施工缝的要求凿毛，桩头预留钢筋上的泥土及鳞锈等应清理干净。承台基底为软弱土层时，应按设计要求采取措施避免在浇筑承台混凝土过程中产生不均匀沉降。

(2)承台的钢筋和混凝土应在无水条件下进行施工，施工时应根据地质、地下水位和基坑内的积水等情况采取防排水措施。应采取有效措施，使承台钢筋的混凝土保护层符合设计规定。桩伸入承台的长度以及边桩外侧与承台边缘的净距应不小于设计规定值。

(3)承台施工质量应符合表 5-2 要求。

表 5-2 承台施工质量标准

项　目	规定值或允许偏差	项　目		规定值或允许偏差
混凝土强度(MPa)	在合格标准内	尺寸(mm)	$B \leqslant 30$ m	±30
			$B > 30$ m	$\pm B/1\ 000$
轴线偏位(mm)	15	顶面高程(mm)		±20

注：1. B 为承台边长；

2. 深水基础中以围堰作为承台模板时，承台的轴线偏位应符合设计要求。

5103　根据承台所处位置，如何选择施工方法？

(1)当承台位置处于干处时，一般直接采用明挖基坑，并根据基坑状况采取一定措施后，在其上安装模板，浇筑承台混凝土。

(2)当承台位置位于水中时，一般先设围堰(钢板桩围堰或吊箱围堰)将群桩围在堰内，然后在堰内河底灌注水下混凝土封底，凝结后，将水抽干，使各桩处于干处，再安装承台模板，在干处灌注承台混凝土。

(3)对于承台底标高位于河床以上的水中，采用有底吊箱或其他方法在水中将承台模板支撑和固定。如利用桩基，或临时支撑直接设置，承台模板安装完毕后抽水，堵漏，即可在干处灌注承台混凝土。

(4)承台模板支承方式的选择应根据水深、承台的类型、现有的条件等因素综合考虑。

5104　钢围堰的设计与施工应符合哪些规定？

(1)围堰的平面尺寸宜根据承台的结构尺寸、安装及放样误差等确定，且宜满足承台施工操作空间的需要，围堰内侧距承台边缘的净距不宜小于1 m(围堰内侧兼做模板时除外)。围堰的顶面高程应高出施工期间可能出现的最高水位(包括浪高)0.5～0.7 m；在有潮汐的水域，应同时考虑最高和最低施工潮位对围堰的不利影响。

(2)围堰除应满足自身的强度和稳定性要求外，还应考虑河床断面被压缩后，流速增大导致的河床冲刷和对通航、导流等的影响。

(3)对围堰结构进行计算时，除应考虑施工荷载及结构重力、水流压力、浮力、土压力等荷载外，尚应根据现场的具体情况考虑可能出现的冲刷、风力、波浪力、流冰压力、船舶或漂浮物撞击力等作用。

(4)围堰结构应根据施工过程中的各种工况，按最不利荷载组合进行强度、刚度及稳定性计算。在围堪内设置支撑的，除应对内支撑结构本身进行局部验算外，尚应将其与围堰作为整体进行总体稳定性验算；设置内支撑时，应考虑其对承台及后续墩身施工的干扰影响。

(5)钢围堰的混凝土封底厚度应符合设计规定；设计未规定时，应根据桩周摩擦力、浮力、围堰结构自重及封底混凝土自身强度等因素经计算后确定。

(6)钢围堰在施工前应制订专项施工技术方案和安全技术方案，明确施工工艺流程。

(7)围堰钢结构的制造应保证其在施工过程中防水严密，不渗漏。

(8)在岸上整体加工制造的钢围堪，当通过滑道或其他装置下水时，其进入的水域面积和水深应足够，并应采取措施控制其下水的速度；采用起重船吊装时，起重船的吊装能力应能满足整体吊装的要求，各吊点的受力应控制均匀，必要时宜进行监控。

(9)钢围堰在灌注封底混凝土之前，应将桩身和围堰壁上附着的泥浆冲洗干净，经检验合格后方可进行封底混凝土的施工。

(10)钢围堰拆除时,除应采取措施防止撞击墩身外,对水下按设计规定可不拆除的结构,尚应保证不会对通航产生不利的影响。

5105　钢板桩围堰的施工应符合哪些规定?

(1)钢板桩的材质、性能和尺寸应符合产品的相应规定。钢板桩在存放、搬运和起吊时,应采取措施防止其变形及锁口损坏。经过整修或焊接后的钢板桩,应采用同类型的短桩进行锁扣试验,合格者方可继续使用。

(2)钢板桩施工前应设置测量观测点,控制其施打的定位。

(3)钢板桩在施打前,其锁口宜采用止水材料捻缝,防止在使用过程中漏水。

(4)施打钢板桩应有导向装置,应能保证桩的位置准确。施打顺序应按既定的施工技术方案进行,并宜从上游开始分两头向下游方向合拢。施打时应随时检查其位置和垂直度是否准确,不符合要求的应立即纠正或拔起重新施打。施打完成后所有钢板桩的锁口均应闭合。

(5)同一围堰内采用不同类型的钢板桩时,宜将不同类型桩各半拼焊成一根异型钢板桩,分别与相邻桩进行连接。接长的钢板桩,其相邻桩的接头位置应上下错开。

(6)拔除钢板桩之前,应向围堰内注水使内外水位保持平衡。拔桩应从下游侧开始逐步向上游侧进行,拔除的钢板桩应对其锁口进行检修与涂油,堆码妥善保存。

5106　钢套箱围堰的施工应符合哪些规定?

(1)对有底钢套箱,除应进行结构的计算和验算外,尚应针对套箱内抽干水后的工况进行抗浮验算。钢套箱采取悬吊方式安装时,应验算悬吊装置及吊杆的强度是否满足受力要求。

(2)钢套箱应根据现场设备的起吊能力和移运能力确定采用整体式或装配式制作,制作时应采取防止接缝渗漏的措施。

(3)钢套箱下沉就位时,在下沉过程中应保持平稳,当采用多个千斤顶吊放时，应使各千斤顶的行程同步，且宜设置导向装置或利用已成桩作为导向的承力结构进行准确定位。钢套箱就位后应对其平面位置和高程进行精确调整，并应及时予以固定；当水流速度过大会使套箱的位置发生改变时，应具有稳定套箱的可靠措施。

(4)有底钢套箱在浇筑封底混凝土之前，应采用适宜的止水装置或材料对底板与桩基之间的缝隙进行封堵。

(5)钢套箱内的排水应在封底混凝土符合设计规定的强度后或达到设计强度的80％及以上时方可进行，排水不应过快，并应在排水过程中加强对套箱情况变化的监测；对有底钢套箱，必要时可设反压装置抵抗过大的浮力。

(6)钢套箱壁兼作承台模板时，其位置的允许偏差应符合设计规定。

5107 双壁钢围堰的施工应符合哪些规定?

(1)围堰的双壁间距应根据下沉时需要克服的浮力、土层摩阻力及基底抗力等经计算确定，并应在双壁之间分设多个对称的、横向互不相通的隔水舱。

(2)双壁钢围堰兼作钻孔平台时，应将钻孔施工产生的全部荷载及各种工况加入到围堰结构的最不利荷载组合中进行设计和验算。钢围堰需度汛或度凌施工时，应制订稳定和防撞击、防冲刷的可靠方案，并应进行相应的验算。

(3)双壁钢围堰结构的制作宜在工厂按设计要求进行，各节、块应按预定的顺序对称组装拼焊，制作完成后应进行焊接质量检验，并应进行水密试验。

(4)围堰应根据现场的水文、地质和通航等情况，设置可靠的定位系统和导向装置。

(5)围堰下沉至设计高程，在灌注封底混凝土之前，应对河床面进行清理和整平。围堰置于岩面上时，宜将岩面整平；基岩岩面倾斜或凹凸不平时，宜将围堰底部制作成与岩面相应的异形刃脚，增加其稳定性并减少渗漏。

5108 扩大基础、承台开挖基坑应注意什么？

（1）基坑开挖一般采用机械开挖，并辅以人工清底找平，基坑的开挖尺寸要求根据承台的尺寸，外模及操作的要求，设置排水沟及集水坑的需要等因素进行确定。

（2）基坑的开挖坡度以保证边坡的稳定为原则，根据地质条件、开挖深度、现场的具体情况确定，当基坑壁坡不易稳定或放坡开挖受场地限制，或放坡开挖工作量大不经济时，可按具体情况采取加固坑壁措施，如挡板支撑、混凝土护壁、钢板桩、锚杆支护、地下连续墙等。

（3）基坑顶面应设置防止地面水流入基坑的措施，如截水沟等。

（4）当基坑地下水采用普通排水方法难以解决，可采用井点法降水，井点类型根据其土层的渗透系数，降水的深度及工程的特点进行确定。

5109 承台底如何处理？

（1）低桩承台。当承台底层土质有足够的承载力，又无地下水或能排干时，可按天然地基上修筑基础的施工方法进行施工。当承台底层土质为松软土，且能排干水施工时，可挖除松软土，换填 10～30 cm 厚砂砾土垫层，使其符合基底的设计标高并整平，再立模灌注承台混凝土。如不能排干水时，用静水挖泥方法换填水稳性材料，立模灌注水下混凝土封底后，再抽干水灌注承台混凝土。

（2）高桩承台。当承台底以下河床为松软土时，可在板桩围堰内填入砂砾至承台底面标高。填砂时视情况决定，可抽干水填入或静水填入，要求能承受灌注封底混凝土的重量。当底层土承载力小于 $0.15H\ \mathrm{kg/cm^2}$［H 为水中封底混凝土厚度(m)］，而围堰内水不易排干，填砂砾尚不能支承封底混凝土的重量时，则应考虑提请设计单位进行变更设计或降低承台到能承受封底混凝土重量的土层土，或提高承台采用吊箱围堰施工。

5110 扩大基础、承台混凝土的浇筑应注意什么？

(1)混凝土的配制要满足技术规范及设计图纸的要求外，还要满足施工的要求。如泵送对坍落度的要求。为改善混凝土的性能，根据具体情况掺加合适的混凝土外加剂。如减水剂、缓凝剂、防冻剂等。

(2)混凝土的拌和采用搅拌站集中拌和，混凝土罐车通过便桥或船只运输到浇筑位置。采用流槽、漏斗或泵车浇筑。也可由混凝土地泵直接在岸上泵入。

(3)混凝土浇筑时要分层，分层厚度要根据振捣器的功率确定，要满足技术规范的要求。

(4)大体积混凝土的浇筑。大体积混凝土的施工除遵照一般混凝土的要求外，施工时还应注意以下几点。

1)水泥：选用水化热低，初凝时间长的矿渣水泥，并控制水泥用量，一般控制在 300 kg/m^3 以下。

2)砂、石：砂选用中、粗砂，石子选用粒径 0.5～3.2 cm 的碎石和卵石。夏季砂、石料堆可设简易遮阳棚，必要时可向骨料喷水降温。

3)外加剂：可选用复合型外加剂和粉煤灰以减少绝对用水量和水泥用量，延缓凝结时间。

4)按设计要求敷设冷却水管，冷却水管应固定好。

5)如承台厚度较厚，一次浇筑混凝土方量过大时，在设计单位和监理同意后可分层浇注，以通过增加表面系数，利于混凝土的内部散热。分层厚度以 1.5 m 左右为宜，层间间隔时间 5～14 d 之间，上层浇筑前，应清除下层水泥薄膜和松动石子以及软弱混凝土面层，并进行湿润、清洗。

(5)混凝土养护和拆模。混凝土浇筑后要适时进行养护，尤其是体积较大，气温较高时要尤其注意，防止混凝土开裂。混凝土强度达到拆模要求后再进行拆模。

5111 深水承台施工应注意什么？

(1)深水桩基础的承台一般均为大体积钢筋混凝土施工，必须进行温控防裂措施。

(2)混凝土中可掺入粉煤灰，当加入粉煤灰后其强度龄期可按60 d或90 d计，这样更合理。

(3)处于最低水位以下的承台，特别是设计将围堰作为模板时，由于承台的施工偏差难以控制，所以必须在施工时考虑相应的控制措施。

(4)浇筑水下封底混凝土可以直接泵送，亦可以按灌注水下混凝土的导管法进行。对于重要的、大体积的承台最好不要采用普通泵送混凝土，应采用水下不离析混凝土较宜。采用导管法时要注意扩散范围，经验值可取6 m。

(5)对围堰封底应全断面一次连续浇筑完成，并在整个封底混凝土初凝前浇筑完成。

(6)承台混凝土浇筑采用低热水泥和良好的粗、细骨料，掺加合格的粉煤灰和适当的外加剂，使拌和物具有和易性好、可泵性好、初凝时间长、坍落度损失小等特性。

(7)混凝土浇筑应一次连续完成。对于二次浇筑的施工缝，除凿毛外还应增设凹型滑槽，并埋设槽钢或工字钢，以增强其整体性。分层浇筑时，上下层浇筑间隔不能过长，以免后浇的混凝土出现裂缝。

5112 扩大基础、承台的土方开挖有哪些要求？

(1)桥墩台基坑尺寸应满足施工要求。当基坑为渗水的土质基底，坑底尺寸应根据排水要求(包括排水沟、集水井、排水管网等)和基础模板设计所需基坑大小而定。一般基底应比基础设计的平面尺寸宽0.5～1.0 m。当不设模板时，可按基础的设计尺寸开挖基坑。

(2)基坑坑壁坡度应按地质条件、基坑深度、施工方法等情况确定。

(3)开挖放坡的基坑时，应按施工方案规定的坡度，随挖随修坡，一次成活。

(4)开挖基坑时，应合理选择开挖机械，确定开挖顺序、路线，尽可能将墩台基坑土方一次挖除。挖至标高的土质基坑不得长期暴露、扰动或浸泡，并应及时检查基坑尺寸、高程、基底承载力符合要求后，立即进行基础施工。

(5)在开挖过程中，应随时检查边坡的稳定状态。深度大于1.5 m时，应根据土质变化情况做好基坑的支撑准备，以防塌方。

(6)开挖基坑时，不得超挖，避免扰动基底原状土。可在设计基底标高以上暂留0.3 m不进行土方机械开挖，应在抄平后由人工挖出。如超挖，应将松动部分清除，其处理方案应报监理、设计单位批准。

(7)在机械施工挖不到的土方(如桩基间土方)，应配合人工随时进行清除。

(8)开挖基坑的土方，在场地有条件堆放时，一定留足回填需用的好土；多余的土方应一次运走，避免二次倒运。

(9)在基槽边弃土时，应保证边坡的稳定。当土质良好时，槽边的堆土应距基槽上口边缘1.0 m以外，高度不得超过1.5 m。

(10)当土体不稳定时，应根据现场实际情况采用土钉墙、锚喷、板撑等措施对坑壁加以支护，具体施工应按国家现行准《公路桥涵施工技术规范》(JTG/T F50)明挖地基有关规定执行。

(11)修边和清底：在距基底设计标高0.2～0.5 m槽帮处，抄出水平线，钉上小木橛，然后用人工将暂留土层挖走。同时由两端轴线(中心线)引桩拉通线，检查距槽边尺寸，确定基槽宽度，以此修整槽边。

(12)钎探验收：开挖完成后，对于墩台采用扩大基础应按设计地基承载力要求对基底进行钎探，钎探验收应按设计和规范要求进行。

5113　扩大基础平台的钢筋混凝土应如何施工?

(1)钢筋绑扎

钢筋在加工场进行加工,钢筋的加工必须满足设计要求和规范规定。钢筋严格按照图纸进行绑扎。钢筋接头采用双面焊时,焊缝长度不得小于 $5d$,单面焊时不得小于 $10d$。施焊时,药皮要随焊随敲打,钢筋交叉点用火烧丝绑扎结实。钢筋直径大于20 mm时采用机械方式连接。为保证保护层厚度,在钢筋与模板之间绑扎混凝土垫块,垫块与钢筋绑扎要牢固,并相互错开,间距50 cm。钢筋搭接长度及钢筋位置严格按照图纸和规范执行。绑扎施工时注意预留墩柱、桥台筋进入基础部分钢筋及预埋件位置要准确。如果桩内钢筋与承台钢筋发生矛盾经设计同意后可进行适当调整。

(2)模板安装

模板板面均匀涂刷脱模剂。模板位置按测量所给墨线支搭,模板安装要直顺、平整,接缝采用海绵条填塞,保证接缝严密、不漏浆。外侧用 8 cm×12 cm 方木支撑加固。竖向方木间距 1 m,水平模板采用 ϕ48 mm 钢管连接固定。斜撑采用 8 cm×12 cm 方木上下间距0.6 m,水平间距 1 m,与槽基边坡接触部位用木楔撑紧。模板支搭完毕后,对模板高程进行复测,并检验模板位置及稳定性。

(3)灌注混凝土

模板安装完毕,经监理工程师验收合格后方可进行混凝土浇筑。混凝土采用商品混凝土。混凝土采用罐车运输,溜槽倾斜入模。保证倾斜高度不大于 2 m。浇筑时分层浇筑,每层浇筑厚度不大于 30 cm,混凝土浇筑时温度不能超过 28℃。振捣时使用插入式振捣器振捣,振捣半径控制在 25 cm 以内,且振捣器要插入下层混凝土厚度的 1/3～1/2。振捣模板边缘时,振捣器要距模板5～10 cm,严禁使振捣器碰触模板和钢筋。振至混凝土不再下沉,无气泡逸出,表面呈现平坦泛浆为止。混凝土浇筑完毕后,先用木抹子成活再用铁抹子压光。桥台、桥墩预留筋和承台钢筋浇筑在一起。在承台四脚预埋钢筋拉钩，以利于模板的固定和校正。

(4)覆盖养护

混凝土浇筑成活后立即采用塑料薄膜覆盖并设专人洒水养生，养生时间不少于 7 d，养生期间保持混凝土表面湿润，防止产生裂缝。

(5)模板拆除

混凝土强度经同条件试块检测合格后，可按照设计和规范要求进行拆除。

5114 扩大基础、承台施工时应采取哪些安全措施?

(1)沟槽深度超过 1.5 m 时，必须按规定放坡或做可靠支撑，并设置人员上下坡道或爬梯。深度超过 2 m 时，在距沟槽边 1 m 处设置两道不低于 1.2 m 高的护身栏。施工期间设警示牌，夜间设红色标志灯。

(2)夜间施工要有足够的照明。

(3)沟槽边堆土高度不得超过 1.5 m，堆土距沟槽边大于 1 m。

(4)汛期开槽时要放缓边坡坡度，并做好排水措施。

(5)严禁在机械运行范围内停留，机械行走前应检查周围情况，确认无障碍后鸣笛操作。

5115 施工中常见的承台吊模缺陷原因有哪些？如何防治?

1. 原因分析

(1)模板设计的安全系数不够，支承系统不能承受承台混凝土和施工作业的全部重量，产生过量的挠度，甚至模板格栅断裂。

(2)底模搁栅未采用纵、横两道与基桩夹紧。

(3)吊杆紧固不够或电焊强度不足。

2. 防治措施

(1)合理的模板设计是确保模板安全使用的关键。

(2)杆宜与基桩主筋绑焊，并确保焊接质量。

(3)杆的直径与根数应经过计算确定。

第二节 墩身、桥台施工

5201 根据哪些条件来判断墩台是不是浅基?

一般情况下，墩台基础埋置深度符合下列条件之一而又未进行有效的防护时，即为浅基墩台：

(1)未嵌入岩层的基础

1)扩大基础的基底在最大冲刷线下(计算的或实测的，以下同)不足 2.5 m;

2)低桩承台的承台底面在最大冲刷线下不足 1.5 m(桩入土深度不明时)或桩在冲刷线下的入土深度不能保证稳定及不足 4 m;

3)沉井基础及高桩承台在最大冲刷线下的埋置深度不足以保证墩台稳定。

(2)嵌入岩层的基础

墩台基础嵌入坚固不易冲刷磨损的基本岩石层不足 0.25 m(嵌入风化破碎、易冲刷磨损岩层的深度，按未嵌入岩层计)。墩台基础深度不明，应认真进行挖验或钻探，摸清情况。浅基墩台应根据水文地质条件，尽快地采取立体或平面防护，进行加固或予以根本改善。

5202 墩、台身的施工应符合哪些规定?

(1)墩、台身施工前，应对其施工范围内基础顶面的混凝土进行凿毛处理，并应将表面的松散层、石屑等清理干净；对分节段施工的墩、台身，其接缝亦应作相同的凿毛和清洁处理。

(2)墩、台身高度超过 10 m 时，可分节段施工，节段的高度宜根据混凝土施工条件和钢筋定尺长度等因素确定。上一节段施工时，已浇节段的混凝土强度应不低于 2.5 MPa。

(3)在模板安装前,应在基础顶面放出墩、台身的轴线及边缘线;对分节段施工的墩、台身,其首节模板安装的平面位置和垂直度应严格控制。模板在安装过程中应通过测量监控措施保证墩、台身的垂直度,并应有防倾覆的临时措施;对高墩且风力较大地区的墩身模板,应考虑其抗风稳定性。

(4)应采取措施,缩短墩、台身与承台之间浇筑混凝土的间隔时间,间歇期不宜大于 10 d。

(5)浇筑混凝土时,串筒、溜槽等的布置应方便摊铺和振捣,并应明确划分工作区域。混凝土浇筑完成后,应及时进行养护,养护时间不得少于 7 d。

(6)墩、台高处作业的施工安全应符合规范相关的规定。

(7)墩、台身施工质量应符合表 5-3 的规定。

表 5-3 墩、台身施工质量标准

项 目	规定或允许偏差		项 目	规定或允许偏差
混凝土强度(MPa)	在合格标准内		断面尺寸(mm)	±20
竖直度(mm)	$H\leqslant$ 30 m	H/1 500,且不大于 20	顶面高程(mm)	±10
	$H>$ 30 m	H/3 000,且不大于 30		
节段间错台(mm)	5		轴线偏位(mm)	10
预埋件位置(mm)	10		大面积平整度(mm)	5

注:H 为墩身或台身高度。

5203 预制柱式墩台的安装施工应符合哪些规定?

(1)预制构件与基础顶面的预留槽口应对应编号,安装前应检查各墩、台预制构件的尺寸和基础预留槽口的顶面高程是否符合设计要求,基座槽口四周与柱边的空隙应不小于 20 mm。经检验合格方可进行预制构件的安装施工。

(2)预制构件吊入基座槽口就位时,应在柱身竖直度以及平面位置符合设计要求后，再将楔子塞入槽洞打紧。对重大、细长的墩、台柱，应采用风缆或撑木固定好后，方可摘除吊钩。

(3)在墩、台柱顶安装盖梁前，应先检查盖梁预留槽眼的位置是否符合设计要求。

(4)槽口内现浇混凝土的施工应符合设计规定。

5204　预制环管式墩台的安装施工应符合哪些规定？

(1)管节或环圈安装时，应严格控制设计轴线的位置，不应出现倾斜或上下错位现象。

(2)基础顶部预留钢筋的数量、伸入管节或环圈内钢筋的锚固长度均应符合设计规定。应采用设计规定的混凝土或砂浆将管节或环圈的接缝填塞、捣实并抹平。

5205　墩台基础施工时如何预留墩柱台身的插筋？

基础(承台或扩大基础)施工时，应根据墩柱、台身高度预留插筋。若墩、台身不高，基础施工时可将墩、台身钢筋按全高一次预埋到位；若墩、台身太高，钢筋可分段施工，预埋钢筋长度宜高出基础顶面 1.5 m 左右，按 50％截面错开配置，错开长度应符合规范规定和设计要求，一般不小于钢筋直径的 35 倍且不小于500 mm，连接时宜采用帮条焊或直螺纹连接技术。预埋位置应准确，满足钢筋保护层要求。

5206　墩柱使用木质模板时，如何拼装与就位？

(1)木质模板以压缩多层板及竹编胶合板为宜，视情况可选用单面或双面覆膜模板，覆膜一侧面向混凝土一侧，次龙骨应选用方木，水平设置，主龙骨可选用方木及型钢，竖向设置，间距均应通过计算确定。内外模板的间距用拉杆控制。

(2)木质模板拼装应在现场进行，场地应平整。拼装前将次龙骨贴模板一侧用电刨刨平，然后用铁钉将次龙骨固定于主龙骨上，使主次龙骨形成稳固框架，然后铺设模板，模板拼缝夹弹性止浆材料。要求设拉杆时，须用电钻在模板相应位置打眼。每块拼装大小应根据模板安装就位所采用设备而定。

(3)模板就位可采用机械或人工。就位后用拉杆、基础顶部定位橛、支撑及缆风绳将其固定，模板下口用定位楔定位时按平面位置控制线进行。模板平整度、模内断面尺寸及垂直度可通过调整缆风绳松紧度及拉杆螺栓松紧度来控制。

5207 墩台混凝土浇筑前应注意什么？

(1)浇筑混凝土前，应检查混凝土的均匀性和坍落度，并按规定留取试件。

(2)应根据墩、台所处位置、混凝土用量、拌和设备等情况合理选用运输和浇筑方法。

(3)采用商品混凝土时，应选择合格供应商，并提供商品混凝土合格证和混凝土配合比通知单。

(4)混凝土浇筑前，应将模内的杂物、积水和钢筋上的污垢彻底清理干净，并办理隐、预检手续。

(5)墩柱混凝土施工缝应留在结构受剪力较小，且宜于施工部位，如基础顶面、梁的承托下面。

(6)混凝土的水平运输视运距远近和方量大小可选用手推车、轻便轨道活底斗车、自卸汽车或混凝土拌和车。混凝土垂直运输常用各种吊机、扒杆、吊架、混凝土泵、混凝土泵车及皮带输送机等进行高墩台的混凝土浇筑。

5208 不同截面及结构形式的墩柱，混凝土应如何施工？

(1)大截面墩台结构，混凝土宜采用水平分层连续浇筑倾斜分层连续浇筑，并应在下层混凝土初凝前浇完上层混凝土。水平分层连续浇筑上下层前后距离应保持 1.5 m 以上。倾斜分层坡度不宜过陡，浇筑面与水平夹角不得大于 25°。

(2)墩柱因截面小，浇筑时应控制浇筑速度。首层混凝疑土浇筑时，应铺垫 50～100 mm 厚与混凝土同配比的减石子水泥砂浆一层。混凝土应在整截面内水平分层，连续浇筑，每层厚度不宜大于 0.3 m。如因故中断，间歇时间超过规定则应按施工缝处理。

(3)柱身高度内如有系梁连接，则系梁应与墩柱同时浇筑，当浇筑至系梁上方时，浇筑速度应适当放缓，以免混凝土从系梁顶涌出。V 形墩柱混凝土应对称浇筑。

(4)浇筑轻型薄壁墩台，为防止出现混凝土裂缝，施工时应认真进行混凝土配合比设计，严格计量投料，精心施工，重视养护。为保持其墙体的稳定，混凝土浇筑后，要抓紧安排支撑梁混凝土的施工，以及上部构件的吊装，使整个构件造物早日形成受力框架。

(5)高大的后仰桥台，为平衡偏心，应在浇筑台身混凝土之后，及时填筑台后路堤土方，防止桥台后倾或前滑。未经填土的台身露出地面的高度不得超过 4 m，以防因偏心造成基底的不均匀沉陷。

5209 预制管做墩柱外模时，预制管的安装有什么要求？

在基础上以预制混凝土管等作墩柱外模时，预制管节安装时应符合下列要求：

(1)基础面宜采用凹槽接头，凹槽深度不应小于 50 mm。

(2)上下管节安装就位后，用 4 根竖方木对称设置在管柱四周并绑扎牢固防止撞击错位。

(3)混凝土管柱外模应加斜撑以保证浇筑时的稳定性。

(4)管口应用水泥砂浆填严抹平。

5210 钢板箍钢筋混凝土墩柱施工，应符合哪些要求？

(1)钢板箍、法兰盘及预埋螺栓等均应由具有相应资质的厂家生产，进场前应进行检验并出具合格证。厂内制作及现场安装应满足钢结构施工的有关规定。

(2)在基础施工时应依据施工图纸将螺栓及法兰盘进行预埋，钢板箍安装前，应对基础、预埋件及墩柱钢筋进行全面检查，并进行彻底除锈除污处理，合格后施工。

(3)钢板箍出厂前在其顶部对称位置焊吊耳各一个,安装时由吊车将其吊起后垂直下放到法兰盘上方对应位置,人工配合调整钢板箍位置及垂直度,合格后由专业工人用电焊将其固定,稳固后摘下吊钩。

(4)钢板箍与法兰盘的焊接由专业工人完成,为减小焊接变形的影响,焊接时应对称进行,以便很好的控制垂直度与轴线偏位。混凝土浇筑前按钢结构验收规范对其进行验收。

(5)钢板箍墩柱宜灌注补偿收缩混凝土。

(6)对钢板箍应进行防腐处理。

5211 钢筋混凝土墩台的施工应注意哪些问题?

(1)在承台顶面准确放出墩台中线和边线,考虑混凝土保护层后,标出主钢筋位置。

(2)将加工好的钢筋运至工地现场绑扎,在配置第一层垂直筋时,应使其有不同的长度,以符合同一断面筋接头的有关规定。随着绑扎高度的增加,用圆钢管搭设绑扎脚手架,作好钢筋网片的支撑并系好保护层垫块。条件许可时,可事先加工成钢筋网片或骨架,整体吊装焊接就位。

(3)将标准钢模组合成分块模板片,板片高度及宽度视墩台身尺寸和吊装能力确定。为保证模板的使用性能和吊装时不变形,模板必须有足够的强度、刚度和稳定性,事先进行认真的设计。

(4)用夹具将工字钢立柱和板片竖向连接,横向用销钉和槽钢横肋,将整个模板连成整体,安装就位,用临时支撑支牢,待另一面模板吊装就位后,用圆钢拉杆外套塑料管并加设锥形垫,外加垫块螺帽,内加横内撑将两面模板横向连成整体,校正定位。

(5)端头模板要和墙面模板牢固连接,采取良好支撑、加固措施,防止跑模、漏浆。

(6)施工脚手架用螺栓连接在立柱上,立柱下部设置可调斜撑,以确保模板位置的正确。

(7)安装直坡式墩台模板,为便于提升,宜有0.5%~1%模板高度的锥度，在制作模板时可根据锥度要求加工一定数量的梯形模板，为适应于空心墩台，还需制作收坡式模板。

(8)使用拼装式模板修筑圆形、方形墩时，可视吊装能力，分节组拼成整体模板，以加快进度，保证质量及安全。

(9)统筹安排混凝土拌和站的位置，拌和站的拌和能力必须满足施工需要，原材料质量、混凝土施工配合比、坍落度等必须符合设计要求。

(10)墩台高度不大时，可搭设木板坡道，中间钉设防滑木条，用手推车运输混凝土浇筑。当墩台高度较大，混凝土下落高度超过 2 m 时，要使用溜管、串筒。

(11)拼装式模板用于高墩台时，应分层支撑、分层浇筑，在浇筑第一层混凝土时，于墩台身内预埋支承螺栓，以支承第二层模板的安装和混凝土的浇筑。

(12)浇筑墩台混凝土通常搭设普通外脚手架，浇筑高墩台混凝土时，须采用简易活动脚手或滑动脚手。浇筑空心高墩台混凝土宜搭设内脚手，并兼作提升吊架。

(13)混凝土应分层、整体、连续浇筑，逐层振捣密实，轻型墩台需设置沉降缝时，缝内要填塞沥青麻絮或其他弹性防水材料，并和基础沉降缝保持顺直贯通。

(14)混凝土浇筑时要随时检查模板、支撑是否松动变形、预留孔、预埋支座钢板是否移位，发现问题要及时采取补救措施。

(15)混凝土浇筑完成应适时覆盖洒水养护，预松模板拉杆透水养护，拆模后也可采用喷洒养护剂、圈套塑料养护。

第三节　墩台帽、盖梁

5301　墩台帽、盖梁的施工有哪些基本要求?

(1)墩台帽和盖梁的施工应在墩、台身质量检验合格后方可进行。

(2)对墩台帽、盖梁施工所采用的托架、支架或抱箍等临时结构，应进行受力分析计算与验算。支架宜直接支承在承台顶部，当必须支承在承台以外的软弱地基上时，应对地基进行妥善加固处理，并应对支架进行预压。

(3)在墩台帽、盖梁与墩身的连接处，模板与墩台身之间应密贴，不得出现漏浆现象。钢筋安装施工时，应避免在钢筋的接头处起弯，并应保证钢筋的混凝土保护层厚度。对支座垫石的预埋钢筋及上部结构所需要的预埋件，其位置应准确。

(4)施工过程中应采取措施防止对墩、台身成品造成损伤和污染。

(5)墩台帽、盖梁施工质量应符合表5-4的规定。

表5-4　墩台帽和盖梁施工质量标准

项　目	规定值或允许偏差	项　目	规定值或允许偏差
混凝土强度(MPa)	在合格标准内	断面尺寸(mm)	±20
轴线偏位(mm)	10	顶面高程	±20
预埋件位置(mm)	10	大面积平整度(mm)	5

5302　墩台帽、盖梁施工如何进行测量放线?

(1)依据基准控制桩在地基上放出盖梁中心点及纵横向轴线控制桩。

(2)按支架施工方案设计的地基处理宽度，用钢尺从控制桩向轴线两侧放出地基边线控制桩。地基四周边线距支架外缘距离不宜小于500 mm。

(3)用白灰线标出地基边线控制桩，确定地基处理范围。

(4)用水准仪，依据支架施工方案，将地基处理的标高控制线标注在墩柱上，墩柱间距较大时应适当加密控制桩。

5303　墩台帽、盖梁施工时的支架基础如何处理与施工?

1. 支架基础处理

(1)支架地基处理可采用换填法(灰土、砂砾、碎石等材料)、夯实法等;对于软弱土层可采用挤密桩法或化学加固法等。

(2)采用换填法时,先将地基表面不适宜材料彻底清理干净,然后铺筑换填材料,每层松铺厚度不应大于 300 mm,摊铺时用推土机推平,然后用压路机碾压,人工配合施工,使压实度大于 95%,平整度小于 15 mm。

(3)采用夯实法时,先将地基表面不适宜材料彻底清理干净,用推土机推平,然后用压路机碾压,人工配合施工,使压实度和平整度等指标达到规范要求。

(4)对于软弱土层,可采用挤密桩法或化学加固法等。

2. 支架基础施工

(1)支架基础形式应本着经济、施工方便的原则通过计算确定,一般可采用混凝土或钢筋混凝土底板、混凝土或钢筋混凝土条形基础、双向或单向铺枕木、木板或型钢等方法。

(2)当采用混凝土或钢筋混凝土底板、混凝土或钢筋混凝土条形基础时,其断面尺寸及强度等级应依据施工荷载、负荷时混凝土龄期及地基情况等因素确定,条形基础顶宽不应小于 200 mm,其施工程序如下:

1)用全站仪放出底板边线或条形基础的中线。

2)对地基标高进行检查,超高部分全部铲除。

3)模板安装,模板可采用钢模板或木质模板,也可在基础顶面挖出凹槽作为模板。

4)钢筋安装,设有钢筋时,按施工方案的要求将钢筋就位并绑扎牢固。

5)混凝土浇筑及养生,施工时严格控制平整度及标高,初凝后适当洒水养生,洒水时注意不得浸泡地基。

(3)当采用枕木、木板或型钢基础时,枕木、木板或型钢规格应依据施工荷载及地基情况等因素确定,但其顶宽不宜小于 200 mm,其施工程序如下:

1)对地基标高进行检查,高出部分全部铲除,低洼处回填适宜材料并整平夯实。

2)用全站仪放出每排基础的中线。

3)依据基础中线将枕木、木板或型钢就位。枕木及木板就位可人工进行,型钢就位采用人工困难时应采用机械,就位前在基础顶部泼洒细砂一层,使其与地基密贴;双向铺设时可采用焊接、螺栓及销钉等方式使其成为整体,纵横交叉点有缝隙时应用薄钢板或木板予以填充,不得留有空隙。

(4)按现行《公路桥涵地基与基础设计规范》验算施工阶段荷载作用下的强度及沉降。

5304 碗扣式钢管支架安装施工如何进行?

(1)依据施工方案设计的位置,在基础上用墨线弹出纵、横向每排立杆位置线。

(2)在基础上墨线交叉点摆放底座,将立杆插于底座上,采用3.0 m和1.8 m两种不同长度立杆相互交错布置。

(3)安装扫地杆,将水平杆接头插入立杆最端碗扣内,使接头弧面与立杆密贴,将上碗扣沿限位销扣下并顺时针旋转将其锁紧。

(4)采用3 m长立杆向上接长,顶部再用1.8 m长立杆找齐(或同一层用同一种规格立杆,最后找齐),以避免立杆接头处于同一水平面内;立杆接长时,将上部立杆底端连接孔同下部立杆顶端连接孔对齐,插入立杆连接销并锁定。

(5)进行水平杆安装,安装方法同“安装扫地杆”。

(6)安装剪刀撑。

(7)安装可调顶托。

5305 碗扣式钢管支架安装质量有什么要求?

(1)支架安装前必须依照施工图设计、现场地形、浇筑方案和设备条件等编制施工方案,按施工阶段荷载验算其强度、刚度及稳定性,报批后实施。

(2)支架安装可从盖梁一端开始向另一端推进,也可从中间开始向两端推进,工作面不宜开设过多且不宜从两端开始向中间推进，应从纵横两个方向同时进行，以免支架失稳。

(3)若基础平整坚实，立杆底座可直接用立杆垫座，若基础不平或不够坚实，支架底部应采用立杆可调底座。

(4)所有构件，必须经检验合格后方可投入使用。

(5)碗扣式支架的底层组架最为关键，其组装质量直接影响支架整体质量，要严格控制组装质量。在安装完最下两层水平杆后，首先检查并调整水平框架的方正和纵向直顺度；其次应检查水平杆的水平度，并通过调整立杆可调底座使水平杆的水平偏差小于 $L/400$（L 为水平杆长度）；同时应逐个检查立杆底脚，并确保所有立杆不悬空和松动；当底层架子符合搭设要求后，检查所有碗扣接头并锁紧，在搭设过程中应随时注意检查上述内容，并予以调整。

(6)支架搭设严格控制立杆垂直度和水平杆水平度，整架垂直度偏差不得大于 $h/500$（h 为立杆高度），但最大不超过 100 mm；水平杆水平度符合上条的规定。

(7)纵、横向应每 5～7 根立杆设剪刀撑一道，每道宽度不应小于 4 跨且不应小于 6 m，与地面的夹角宜控制在 45°～60°之间，在剪刀撑平面垂直方向应每 3～5 排设一组；剪刀撑与水平杆或立杆交叉点均应用旋转扣件扣牢，钢管长度不够时可用对接扣件接长；剪刀撑的设置须上到顶下到底，剪刀撑底部与地基之间垫实，以增强剪刀撑承受荷载的能力。

(8)支架应设专用螺旋千斤顶托，用于支模调整高程及拆模落架使用，顶托应逐个顶紧，达到所有立杆均匀受力；顶托的外悬长度不应小于 50 mm，且不宜大于自身长度的 1/2。

(9)顶排水平杆至底模距离不宜大于 600 mm。

(10)支架高度超过其宽度 5 倍时，应设缆风绳拉牢。

5306　扣件式钢管支架安装施工如何进行？

(1)依据施工方案设计的位置，在基础上用墨线弹出纵、横向每排立杆位置线。

(2)在基础上墨线交叉点摆放底座，将两排立杆按纵(横)向插于底座上。

(3)用直角扣件将扫地杆按纵(横)向与立杆扣牢(主节点)。

(4)取两根水平杆用直角扣件将其按横(纵)向扣紧在主节点上角,使其形成稳固框架。

(5)按上述程序安装其他立杆及水平杆。

(6)安装剪刀撑。

(7)安装顶托。

5307 扣件式钢管支架安装质量有何要求?

(1)支架安装前按有关标准对杆件及扣件等进行检查,不合格者严禁使用,规格不同的钢管不得混用,扣件与钢管应配套使用。

(2)支架应设专用可调底座,可调底座的外悬长度视情况而定,但必须满足扫地杆上缘距基础顶的距离不得大于 200 mm 的要求。

(3)立杆需接长时,必须采用对接扣件对接,接口应交错布置,两个相邻立杆接头不应设在同步同跨即两竖向相邻水平杆之间,且错开距离不得小于 500 mm,各接头中心距其较近水平杆与立杆交叉点距离不得大于水平杆步距的 1/3。

(4)纵、横向水平杆可安装在立杆的左侧或右侧,横向水平杆可安装在纵向水平杆的上方或下方,但同一独立支架应统一。

(5)水平杆长度不够时宜采用对接扣件连接,也可采用搭接连接;采用对接时,接口应交错布置,两个相邻接头不应设在同步同跨即两相邻立杆之间且错开距离不得小于 500 mm,各接头中心距较近立杆与水平杆交叉点距离不得大于立杆步距的 1/3;采用搭接时,搭接长度不宜小于 1.0 m,并应等距设置三个旋转扣件固定,端部扣件盖板边缘距杆端的距离不小于 100 mm;顶排水平杆至底模距离不宜大于 600 mm。

(6)每一主节点上角均须设置垂直于主节点平面的水平杆,并采用直角扣件扣紧在主节点上角,该杆轴线距主节点中心的距离不得大于 150 mm。

(7)扫地杆即最下方水平杆的上缘距基础顶的距离不得大于200 mm,当立杆基础不在同一高度上时,必须将高处的扫地杆向低处延长不少于2跨并与立杆固定,高处靠边坡的立杆中心距坡顶的距离不小于500 mm。

(8)脚手架搭设严格控制立杆垂直度和水平杆水平度,立杆垂直度偏差不得大于$h/200$(h为支架高度),一根水平杆的两端高差不得大于20 mm,各节点应连接牢固,扣件螺栓拧紧扭力矩应在40～60 N·m之间。

(9)对接扣件的开口应朝上或朝内。

5308 墩台帽、盖梁的底模如何安装?

(1)底模宜采用压缩多层板或竹编胶合板,以保证模板与柱头接缝的严密

(2)底模安装程序及方法

1)复核支架顶标高。

2)安装主龙骨,主龙骨接头部位应增设立杆。

3)安装次龙骨,用铁钉、销钉等方式将次龙骨与主龙骨固定,主次龙骨交叉点有缝隙时,用木楔填塞密实。

4)用手提电刨将次龙骨顶面刨平。

5)用手电钻在模板上打眼,依据底模安装方案用铁钉将模板固定在次龙骨上,然后在拼缝处粘贴弹性止浆材料,随后进行下一块模板安装。

(3)底模安装要求

1)底模安装前根据结构设计尺寸编制盖梁整体模板拼装方案,底模铺设严格按拼装方案进行。

2)主龙骨宜采用型钢、方木或其他符合支架设计要求的材料,主龙骨宜垂直盖梁长度方向设置;次龙骨宜采用方木,以便固定模板,次龙骨宜顺盖梁长度方向设置。

3)应避免底模长期暴晒及模板暴露时间过长使其表面挠曲和鼓包,施工时应加强模板保护。

4)全桥宜使用同一种材质、同一种类型的模板,模板覆膜较好的一面应向上,确保混凝土外观色泽均匀一致。

5)模板应具有足够的刚度、强度和稳定性,模板表面应平整光滑,拼缝应严密不漏浆。

6)模板底部应设排渣口,以便于排出杂物;排渣口设在最低处。

5309 墩台帽、盖梁钢筋如何加工及绑扎

(1)钢筋加工应符合《公路桥涵施工规范》相关规定要求。

(2)钢筋绑扎程序及方法。

1)在盖梁两侧安装悬吊梁立柱,立柱顶设可调顶托。

2)片状钢筋骨架就位,在骨架下垫以方木以免损坏模板,并将骨架临时固定以防倾倒。

3)将横梁穿过骨架并支撑于悬吊梁立柱上。

4)旋紧顶托,横梁吊起骨架,使其距模板距离不小于200 mm。

5)按图示尺寸调整骨架间距,安装主筋及箍筋并对所有交叉点进行绑扎。

6)安装梁底保护层垫块并将钢筋落于底模上。

7)绑扎腰筋及其他构造筋。

8)安装侧模保护层垫块,安装抗震墩钢筋或抗震锚栓。

(3)钢筋绑扎要求。

1)钢筋安装前,对柱顶进行凿毛清理。

2)悬吊梁立柱应与支架联结牢固,立柱及横梁应具有足够的强度及刚度,其间距视骨架重量及悬吊梁所用材料规格而定,一般不宜大于3 m。

3)钢筋骨架宜加工成型后现场安装就位。

4)靠模板一侧所有绑丝扣应朝向盖梁混凝土内侧。

5)保护层垫块应具有足够的强度及刚度;底板宜使用混凝土预制垫块,必须严格控制其配合比,配合比及组成材料应与梁体一

致,保证垫块强度及色泽与梁体相同;侧面宜使用塑料垫块;垫块设置宜按照梅花形均匀布置,间距不宜大于 750 mm。

6)绑扎过程中要注意预应力孔道的预留,以免钢筋成型后孔道预留难度增大。

5310　盖梁预应力体系如何安装定位?

(1)按照设计要求的材料和施工方法进行孔道预留施工,设计无要求时,宜采用预埋波纹管的方法预留孔道。

(2)波纹管安装定位程序及方法。

1)依据图纸中孔道中心到底模及侧模的距离,用粉笔在模板及钢筋上画出波纹管纵横向位置。

2)将定位筋及轨道筋与骨架筋焊接或用双扣绑扎牢固。

3)安装波纹管并设置排气孔及泄水孔。

(3)预应力孔道施工要求。

1)定位放线时,曲线孔道除应放出波峰、波谷控制点外,还应放出所有井字架或架立钢筋位置。

2)固定波纹管应用钢筋井字架或架立钢筋绑扎或焊接,钢筋井字架或架立钢筋间距按设计进行,设计无规定时,不宜大于 0.8 m,曲线段应适当加密。

3)排气孔应设在孔道的波峰或最高点,排气孔宜用 PVC 管做成,排气管底座即带嘴塑料弧形接头板应用胶带与波纹管缠裹严密,PVC 管安装完毕后在管内插入钢筋一根,以免堵管或因受外力而折断;泄水孔宜设置在波谷处,泄水孔可用胶管或 PVC 管做成,管端要引到模板外侧。

4)波纹管与普通钢筋位置发生矛盾时,按设计要求进行,设计未规定时,应调整普通钢筋位置,确保预留孔道位置准确。

5)波纹管接长应保证波纹管接口平顺,使用大一号波纹管做管箍进行连接,其长度为被连接波纹管孔径的 5～7 倍,且要用胶带缠裹严密,波纹管接头不宜设在孔道弯起部位。

(4)锚垫板安装及要求。

1)在模板上准确放出锚垫板位置，然后在其中央打孔，孔径略大于波纹管孔径，以便穿束或做拉通准备。

2)用木螺钉将锚垫板固定在模板上，锚垫板与模板夹角应通过计算确定。

3)安装模板，将波纹管伸入喇叭口内，将接头位置用胶带缠裹严密，检验合格后将模板固定。

4)要求锚垫板位置准确，垫板平面应与预应力孔道轴线垂直。

5)螺旋筋应按设计要求安装，其轴线应与锚垫板平面垂直。

(5)预应力体系安装定位的其他施工要求按国家现行标准《公路桥涵施工技术规范》的规定执行。

5311 盖梁的预应力筋加工有什么要求？如何穿束？

(1)预应力筋制作及要求

1)搭设工作平台，平台离地不宜小于 300 mm。

2)按施工方案要求的长度切割预应力筋，切割时采用砂轮切割机，应在工作平台上进行。

3)将切割好的预应力筋在工作平台上逐根理顺并编号。

4)按 1.5 m 绑丝间距将预应力筋绑扎牢固，端头 2 m 范围内间距不大于 0.5 m，以防止松散及相互缠绕。

5)穿束牵引端应做成圆顺的尖端，不应做成齐头，以免穿束时阻力增大或被孔道卡住。

(2)穿预应力筋

1)检查锚垫板及孔道的位置是否准确，孔道内是否留有杂物。

2)将穿束牵引钢丝穿入孔内。

3)人工搬运预应力筋至工作面。

4)将预应力筋牵引端与牵引钢丝拴接，并将牵引端放人孔内。

5)穿束牵引端应做成圆顺的尖端，不应做成齐头，以免穿束时阻力增大或被孔道卡住。

(3)穿束要求

1)穿束牵引应慢速进行，操作人员应在人孔端手扶配合进行，以减小阻力及避免预应力筋磨损。

2)穿束行进过程中，应逐个将绑丝解除。

3)后张预应力盖梁，两端设锚垫板的孔道可以先穿束，也可以后穿束；一端张拉一端设固定锚的预应力束，必须先穿束并且使用金属波纹管或塑料波纹管等有足够强度和刚度的防渗成孔材料成孔。

(4)预应力筋制作及安装的其他施工按国家现行标准《公路桥涵施工技术规范》的规定执行。

5312　盖梁施工时侧模安装应注意哪些问题?

(1)侧模宜采用定型钢模板、压缩多层板或竹编胶合板，定型钢模板应由专业生产厂家设计及加工。

(2)定型钢模板安装

1)将钢模板清洗并刨光，刷脱模剂。

2)在侧模与底模拼缝处粘贴弹性止浆材料。

3)用汽车吊将钢模板就位。

4)安装对拉螺杆。

5)安装缆风绳。

(3)木质模板加工与安装

1)先按拼装方案要求尺寸将模板切割好，然后在模板上按次龙骨固定位置用手提电钻打眼。

2)将次龙骨与模板紧贴的一面用电刨刨平，用铁钉将次龙骨固定在模板上。

3)在侧模与底模拼缝处粘贴弹性止浆材料。

4)人工搬运将模板就位，然后将其与钢筋临时固定，避免其倾倒。

5)在拼缝处粘贴弹性止浆材料，然后将相邻模板就位。

6)进行主龙骨安装，可用铁钉或铁丝等将主次龙骨固定。

7)安装对拉螺杆。

8)安装缆风绳。

(4)侧模安装

1)钢模板不应有水平接缝,在吊装条件允许的情况下应少设竖向接缝,接缝以企口为宜。

2)为增加侧模刚度及整体稳定性,宜上、下各设一排拉杆,上排拉杆宜走盖梁上方,下排拉杆宜走底模下方,即拉杆不穿过混凝土;拉杆及垫板应具有足够的强度和刚度。

3)宜采用侧模包底模的施工方法。

4)主龙骨竖向设置,次龙骨水平设置。

5)墩柱位置下侧无法设拉杆,其左右各1 m范围内主龙骨应适当予以加密。

5313 盖梁混凝土浇筑和养护应注意什么问题?

(1)混凝土浇筑前检查及准备工作

1)使用压缩空气对模内进行彻底清理。

2)对模板、钢筋、预应力体系及预埋件等进行全面检查,将预应力孔道及预埋件设置明显标记,以免浇筑时损坏。

3)测量放线,标明浇筑高度。

4)混凝土浇筑前,必须对墩台中线、标高及各部位尺寸进行复核,无误后浇筑。

(2)混凝土浇筑要求

1)盖梁混凝土浇筑应连续浇筑完毕,混凝土浇筑方法应水平分层,纵向压茬赶浆,从中间开始向两端阶梯推进。对于两端高低不一的盖梁应由低端开始向高端推进。宜采用插入式振捣器振捣,因锚区钢筋较密,浇筑时应人工配合机械振捣。

2)若采用后穿束,混凝土浇筑前宜在波纹管内穿入铅丝棉球做拉通准备,混凝土浇筑时设专人由两端往复拉通,采用先穿束时,混凝土浇筑时可用卷扬机由两端往复拉动预应力筋,防止渗入水泥浆凝块堵孔,直至混凝土初凝后停止。

3)混凝土浇筑时应设专人检查钢筋、模板、波纹管、锚垫板、预埋件等,出现位移、松动时,及时纠正修复。

4)浇筑完毕后将混凝土顶面整平,并用木抹拍实、压平。除按照规范要求制作标准条件养护试块外,还应制作同条件养护试块,以确定张拉时间。

5)对于非预应力结构,混凝土达到设计要求的拆除底模强度后,可以拆除底模;设计无要求时,宜按以下规定实施:跨度小于等于8 m时,混凝土强度应达到设计值的75%;跨度大于8 m时,混凝土强度应达到设计值的100%。

6)垫石宜采用二次浇筑,以保证其位置高程准确;垫石浇筑前应对基面凿毛清洗,钢筋除锈去污。

7)混凝土盖梁上的抗震墩施工时,抗震墩与梁体必须保持设计规定的间隙,保证梁板安装后的自由伸缩。

(3)混凝土养生

混凝土养生宜采用覆盖洒水养生法,养生时间不少于7 d,预应力混凝土养护至预应力张拉,养生期间应保持梁体湿润。

5314　盖梁施工中预应力张拉、锚固程序和注意事项有哪些?

(1)施工程序及方法

1)对同条件养护试块强度进行检验。

2)强度达到要求后进行摩阻检测。

3)按预应力筋编号安装工作锚,不得出现预应力筋绞结现象。

4)安装千斤顶。

5)安装工具锚。

6)施加预应力:张拉程序应满足设计要求,设计无要求时,可按以下步骤进行:

普通松弛力钢绞线 0→初应力→$1.03\sigma_{con}$(锚固);

低松弛力钢绞线 0→初应力→σ_{con}(持荷2 min锚固)。

注:①σ_{con}为张拉控制应力,包括预应力损失值。

②初应力宜取10%~20%σ_{con}。

(2)施加预应力的施工要求

1)施加预应力前,应对盖梁混凝土外观进行检查,且应将限制位移的模板全部拆除后方可进行张拉。

2)施加预应力前,应对千斤顶及压力表进行配对校验,当千斤顶使用超过 6 个月或 200 次或在使用过程中出现不正常情况及检修后,应重新进行校验。

3)张拉时的结构混凝土强度应符合设计规定,设计未规定时,应不低于设计强度标准值的 75%。

4)张拉顺序应符合设计要求,设计未规定时,应采取分批、分阶段对称张拉。

5)张拉端设置按设计进行,设计未规定时,对曲线预应力筋及长度大于等于 25 m 的直线预应力筋,宜在两端张拉;对长度小于 25 m 的直线预应力筋,可在一端张拉;同一截面中有多根一端张拉的预应力筋时,张拉端宜交叉设置在构件的两端。

6)施加预应力应采用应力与应变"双控"。

7)两端同时张拉时,两端千斤顶升降压、画线、测伸长等工作应基本同步。

8)预应力张拉的其他施工要求执行现行《公路桥涵施工技术规范》(JTG/T F50)。

(3)孔道压浆程序及方法

1)切除预应力筋锚固后的外露部分,但外露长度不宜小于 30 mm。

2)用高强度等级砂浆将锚头封严。

3)用高压水冲洗孔道。

4)按配合比要求配制灰浆。

5)压浆。

6)依次封闭排气孔,保持一定稳压时间(不少于 2 min,压力 0.5~0.7 Ml a)。

7)封闭灌浆孔。

(4)孔道压浆施工要求

1)预应力张拉完毕后应及时进行压浆,一般不宜超过 14 d。

2)预应力筋切割应采用手提砂轮切割机,严禁使用电焊或氧气—乙炔切割。

3)水泥浆的强度应符合设计规定，设计无具体规定时，应不低于30MPa，对截面较大的孔道，水泥浆中可掺人适量细砂；水泥宜采用硅酸盐水泥或普通水泥，其强度等级不宜低于42.5级。

4)水泥浆的水灰比宜为0.40～0.45，掺人适量减水剂时，水灰比可减小到0.35。

5)水泥浆的泌水率最大不得超过3%，拌和后3 h泌水率宜控制在2%，泌水应在24 h内重新全部被水泥浆吸回。

6)通过试验后，水泥浆中可掺人适量膨胀剂，但其自由膨胀率应小于10%。

7)水泥浆的稠度宜控制在14～18 s之间。

8)波纹管管道必要时应进行冲洗，若孔道内可能存在油污等污物，可采用对预应力筋及孔道无腐蚀的中性洗涤液或皂液用水稀释后进行冲洗，然后用不含油污的压缩空气将积水冲出。

9)压浆时，对于曲线孔道应从最低点的压浆孔压入，由最高点的排气孔排气和泌水；当孔道有多层时，压浆顺序宜先压注下层管道。

10)压浆应从灌浆孔压入并应达到孔道另一端饱和出浆、从排气孔流出与规定稠度相同的水泥浆为止。

11)压浆应缓慢均匀进行，不得中断并应排气通畅，在压满孔道后封闭排气孔及灌浆孔。

12)不掺膨胀剂的水泥浆，宜采用二次压浆以提高压浆的密实性，第一次压浆后，间隔30 min左右再由另一端进行二次压浆。

13)当气温高于35℃时，孔道压浆宜在夜间进行。

14)压浆时，每一班组应留取不少于3组的70.7 mm×70.7 mm×70.7 mm立方体试件，并按有关规定进行养护与试验。

15)孔道压浆的其他要求执行现行《公路桥涵施工技术规范》(JTG/T F50)。

(5)封锚程序及方法

1)将接触面充分凿毛。

2)绑扎钢筋。

3)安装模板。

4)将锚具周围冲洗干净并湿润混凝土接触面。

5)浇筑混凝土。

(6)封锚施工要求

1)凿毛时不得振动锚头。

2)封锚混凝土强度应符合设计规定,设计无规定时,应不低于盖梁混凝土设计强度等级的80%。

3)封锚混凝土的浇筑应严格控制梁体的长度。

第六章　预应力混凝土梁

第一节　预应力筋

6101　预应力钢筋混凝土优点有哪些？

预应力钢筋混凝土与普通钢筋混凝土相比有下列优点：

(1)抗裂性和抗渗性好；

(2)耐久；

(3)结构物的刚度提高；

(4)节省钢材和混凝土，降低工程造价；

(5)结构自重减轻；

(6)结构的抗疲劳性能提高。

6102　什么是预应力混凝土用钢绞线？

预应力混凝土用钢绞线，是用由冷拉光圆钢丝及刻痕钢丝捻制而成用于预应力混凝土结构的钢绞线。钢绞线按结构分为5类。用二根钢丝捻制而成的钢绞线，代号为1×2；用三根钢丝捻制而成的钢绞线，代号为1×3，1×7；用三根刻痕钢丝捻制的钢绞线，代号为1×3Ⅰ；用七根钢丝捻制的标准型钢绞线，代号为1×7；用七根钢丝捻制又经模拔的钢绞线，代号为(1×7)C。

6103　钢丝在使用中有哪些注意事项？

(1)作业场地两端外侧应设有防护栏杆和警告标志。台座两端应设有防护设施，并在张拉预应力筋时，沿台座长度方向每隔4～5 m设置一个防护架，两端严禁站人，更不准进入台座。

(2)作业前，应检查被拉钢丝两端的镦头，当有裂纹或损伤时，应及时更换。高压油泵启动前，应将各油路调节阀松开，然后开动油泵，待空载运转正常后，再紧闭回油阀，逐渐拧开进油阀，待压力表指示达到要求，油路无泄漏，确认正常后方可作业。

(3)作业中，操作应平稳、均匀。张拉时，两端不得站人。拉伸机在有压力情况下，严禁拆卸液压系统的任何零件。高压油泵不得超载作业，安全阀应按设备额定油压调整，严禁任意调整。张拉时，不得用手摸或用脚踩钢丝。在测量钢丝的伸长时，应先停止拉伸，操作人员必须站在侧面操作。

(4)高压油泵停止作业时，应先断开电源，再将回油阀缓缓松开，待压力表退回至零位时，方可卸开通往千斤顶的油管接头，使千斤顶全部卸荷。

(5)钢筋张拉后要加以防护，禁止压重物或在上面行走。浇灌混凝土时，要防止振动冲击预应力钢筋。

6104 钢绞线的存放于使用应注意什么？

(1)应存放于干燥的仓库中。露天及现场存放应在地面上架设枕木，严禁与潮湿地面直接接触，并加盖篷布或搭盖防雨棚，尽量缩短存放期限，特殊环境应在订货中采用防锈包装。预应力钢材表面浮锈不影响使用，但锈蚀成目视可见的“麻坑”将影响其力学性能。

(2)预应力钢材使用中严禁采用任何形式的加热变形措施，以免降低预应力钢材的力学性能。

(3)使用中严禁焊接，预应力钢材的切割应使用无齿据。

(4)无轴成卷包装的钢绞线应在立放状态下从内圈抽头放线，抽出后的钢绞线弹簧形，并自动伸直。抽头后弹簧形的螺旋方向与绞线的捻向一致。

6105 什么是预应力混凝土用钢棒？

预应力混凝土用钢棒具有强度高、延伸率高、松弛率低、工艺性能良好等特点，主要用于制作高强度预应力混凝土管桩。

预应力混凝土用钢棒按钢棒表面形状分为光圆钢棒、螺旋槽钢棒、螺旋肋钢棒、带肋钢棒四种。光圆钢棒是横截面积为圆形的钢棒。螺旋槽钢棒是沿着表面纵向,具有规则间隔的连续螺旋凹肋的钢棒。螺旋肋钢棒是沿着表面纵向,具有规则间隔的连续螺旋凸肋的钢棒。带肋钢棒是沿着表面纵向,具有规则间隔的横肋的钢棒。按延性级别分为延性 35 和延性 25 两级。按松弛级别分为普通松弛 N 和低松弛 L 两级。

6106 什么是无黏结预应力筋?使用中应注意什么?

无黏结预应力筋是采用无黏结预应力钢绞线的预应力筋。这种预应力筋与其周围混凝土之间可永久地相对滑动。无黏结预应力钢绞线是用防腐润滑脂和护套涂包的钢绞线。其防腐润滑脂是用脂肪酸混合金属皂将深度精制的矿物润滑油稠化而成,并加入了多种添加剂,具有防锈防蚀性能。护套用以保护预应力钢绞线不受腐蚀,并防止与周围混凝土之间发生黏结。

使用时应注意以下问题

(1)无黏结预应力钢绞线宜成盘运输,在运输、装卸过程中,吊索宜采用尼龙带等材料,并应轻装轻卸,严禁投掷或在地上拖拉,严禁锋利物品损坏无黏结预应力钢绞线。

(2)无黏结预应力钢绞线在成品堆放期间,应按不同规格分类,成捆、成盘挂牌整齐堆放在通风良好的仓库中,露天堆放时,严禁放置在受热影响的场所,不宜直接与地面接触,并覆盖雨布。当每盘质量约为 2 000 kg 时,成盘叠加堆放时不应超过 10 000 kg。

(3)无黏结预应力钢绞线下料宜采用砂轮切割机切断。在下料、运送和安装施工过程中采取必要措施保护护套,对局部轻微破损可进行修补,对破损严重者不能使用。

(4)腐蚀及暴露环境中使用的无黏结预应力钢绞线,需保证无黏结预应力筋与锚具结合部位的有效密封,可通过密封装置或在钢绞线上螺旋形缠绕二层防水聚乙烯胶带使钢绞线及锚具处于油脂全封闭保护状态。

(5)无黏结预应力钢绞线不能处于过高的温度中,不能遭受焊接火花和接地电流的影响。

(6)与无黏结预应力钢绞线配套使用的锚具、连接器，其性能需符合《预应力锚具、夹具和连接器应用技术规程》(JGJ 85)的规定。

(7)无黏结预应力钢绞线的使用需遵守《无粘结预应力混凝土结构技术规程》(JGJ 92)的规定。

6107 什么是预应力混凝土用螺纹钢筋？

预应力混凝土用螺纹钢筋也称精轧螺纹钢筋，是一种热轧成带有不连续的外螺纹的直条钢筋，该钢筋在任意截面处，均可用带有匹配形状的内螺纹的连接器或锚具进行连接或锚固。一般采用热轧、轧后余热处理或热处理等工艺生产。

6108 预应力钢筋加工时应注意什么？

(1)钢丝、钢绞线、热处理钢筋、冷拉Ⅳ级钢筋、冷拔低碳钢丝及精轧螺纹钢筋的切断，宜采用切断机或砂轮锯，不得采用电弧切割。

(2)冷拉钢筋的接头，应在钢筋冷拉前采用一次闪光顶锻法进行对焊。

(3)预应力筋镦头锚固时，对于高强钢丝，宜采用液压冷镦；对于冷拔低碳钢丝，可采用冷冲镦粗；对于钢筋，宜采用电热镦粗，但Ⅳ级钢筋镦粗后应进行电热处理。

(4)预应力筋的冷拉，可采用控制应力或控制冷拉率的方法。但对不能分清炉批号的热轧钢筋，不应采取控制冷拉率的方法。当采用控制应力方法冷拉钢筋时，对使用的测力计应经常进行校验。

6109 预应力材料应如何保护？

(1)预应力材料必须保持清洁，在存放和搬运过程中应避免机械损伤和有害的锈蚀。如进场后需长时间存放时，必须安排定期的外观检查。

(2)预应力钢筋在仓库内保管时，仓库应干燥、防潮、通风良好、无腐蚀气体和介质；在室外存放时，时间不宜超过 6 个月，不得直接堆放在地面上，必须采取垫以枕木并用苫布覆盖等有效措施，防止雨露和各种腐蚀性气体、介质的影响。

6110　底部、腹板钢筋绑扎有什么规定？

钢筋在加工场严格按设计加工制作，钢筋的弯制、焊接严格按规范进行操作，为保证钢筋间距，主筋连接全部采用闪光对焊并在现场加工。钢筋加工完毕后在模型内进行绑扎，在适当的位置垫放半圆形混凝土垫块，确保保护层的厚度。钢绞线的设计高程及中心位置由测量组精确放样并标示于骨架钢筋上，波纹管安装时按此位置固定。

6111　预应力钢材的下料编束和穿束如何实施？

(1)下料：预应力钢材的下料长度，必须按设计长度进行，偏差在允许范围内。下料时，在下料处两边用铁丝扎紧，一般情况下，下料采用切割机或砂轮锯，不得使用电弧焊切割，以确保材质性能。

(2)编束：钢铰线编束采用与锚环对应的 8 mm 钢板铝孔，将钢绞线穿入孔内梳理顺直，再用镀锌铁丝按锚孔排列绑扎编成一束，绑扎间距 1.5～2 m 一道。钢束两端各 2 m 段内加密至 0.5 m，然后将每根钢铰线两端对应编号、做标记。

(3)穿束：穿束前，先对波纹管孔道进行检查，检孔器可做成橄榄状；再用高压风喷射孔道，将孔内污物及水泥渣冲掉，由牵引钢丝(钢绞线)牵引预应力钢材进行穿束。

穿束时，钢筋的螺丝端杆的丝扣部分应用水泥袋纸等包裹两三层，用扎丝扎牢，以防受损；钢铰线束将一端打齐，也用纸袋进行包裹，然后拴上牵引线，人工或用卷扬机向前拉动通过预应力管道。

钢绞线穿束前根据管道号数和长度，将钢绞线穿入端戴上铁帽并固定紧，钢绞线采用卷扬机牵引，在穿束过程中，当钢绞线端头接近管道口时，应及时抬高钢绞线束，并放慢速度，使钢绞线端头全部进入管道。如发生个别钢绞线顶弯，则应将其更换后再行穿束。

6112 钢绞线束制作时应注意哪些问题？

(1)钢绞线在使用前应按相应的标准对钢绞线的几何参数、表面状态、松散性、断裂荷载或抗拉强度、伸长率、松弛值、弹性模量等进行检验，每批钢绞线必须有厂方的质保证书和检验合格证。

(2)预应钢线束下料长度根据锚具体形式、挤压头、孔道长度和张拉设备考虑，每根钢束预留长度为 0.9 m。钢绞线下料场应平坦，下垫方木和彩条布，不得将钢绞线直接接触地面以免生锈，也不得在混凝土地面上用力拉，磨伤钢绞线，下料长度误差在 －50～＋100 mm 以内。钢绞线的盘重大，盘卷小，弹力大，为了防止下料过程中钢绞线紊乱并弹出伤人，事先制作一个简易的铁笼。下料时，将盘卷装在铁笼内，从盘卷中逐步抽出。钢绞线的下料采用砂轮切割机切割，不得采用气焊及电弧切割。钢绞线的编束用 22 号铅丝绑扎，间距 1～1.5 m，两端距端头处 5～10 cm 处用双根铅丝绑扎一道，随即进行编号，作好标识。编好的钢束存放时，在下部加垫，垫高不小于 20 cm。

(3)预应力钢线束管道定位钢筋网直径采用 10 mm，直线段 0.7 m，曲线段 0.5 m 布设一处，定位钢筋网必须定位牢固，与骨架钢筋焊接成整体，以确保预应力钢束管道不发生变化。

(4)焊接钢筋时应特别注意保护预应力钢线束管道不被焊渣烧穿。

6113 预应力筋安装后应如何保护？

(1)对在混凝土浇筑及养生之前安装在管道中但在规定时限内没有压浆的预应力筋，应采取防止锈蚀或其他防腐蚀的措施，直至压浆。

(2)在预应力筋安装在管道中后，管道端部开口应密封以防止湿气进入。

(3)在任何情况下，当在安装有预应力筋的构件附近进行电焊时，对全部预应力筋和金属件均应进行保护，防止溅上焊渣或造成其他损坏。

(4)对在混凝土浇筑之前穿束的管道，预应力筋安装完成后，应进行全面检查，以查出可能被损坏的管道。在混凝土浇筑之前，必须将管道上一切非有意留的孔、开口或损坏之处修复，并应检查力筋能否在管道内自由滑动。

第二节　锚具、夹具、连接器

6201　锚具、夹具和连接器在预应力工程中起什么作用？其分类有哪些？

在后张法结构或构件中，锚具是用于保持预应力筋的拉力并将其传递到混凝土(或钢结构)上所用的永久性锚固装置。锚具可分为两类，安装在预应力筋端部且可用以张拉的锚具称为张拉端锚具；安装在预应力筋固定端端部，通常不用以张拉的锚具称为固定端锚具。

在先张法构件施工时，夹具是用于保持预应力筋的拉力并将其固定在生产台座(或设备)上的临时性锚固装置；在后张法结构或构件施工时，夹具是在张拉千斤顶或设备上夹持预应力筋的临时性锚固装置(又称工具锚)。

连接器是用于连接预应力筋的装置。

锚具、夹具和连接器按锚固方式不同，可分为夹片式(单孔和多孔夹片锚具)、支承式(墩头锚具、螺母锚具等)、锥塞式(钢质锥形锚具等)和握裹式(挤压锚具、压花锚具等)四种基本类型。锚具、夹具或连接器的总代号可以分别用汉语拼音字母 M、J、L 表示。

6202 锚具、夹具和连接器选择与使用有哪些基本规定?

(1)锚具、夹具和连接器应按设计规定采用,并应具有可靠的锚固性能、足够的承载能力和良好的适用性,应能保证充分发挥预应力筋的强度,并安全地实现预应力张拉作业,其性能和质量应符合现行国家标准《预应力筋用锚具、夹具和连接器》(GB/T 14370)的规定。

(2)锚具应满足分级张拉、补张拉以及放松预应力的要求;锚固多根预应力筋的锚具除应具有整束张拉的性能外,尚应具有单根张拉的性能;用于承受低应力或动荷载的夹片式锚具应具有防松性能;锚具的锚口摩擦损失率不宜大于6%。

(3)夹具应具有良好的自锚性能、松锚性能和安全的重复使用性能,主要锚固零件应具有良好的防锈性能,可重复使用的次数不应少于300次。需敲击才能松开的夹具,必须保证其对预应力筋的锚固没有影响,且对操作人员的安全不造成危险。

(4)在混凝土结构或构件中的永久性预应力筋连接器,应符合锚具的性能要求;用于先张法施工且在张拉后还需进行放张和拆卸的连接器,应符合夹具的性能要求。

(5)锚垫板应具有足够的强度和刚度,且宜设置锚具对中止口以及压浆孔或排气孔,压浆孔的内径不宜小于20 mm。与后张预应力筋用锚具或连接器配套的锚垫板和局部加强钢筋,在规定的局部承压试件尺寸及混凝土强度下,应满足传力性能要求。

6203 锚具、夹具和连接器进场时,应进行哪些验收?

(1)外观检查:应从每批中抽取2%的锚具且不少于10套样品,检查其外形尺寸、表面裂纹及锈蚀情况。外形尺寸应符合产品质保书所示的尺寸范围,且表面不得有裂纹及锈蚀。当有下列情况之一时,本批产品应逐套检查,合格者方可进入后续检验:

1)当有一个零件不符合产品质保书所示的外形尺寸,则应另取双倍数量的零件重新检查,仍有一个不合格;

2）当有一个零件表面有裂纹或夹片、锚孔锥面有锈蚀。

对配套使用的锚垫板和螺旋筋可按上述方法进行外观检查，但允许表面有轻度锈蚀。

（2）硬度检验：应从每批中抽取3%的锚具且不少于5套样品（对多孔夹片式锚具的夹片，每套抽取6片），对其中有硬度要求的零件进行硬度检验，每个零件测试3点，其硬度应符合产品质保书的规定。当有一个零件不合格时，则应另取双倍数量的零件重做检验，如仍有一个零件不合格，应对本批产品逐个检验，合格者方可使用或进入后续检验。

（3）静载锚固性能试验：应在外观检查和硬度检验均合格的同批产品中抽取样品，与相应规格和强度等级的预应力筋组成3个预应力筋—锚具组装件，进行静载锚固性能试验，如有一个试件不符合要求，则应另取双倍数量的样品重做试验，如仍有一个试件不符合要求，则该批锚具为不合格。

（4）对特大桥、大桥和重要桥梁工程中使用的锚具产品，应进行上述3项检查和检验；对锚具用量较小的一般中、小桥梁工程，如生产厂能提供有效的静载锚固性能试验合格的证明文件，则仅需进行外观检查和硬度检验。

6204　锚具的静载锚固性能如何表示？有哪些规定？

用预应力筋—锚具组装件静载试验测定的锚具效率系数 η_a 和达到实测极限拉力时组装件受力长度的总应变 ε_{apu}，来判定锚具的静载锚固性能是否合格。

锚具效率系数 η_a 按下式计算：

$$\eta_a = F_{apu}/\eta_p \cdot F_{pm}$$

η_p 的取用：预应力筋—锚具组装件中预应力钢材为1～5根时；$\eta_p=1$；6～12根时，$\eta_p=0.99$；13～19根时，$\eta_p=0.98$；20根及以上时，$\eta_p=0.97$。

锚具的静载锚固性能应同时满足下列两项要求：

$$\eta_a \geqslant 0.95；\varepsilon_{apu} \geqslant 2.0\%$$

预应力筋—锚具组装件的破坏形式应是预应力钢材的断裂（逐根或多根同时断裂），锚具零件的变形不应过大或碎裂，且应确认锚固的可靠性（在预应力筋应力达到 $0.8f_{pck}$ 时，在持荷 1 h 期间，预应力筋与锚具（夹具、连接器）之同的相对位移 Δa、Δb 应保持稳定。如继续增加，不能稳定，表明已失去可靠锚固能力）。

6205 夹具的基本性能要求有哪些？

（1）夹具的静载锚固性能，应由预应力筋—夹具组装件静载锚固试验测定的夹具效率系数 η_g 按下式确定：

$$\eta_g = F_{gpu}/F_{pm}$$

夹具的静载锚固性能应符合 $\eta_g \geqslant 0.92$。

（2）在预应力筋—夹具组装件达到实测极限拉力时，应当是由预应力筋的断裂，而不应由夹具的破坏所导致，夹具的全部零件均应有重复使用的品质。夹具应有可靠的自锚性能，良好的松锚性能和重复使用性能。使用过程中，应保证操作人员的安全。

6206 锚具、夹具和连接器在使用时应注意哪些问题？

（1）预应力筋用锚具产品应配套使用，同一构件中应使用同一厂家产品，工作锚不应作为工具锚使用。夹片式锚具的限位板和工具锚应采用与工作锚同一生产厂的配套产品。

（2）预应力筋用锚具、夹具和连接器在贮存运输及使用期间均应妥善保管维护，避免锈蚀、沾污、遭受机械损伤、混淆和散失。

（3）预应力筋用锚具、夹具和连接器安装前应擦拭干净。当按施工工艺规定需要在锚固零件上涂抹介质以改善锚固性能时，应在锚具安装时涂抹。

（4）锚具和连接器安装时应与孔道对中。锚垫板上设置对中止口时，则应防止锚具偏出止口以外，形成不平整支承状态。夹片式锚具安装时，各根预应力钢材应平顺，不得扭绞交叉；夹片应打紧，并外露一致。

（5）使用钢丝束镦头锚具前，首先应确认该批预应力钢丝的可镦性，即其物理力学性能应能满足墩头锚的全部要求。钢丝镦头尺寸不应小于规定值，头形应圆整端正。钢丝镦头的圆弧形周边出现纵向微小裂纹时，其裂纹长度不得延伸至钢丝母材，不得出现斜裂纹或水平裂纹。

(6)夹片式、锥塞式等形式的锚具，在预应力筋张拉和锚固过程中或锚固完成以后，均不得大力敲击或振动。

(7)利用螺母锚固的支承式锚具，安装前应逐个检查螺纹的配合情况。对于大直径螺纹的表面应涂润滑油脂，以确保张拉和锚固过程中顺利旋合和拧紧。

(8)千斤顶安装时，工具锚应与前端工作锚对正，使工具锚与工作锚之间的各根预应力钢材相互平行，不得扭绞错位。工具锚夹片外表面和锚板锥孔内表面使用前宜涂润滑剂，并应经常将夹片表面清洗干净。当工具夹片开裂或牙面缺损较多，工具锚板出现明显变形或工作表面损伤显著时，均不得继续使用。

(9)对于一些有特殊要求的结构或张拉空间受到限制时，可配置专用的变角块，并应采用变角张拉法施工。设计和施工中应考虑因变角而产生的摩阻损失，但预应力筋在张拉千斤顶工具锚处的控制应力不得大于 $0.8f_{ptk}$。

(10)采用连接器接长预应力筋时，应全面检查连接器的所有零件，必须执行全部操作工艺，以确保连接器的可靠性。

(11)预应力筋锚固以后，因故必须放松时，对于支承式锚具可用张拉设备松开锚具，将预应力缓慢地卸除；对于夹片式、锥塞式等锚具，宜采用专门的放松装置将锚具松开。任何时候都不得在预应力筋存在拉力的状态下直接将锚具切去。

(12)预应力筋张拉锚固后，应对张拉记录和锚固状况进行复查，确认合格后，方可切割露于锚具之外的预应力筋多余部分。切割工作应使用砂轮锯；当使用砂轮锯有困难时也可使用氧乙炔焰，严禁使用电弧。当用氧乙炔焰切割时，火焰不得接触锚具；切割过程中还应用水冷却锚具。切割后预应力筋的外露长度不应小于30 mm。

(13)对暴露于结构外部的锚具应及时实施永久性防护措施，防止水分、氯离子及其他有腐蚀性的介质侵入。同时，还应采取适当的防火和避免意外撞击的措施。

封头混凝土应填塞密实并与周围混凝土黏结牢固。无黏结预应力筋的锚固穴槽中，可填堵微膨胀砂浆或环氧树脂砂浆。锚固区预应力筋端头的混凝土保护层厚度不应小于 20 mm。

在易受腐蚀的环境中，保护层还宜适当加厚。对凸出式锚固端，锚具表面距混凝土边缘不应小于 50 mm。封头混凝土内应配置 1～2 片钢筋网，并应与预留锚固筋绑扎牢固。

第三节　混凝土浇筑

6301　预应力混凝土的浇筑除应符合一般混凝土浇筑时的要求外，还有哪些基本要求？

(1)浇筑混凝土前，尚应对预埋于混凝土中的锚具、管道和钢筋等进行全面检查验收，符合要求后方可开始浇筑。

(2)浇筑混凝土时，宜根据结构或构件的不同形式选用插入式、附着式或平板式等振动器进行振捣。对箱梁腹板与底板及顶板连接处的承托、预应力筋锚固区及其他预应力钢束与钢筋密集的部位，应采取有效措施加强振捣；对先张构件应避免振动器碰撞预应力筋；对后张结构应避免振动器碰撞预应力筋的管道、预埋件等。浇筑过程中应随时检查模板、管道、锚固端垫板等的稳固性，保证其位置及尺寸符合设计要求。

(3)用于判断现场预应力混凝土结构或构件强度的混凝土试件，应置于现场与结构或构件同环境、同条件养护。

6302　预应力梁混凝土浇筑方案制定时应注意哪些方面问题？

(1)混凝土浇筑前要严格检查施工人员是否到位，机械设备是否处于良好状态，并对施工人员进行详细的施工技术交底，分区分部位定职定责，以确保混凝土浇筑质量。

(2)混凝土浇筑应从底板开始，然后浇筑腹板，最后浇筑顶板，浇筑过程中应根据浇筑速度调整分段长度，并注意平衡推进，避免对模型支架造成偏压，要求混凝土在初凝时间之前一次浇筑完毕，避免造成施工缝，影响混凝土的浇筑质量。

(3)在混凝土浇筑过程中，梁腹板与底板及顶板连接处、预应力钢绞线的锚垫板及固定端锚具处、预应力筋与其他钢筋密集处，要特别注意加强振捣，确保混凝土密实。

(4)浇筑顶板混凝土时，顶部标高应以两侧模型板高度挂线进行控制，特别是最后抹面时一定要认真进行调整，保持梁面平整。当混凝土表面用手压不变形时立即在表面覆盖湿麻袋并浇水养护，经常保持混凝土表面湿润，养护时间不少于 14 昼夜。

6303　预应力混凝土浇筑中应注意哪些环节?

(1)混凝土浇筑前，用人工及吹风机将模板内杂物清除干净，严禁用水冲洗。对支架、模板、钢筋和预埋件进行全面检查，同时对泵车、拌和站、罐车、发电机和振捣棒等机械设备进行检查，确保万无一失。

(2)混凝土浇筑应对称纵向中心线，先中心，后两侧对称浇筑。混凝土分层厚度为 30 cm，浇筑过程中，随时检查混凝土的坍落度。

(3)混凝土振捣采用插入式振动棒，移动间距不应超过振动棒作用半径的 1.5 倍，作用半径约为振动棒半径的 8～9 倍。箱梁顶板采用平板振动器和插入式振动棒配合振捣。

(4)振动棒振捣时与侧模保持 5～10 cm 的距离，避免振捣棒接触模板和预应力管道等。振捣上层混凝土时，振捣棒要插入下层混凝土 10 cm 左右。对每一振动部位振捣至混凝土停止下沉，不再冒气泡，表面平坦、泛浆为止，避免漏振或过振，每一处振完后应徐徐提出振动棒。

(5)在混凝土浇筑过程中安排专人跟踪检查支架和模板的情况，模板若出现漏浆现象，要用海绵条进行填塞。在浇筑混凝土前，在 $L/2$、$L/4$ 截面位置的底模板下挂垂线，每截面分左边、左中、中线、右中、右边设五道垂线。垂线下系钢筋棍，在地面对应位置埋设钢筋棍，在两根钢筋棍交错位置划上标记线，以此来观测混凝土浇筑过程中底板沉降情况，若发生异常情况，立即停止浇筑混凝土，查明原因后再继续施工。

(6)腹板混凝土浇筑时，腹板混凝土顶面标高应比设计标高高 1 cm 左右，用于将混凝土表面凿毛。

(7)浇筑箱梁顶板混凝土时，在 $L/2$、$L/4$ 墩顶等断面处，从内侧向外侧间距 5 m 布设钢筋棍，将钢筋棍焊在顶层钢筋上，使顶端标高为顶板标高，以此办法来控制顶板混凝土浇筑标高及横坡度。同时，用相同原理在箱梁范围外设置钢筋以检查顶板标高及横坡度。混凝土到现场后，先粗平，再用提浆棍滚压，使其表面出浆，便于抹面。提浆棍滚压后，紧跟着人工抹面，抹面时要架设木板，不得踩混凝土面，以免影响平整度。最后在混凝土接近终凝、表面无泌水时，进行二次抹面收光。

(8)在每跨箱梁顶板 1/4 处和 3/4 处开设人洞，人洞尺寸为 50 cm×60 cm。人洞开口处做成嘈口形式，箱梁内模拆除完毕后，浇筑人洞混凝土.

(9)混凝土收浆抹面后进行人工拉毛，采用钢丝刷横桥向拉毛，深度控制在 1～2 mm。要掌握好拉毛时间，早了带浆严重，影响平整度，晚了则拉毛深度不够，一般凭经验掌握，在混凝土表面用手指压时有轻微硬感时拉毛为宜。

(10)在浇筑箱梁顶板预留孔混凝土前，应清除箱内杂物，避免堵塞底板排水孔。主梁顶面预留孔四壁凿毛，填筑预留孔混凝土要振捣密实。

(11)混凝土养生采用土工布覆盖洒水养生，保证混凝土表面始终处于湿润状态，养生时间不少于 7 d。用于控制张拉、落架的混凝土强度试块放置在箱梁室内，同条件进行养生。养生期内，桥面严禁堆放材料。

(12)混凝土施工前要对梁底和梁顶泄水孔、通气孔、滴水槽、护拦钢筋等预留预埋件进行专项检查，确保不遗漏。

6304　采用支架法、移动模架法、现浇预应力梁时，对混凝土浇筑有哪些要求？

(1)采用支架法施工梁式桥，现浇施工时，梁体混凝土在顺桥向宜从低处向高处进行浇筑，在横桥向宜对称进行浇筑。混凝土浇筑过程中，应对支架的变形、位移、节点和卸架设备的压缩及支架地基的沉降等进行监测，如发现超过允许值的变形、变位，应及时采取措施予以处理。

(2)采用移动模架逐孔现浇施工时，首孔梁浇筑混凝土前，应做好施工前的各项准备工作，制订详细的施工方案、施工工艺、各项保障措施及应急预案。浇筑施工时，应对模架进行挠度监测，监测的数据及分析结果应作为修正模架预拱度的依据。首孔梁的混凝土在顺桥向宜从桥台(或过渡墩)开始向悬臂端进行浇筑，中间孔宜从悬臂端开始向已浇梁段推进浇筑，末孔宜从一联中最后一个墩位处向已浇梁段推进浇筑，最终与已浇梁段接合。梁体混凝土在横桥向应对称浇筑。连续梁逐孔现浇的纵向分段接缝位置应符合设计规定，设计未规定时，宜设在1/5跨的弯矩零点附近。

任一孔梁的混凝土浇筑施工完成后，内模中的侧向模板应在混凝土抗压强度达到2.5 MPa后，顶面模板应在混凝土抗压强度达到设计强度等级的75%后，方可拆除；外模架应在梁体建立预应力后方可卸落。

6305　装配式桥的混凝土施工应符合哪些规定？

(1)腹板底部为扩大断面的T形梁，应先浇筑扩大部分并振实后，再浇筑其上部腹板。

(2)U形梁可上下一次浇筑或分两次浇筑。一次浇筑时，宜先浇筑底板至底板承托顶面，待底板混凝土振实后再浇筑腹板；分两次浇筑时，宜先浇筑底板至底板承托顶面，按施工缝处理后，再浇筑腹板混凝土。

(3)小型构件宜在振动台上振动浇筑。混凝土砌块、小型盖板、路缘石等小型构件,可在移动式底模上浇筑。

(4)采用平卧重叠法支立模板、浇筑构件混凝土时,下层构件顶面应设临时隔离层;上层构件必须待下层构件混凝土强度达到5.0 MPa后方可浇筑。

(5)中小跨径的空心板浇筑混凝土时,对芯模应有防止上浮和偏位的可靠措施。

6306　悬臂浇筑施工应符合哪些规定?

(1)悬臂浇筑施工应对称、平衡进行,两端悬臂上荷载的实际不平衡偏差不得超过设计规定值;设计未规定时,不宜超过梁段重的1/4。悬臂梁段应全断面一次浇筑完成,并应从悬臂端开始,向已完成梁段推进分层浇筑。

(2)悬臂浇筑的施工过程控制宜遵循变形和内力双控的原则,且宜以变形控制为主。悬浇过程中梁体的中轴线允许偏差应控制在5 mm以内,高程允许偏差为±10 mm。

(3)挂篮前移时,宜在其后方设置控制其滑动的装置或在滑道上设置制动装置;前移就位后,应立即将后锚固点锁定,防止倾覆。

(4)当悬臂浇筑施工跨越铁路、公路、航道及其他建筑物时,应采取有效的安全施工防护措施。

6307　节段预制悬拼施工中,混凝土的浇筑应注意什么?

节段预制悬拼施工时,节段预制混凝土的浇筑应根据环境温度、水泥品种、外加剂、施工进度及对混凝土性能的要求等制订养护方案,总体养护时间不宜少于14 d,对节段的外立面混凝土宜采用喷湿或其他适宜的方式进行养护。节段的脱模时间应符合设计规定;设计未规定时,应在混凝土强度达到设计强度等级的75%后方可脱模并拆除。在脱模、拆除或移动节段时,应采取措施防止损伤节段混凝土的棱角和剪力键。

6308　顶推法施工桥梁的梁段混凝土浇筑应符合哪些规定？

(1)混凝土梁体在支座位置处的横隔板，宜在整联梁顶推到位并完成解联后再进行浇筑，振捣时应避免振动器碰撞预应力管道和预埋件等。

(2)梁段的工作缝表面应凿毛并清洗干净。若工作缝为多联连续梁的解联断面，宜设为干接缝并采用临时预应力束张拉使之连接紧密。干接缝的断面尺寸应准确，表面应平整，解联时应分开方便。

(3)对于顶推导梁连接的梁体端部的混凝土，应保证其振捣密实，不得出现空洞等缺陷。

第四节　施加预应力

6401　施加预应力的机具及设备有哪些要求？

(1)施加预应力所用的机具设备及仪表应由专人使用和管理，并应定期维护和校验。千斤顶与压力表应配套校验，以确定张拉力与压力表之间的关系曲线，校验应在经主管部门授权的法定计量技术机构定期进行。

(2)张拉机具设备应与锚具配套使用，并应在进场时进行检查和校验。对长期不使用的张拉机具设备，应在使用前进行全面校验。使用期间的校验期限应视机具设备的情况确定，当千斤顶使用超过 6 个月或 200 次或在使用过程中出现不正常现象或检修以后应重新校验。弹簧测力计的校验期限不宜超过 2 个月。

6402　先张法预应力筋的张拉操作时的施工要点有哪些？

(1)张拉过程中，应使活动横梁与固定横梁始终保持平行，并应抽查预应力筋的预应力值，其偏差的绝对值不得超过按一个构件全部力筋预应力总值的5％。

(2)预应力筋张拉完毕后，与设计位置的偏差不得大于5 mm，同时不得大于构件最短边长的4%。

(3)张拉时，同一构件内预应力钢丝、钢绞线的断丝数量不得超过1%，同时对于预应力钢筋不允许断筋。

(4)横梁须有足够的刚度，受力后挠度应不大于2 mm。

(5)应先张拉靠近台座截面重心的预应力钢筋，防止台座承受过大的偏心压力。

(6)在台座上铺放预应力筋时，应采取措施防止玷污预应力筋。

(7)用横梁整批张拉时，千斤顶应对称布置，防止活动横梁倾斜。

(8)张拉时，张拉方向与预应力钢材在一条直线上。

(9)紧锚塞时，用力不可过猛，以防预应力钢筋折断；拧紧螺母时，应注意压力表读数始终保持在控制张拉力处。

(10)台座两端应设置防护措施。张拉时，沿台座长度方向每隔4～5 m应放一防护架。工作人员不得站在台座两端或进入台座。

(11)当预应力钢筋张拉到控制张拉力后，宜停2～3 min再打紧夹具或拧紧螺母，此时，操作人员应站在侧面。

6403　后张法张拉时施工应注意哪些？

(1)张拉时，构件混凝土强度应符合设计要求；设计无要求时，不应低于设计强度等级值的75%。当块体拼装构件的竖缝采用砂浆接缝时，砂浆强度不低于15 MPa。

(2)对于夹片式锚具，上好的夹片应齐平，在张拉前并用钢管捣实。

(3)预应力筋的张拉顺序应符合设计要求，当设计未规定时，可采取分批、分段对称张拉。

(4)预应力筋张拉端的设置应符合设计要求，当设计无具体要求时，应符合：对于曲线预应力筋或长度大于等于25 m的直线预应力筋，宜在两端张拉；对长度小于25 m的直线预应力筋，可在一端张拉；曲线配筋的精轧螺纹钢筋应在两端张拉，直线配筋的精轧螺纹钢筋可在一端张拉；当同一截面中有多束一端张拉的预应力筋时，张拉端宜分别设置于构件的两端。应力筋采用两端张拉时，可先在一端张拉锚固后，再在另一端补足预应力值进行锚固。

(5)后张预应力筋断丝及滑丝不得超过规范规定的控制数。

(6)预应力筋在张拉控制应力达到稳定后方可锚固。预应力筋锚固后的外露长度不宜小于 300 mm，锚具应用封端混凝土保护。一般情况下，锚固完毕并经检验合格后即可切割端头多余的预应力筋，严禁用电弧焊切割，强调用砂轮机切割。一般防锈措施为砂浆封堵。

(7)张拉完后即封堵。完成后，即对外露多余钢绞线、钢筋进行切割，封堵的方法是用素灰将锚头封住，然后用塑料布将其裹住进行养护，以防止裂缝而使锚头漏浆、漏气，影响压浆质量。

(8)压浆应使用活塞式压浆泵，不得使用压缩空气。压浆的最大压力宜为 0.5～0.7 Pa；当孔道较长或采用一次压浆时，最大压力宜为 1.0 MPa。梁体竖向预应力筋孔道的压浆最大压力可控制在 0.3～0.4 MPa。压浆应达到孔道另一端饱满和出浆，并应达到排气孔排出与规定稠度相同的水泥浆为止。为保证管道中充满灰浆，关闭出浆口后，应保持不小于 0.5 MPa 的一个稳压期，该稳压期不宜少于 2 min。

(9)压浆后应从检查孔抽查压浆的密实情况，如有不实，应及时处理和纠正。压浆时，每一工作班应留取不少于 3 组的 70.7 mm×70.7 mm×70.7 mm 立方体试件，标准养护 28 d，检查其抗压强度，作为评定水泥浆质量的依据。

(10)对需封锚的锚具，压浆后应先将其周围冲洗干净并对梁端混凝土凿毛，然后设置钢筋网浇筑封锚混凝土。封锚混凝土的强度应符合设计规定，一般不宜低于构件混凝土强度等级值的 80%。必须严格控制封锚后的梁体长度。长期外露的锚具，应采取防锈措施。

(11)对后张预制构件，在管道压浆前不得安装就位，在压浆强度达到设计要求后方可移运和吊装。孔道压浆应填写施工记录。

6404 预应力施加时张拉应力应如何控制?

(1)预应力筋的张拉控制应力应符合设计要求。当施工中预应力筋需要超张拉或计入锚圈口预应力损失时,可比设计要求提高5%,但在任何情况下不得超过设计规定的最大张拉控制应力。

(2)预应力筋采用应力控制方法张拉时,应以伸长值进行校核,实际伸长值与理论伸长值的差值应符合设计要求,设计无规定时,实际伸长值与理论伸长值的差值应控制在6%以内,否则应暂停张拉,待查明原因并采取措施予以调整后,方可继续张拉。

(3)预应力筋张拉时,应先调整到初应力。伸长值应从初应力时开始量测。预应力筋的实际伸长值除量测的伸长值外,必须加上初应力以下的推算伸长值。

(4)必要时,应对锚圈口及孔道摩阻损失进行测定,张拉时予以调整。

(5)预应力筋的锚固,应在张拉控制应力处于稳定状态下进行。

6405 预应力张拉前应做哪些准备工作?

(1)对预应力施工人员进行上岗培训,可先作模拟练习。根据要求的初张拉应力、控制张拉应力、超张拉应力换算成油泵油表读数,并让操作人员熟悉。人员进行分工、分组、明确协作关系。

T梁张拉时要求混凝土养护7 d并在强度达到100%以上,纵向预应力采取两端同时张拉,同时观测张拉应力与伸长量,实行两项指标双控。

(2)张拉机具应与锚具配套使用,应在进场时进行检查及检验,千斤顶与压力表读数之间的关系曲线,所用压力表的精度不得低于1.5级,表盘直径不小于150 mm,应具有大致两倍于工作压力的满载能力,量测的压力荷载应不小于1/4,不大于3/4压力表的总刻度容量。检验千斤顶活塞的运行方向与实际张拉工作状态一致。当采用试验机校验时，宜以千斤顶试验机读数为准。

张拉机具由专人使用和管理，并经常维护，定期校验。张拉机具长期不使用时，应在使用前全面进行校验，使用时校验期限视千斤顶情况确定，一般使用超过 3 个月或 200 次，以及千斤顶在使用过程中出现过不正常现象时，应重新校验，弹簧测力计的校验期限不宜超过 2 个月。

(3)锚具和夹具的类型须符合设计规定和预应力钢材张拉的需要，锚固力不得低于预应力钢材标准抗拉强度的 90%。

锚夹具出厂需有质量证明书，并且是经部以上级别的技术鉴定和产品鉴定。

锚夹具进场时，分批进行外观检查，不得有裂纹、伤痕，锈蚀，尺寸不得超过允许偏差，对锚具的强度、硬度，锚固能力等，应根据供货情况进行复验。当质量证明书有问题时，应按有关规定进行检验，符合要求时方可使用。

6406　预应力施加的张拉程序是什么？

(1)当混凝土强度达到设计要求后，方可进行张拉。所有预应力梁的张拉应从两端同时进行。

(2)锚夹具应与锚垫板密贴接触，当锚夹具的位置与孔道中心线不垂直时，可在锚垫板下另加斜垫板，使接触面密贴。

(3)安装千斤顶时，将预应力钢束穿入千斤顶，锚环对中，并将张拉油缸伸出 2～4 cm，再在千斤顶尾部安上垫板及工具锚，将预应力钢材夹紧，为便于松开销夹片，工具锚环内壁可涂少量润滑油。

(4)顶压油缸处于回油状态，向张拉缸供油，开始张拉。同时注意工具锚，使夹片保持整齐，张拉至初应力时，作好标记，作为测量伸长值的起点。

(5)当钢束初始应力达到张拉控制应力的 10%～25%时，可在钢绞线上划一个记号，作为测量延伸率的参考点，并检查钢绞线有无滑动。按规定程序张拉至设计控制应力或换算油压值，测量钢束的伸长值，伸长量在误差范围方可锚固（如伸长量不足，可采用多次反复张拉，直至达设计值）。

(6)在保持张拉油缸调压阀开口度不变的情况下，向顶压油缸供油，直至需要的顶压力（一般为张拉力的60%以上）。在顶压过程中，如张拉油缸升压超过控制张拉应力时，应使张拉油缸适当降压。

(7)在保持继续向顶压油缸供油的情况下，使张拉油缸缓慢回油。

(8)打开顶压阀的回油缸，油泵停车，千斤顶借助其内部回程弹簧作用，顶压活塞自动回程，张拉锚固结束。

6407 预应力张拉时断丝、滑丝如何预防与处理？

张拉应先上后下，先中间后两侧进行，使梁体均衡对称受力，张拉中为避免滑丝，锚具、钢铰线表面不得有油污、泥砂、锈蚀，要求夹片洛氏硬度达到要求，若发生断丝及滑丝，每个断面不超过断面钢丝的1%，且不超过1根。滑丝时，超过1丝必须处理，可采用千斤顶单根补拉的方法。张拉中钢丝受力不均，夹片安装不整齐，油表失灵等都会造成断丝，因此要尽量避免这些情况出现。

6408 预应力施加完后钢绞线外露头切割有哪些要求？

(1)张拉完毕后24 h，经检查无滑丝现象即可切割钢绞线。

(2)张拉后外露预应力筋多余长度用砂轮切割机进行切割，切口位于夹片外侧约3～5 cm。

(3)切割时应注意保护两端锚具和周围钢丝，严禁用电弧切割钢绞线。

6409 张拉作业安全操作应注意哪些？

(1)安全阀调整至规定值后方可开始张拉作业。

(2)高压油泵与千斤顶之间所有接点，必须完好无损，并应将螺母拧紧。

(3)张拉时千斤顶伸压或降压速度应缓慢、均匀,两端张拉应力求同步,切忌突然加压或卸压。

(4)张拉过程中,千斤顶后方不得站人,测量伸长值或打楔时,人员应站在千斤顶的侧面。张拉完毕后,应稍等几分钟再拆卸张拉设备。

(5)张拉加力时,不得敲击和碰撞张拉设备。油压表要妥善保护避免受振。

(6)预应力筋的锚固应在控制张拉应力处于稳定状态下进行。

(7)张拉区应有明显的标志,禁止非作业人员进入。

6410 张拉设备使用前应有哪些技术保证?

张拉设备应与锚具配套使用,并应按照有关规范进行检验和标定。

(1)所有用于测力的压力表、测力计、传感器及其他装置读数应有误差±2%的精度。压力表盘直径不小于150 mm,应能直接读出千牛顿(KN)或换算出相应的测试力值;压力表应具有大致两倍于工作压力的满载能力,量测的压力荷载应不小于1/4、不大于3/4压力表的总刻度容量。

(2)所有用于预应力的张拉千斤顶与采用的预应力锚固体系一致,传感器要与标定的千斤顶相符。

(3)千斤顶与压力表应配套使用,在使用前应进行检测和标定,以确定张拉力与压力表读数关系曲线。

6411 预应力施加预应力应注意哪些问题?

预应力钢束管道位置必须按所给管道坐标精确定位,必须保证管道平顺,定位钢筋必须保证焊接牢固,定位钢筋间距为不大于0.5 m。

严格按照设计张拉程序进行张拉,对于横向预应力:在张拉前首先检查垫板与孔道轴线是否垂直,若有偏差须加斜垫板找正。为保证孔道中心、锚固中心一致，须在锚垫板上正确绘出锚圈的位置。加载过程宜均匀施加测出伸长值，并与理论值校核。持荷5 min后，将油压回至设计吨位，进行顶锚作业。对于竖向预应力：张拉时，清除垫板上的水泥残渣，将螺帽拧至底部，然后将千斤顶就位对中，前卡撑在垫板上。主缸进油至初应力，量油缸冲程，作为伸长量的初始读数，然后均匀加载至设计吨位，量取伸长值，并据此与理论值校核。持荷 5 min，补足吨位后，开始紧固螺帽，为保证紧固程度，采用铁撑在螺帽的缺口处，用手锤沿切线方向用力打紧的方法，防止回缩量超限，量油缸冲程，作为回缩量初值，然后回油至初应力，再量终值。得出缩量 E，然后回油至零，对于回缩量 E，要求小于 2 mm，伸长量控制标准为 −5%～+6%间。

所有预应力的的施加都必须在混凝土强度达到设计要求强度和龄期方可进行。张拉时先张拉长束后张拉短束。所有钢铰线的张拉要求张拉吨位与引伸量双控，以引伸量为主，引伸量允许误差在 6%以内，同一断面的断丝率不得大于 1%，且不允许整根钢铰线拉断。

三向预应力管道相碰时，保证纵向移动横竖向，用作后锚的竖筋不允许偏位，横竖向相碰时，保证竖向移动横向，但横向最大偏位不得大于 10 cm。

纵向预应力钢束在 T 梁横截面应保持两端同步对称张拉，横竖向预应力宜保持均衡张拉。

6412 预应力工程用千斤顶由哪些部件组成？常用的有哪些种类？

千斤顶工作系统主要由千斤顶及相应的油路和千斤顶指示器(压力表或数据采集系统)组成。千斤顶的工作原理是油泵对千斤顶供油，千斤顶对施力体施加作用力，通过与千斤顶连通的模拟式指示器(压力表)或数字式指示器(数据采集系统)直接或间接指示所施加的力值。千斤顶主要用于桩基工程和结构工程的力值控制。

液压千斤顶按其构造可分为台式(普通油压千斤顶)、穿心式、锥锚式和拉杆式。

6413 用标准测力计如何校验千斤顶?

立式稳固的门式框架或张力杆在最大负荷下应无明显的变形。应变式标准测力仪准确度应不低于0.5级。也可用水银压力计、测力环、弹簧拉力计等标准测力计校验千斤顶。测力仪的安装应保证其受力轴线和千斤顶的加力轴线相重合。千斤顶带有上承压垫。测力仪与千斤顶的接触面平滑,无锈蚀和杂物。校验的步骤如下:

(1)千斤顶就位

框架式检定。千斤顶安装调整成工作状态,将千斤顶安放在检定框架底座中间,与应变式标准测力仪串接。使千斤顶、应变式标准测力仪与检定框架对中,且符合加力条件的要求。千斤顶与应变式标准测力仪之间,可根据需要放置垫块,调整空间高度,使千斤顶活塞伸出量接近工作状态。

串接式检定。千斤顶与应变式标准测力仪串接在张拉杆上,调整三者在同一轴线后进行检定。

(2)校验千斤顶

启动油泵将千斤顶加荷到最大力值,预压两次。

开动油泵,千斤顶进油,活塞杆推出,顶测力计,加载速度小于3 kN/s。当千斤顶压力表达到一定读数 $P1$ 时,立即读出测力计相应的读数 $T1$,同样可得 $P2$、$T2$、;$P3$、$T3$;……,此时 $T1$、$T2$、$T3$、……,即为相应于压力表读数为 $P1$、$P2$、$P3$、……时的实际作用力。将测得的各值绘成曲线。实际使用时。即可由此曲线找出要求的 T 值和相应的 P 值。

从初始点开始,驱动千斤顶主动加压,按递增顺序施加力,直到额定力值后退回到初始点。示值检定时施加试验力应平稳,加到检定点前应缓慢施加,便于准确读数。重复测量3次。

(3)校正方程

校正方程是是根据数理统计理论计算,以力值为自变量,千斤顶指示器示值为函数的拟合方程,并不得外推使用。一般设拟合方程为 $P=A+BT$[其中,T 为荷载(kN),P 为油压表读数(MPa)],采用最小二乘法求得拟合系数 A、B 及相关系数 R。

校正系数是指千斤顶理论力值与输出力值之比。校正系数=油压表读数×油缸面积÷传感器读数平均值。

第五节 孔道压浆及封锚

6501 金属波纹管使用时应注意什么?

预应力混凝土用金属波纹管指以镀锌或小镀锌低碳钢带螺旋折叠咬口制成并用于后张法预应力混凝土结构构件中预留孔的金属管。预应力混凝土用金属波纹管按径向刚度分为标准型和增强型;按截面形状分为圆形与扁形;也可按每两个相邻折叠咬口之间凸起波纹的数量分双波、多波。

(1)金属波纹管端部毛刺极易伤手,搬运时宜戴手套防护。金属波纹管搬运时应轻拿轻放,不得投掷、抛甩或在地上拖拉,吊装工艺应确保金属波纹管不受损伤。

(2)金属波纹管装车时,车底应平整,上部不得堆放重物,端部不宜伸出车外,装车完毕后应用绳索缚牢,并用苫布遮严。

(3)金属波纹管在仓库内长期保管时,仓库应保持干燥,且应有防潮、通风措施。金属波纹管在室外的保管时间不宜过长,不得直接堆放在地面上,应堆放在枕木上并用苫布等覆盖,防止雨露的影响。金属波纹管的堆放高度不宜超过 3 m。

(4)现浇预应力工程中,宜选用镀锌金属波纹管;预制构件生产中,在确保金属波纹管不发生锈蚀的情况下,可采用非镀锌金属波纹管。

(5)在预应力混凝土工程中,当采用先穿束工艺时,可选用标准型金属波纹管,当采用后穿束工艺时,宜选用增强型金属波纹管。增强型金属波纹管也适用于建筑工程的竖向及特殊位置的成孔。

(6)金属波纹圆管连接管的直径应大于被连接管一个直径级别,其长度为4～5倍被连接管内径,且不应小于300 mm。

(7)金属波纹管应采用无齿锯切割,使用过程中严禁踩踏。

6502　塑料波纹管使用时应注意什么?

预应力混凝土桥梁用塑料波纹管是指以高密度聚乙烯树脂(HDPE)或聚丙烯(PP)为主要原料,经热熔挤出成型的预应力混凝土桥梁用塑料波纹管。塑料波纹管按截面形状可分为圆形和扁形两大类

(1)塑料波纹管搬运时,不得抛摔或在地面拖拉,运输时防止剧烈的撞击,以及油污和化学品污染。

(2)塑料波纹管应贮存在远离热源及油污和化学品污染源。室外堆放不可直接堆放在地面上,并应有遮盖物,避免曝晒。

(3)塑料波纹管存放地点应平整,堆放高度不超过2 m。

(4)塑料波纹管贮存期自生产之日起,一般不超过一年。

6503　预应力孔道材料有何要求?

在后张有黏结预应力混凝土结构中,张拉钢筋的孔道宜由浇筑在混凝土中的刚性或半刚性管道构成,刚性管道应具有光滑的内壁并可被弯曲成适当的形状而不出现卷曲或被压扁;半刚性管道应是波纹状的金属螺旋管。金属管道宜尽量采用镀锌材料制作。对一般工程,也可采取钢管抽芯、胶管抽芯及金属伸缩套管抽芯等方法进行预留。

6504　造成预应力孔道不畅通的原因有哪些?

(1)预应力孔道进水泥浆,造成预应力孔道堵塞;

(2)预应力孔道被压瘪,孔道变形严重;

(3)锚垫板与孔道连接处,孔道缩孔进浆;

(4)预应力孔道线型不顺,有急弯现象;

(5)预应力孔道鼓包。

6505 波纹管定位有哪些规定?

每根波纹管,沿管长方向设置定位钢筋和防崩钢筋。井字型定位钢筋每 50 cm 一道;防崩钢筋每 100 cm 一道,在钢束弯曲段加密为 30 cm 一道,所有定位钢筋和防崩钢筋均固定在梁体钢筋上。当预应力钢绞线或配套的锚具等与钢筋的位置发生冲突时,适当调整钢筋的间距,保证预应力筋位置正确。

6506 简述孔道压浆的工作原理。

在压浆之前,首先采用真空泵抽吸预应力孔道中的空气,使孔道内的真空度达到 80%以上,然后在孔道的另一端再用压浆机以大于 0.7 MPa 的正压力将水泥浆压入预应力孔道。由于孔道内只有极少的空气,很难形成气泡;同时,由于孔道与压浆机之间的正负压力差,大大提高孔道压浆的饱满度。在水泥浆中,减小水灰比,添加专用压浆剂,提高水泥浆的流动度,减小水泥浆的收缩。

6507 简述孔道压浆的工艺流程。

(1)在水泥浆出口及入口处接上密封阀门,将真空泵连接在非压浆端上,压浆泵连接在压浆端上,以串联的方式将负压容器、三向阀门和锚具盖帽连接起来,其中锚具盖帽和阀门之间用一段透明的喉管连接。

(2)在压浆前关闭所有排气阀门(连接至真空泵的除外),并启动真空泵 10 min,显示出真空负压力的生产,应能达到负压力 0.1 MPa。如未能满足此数据则表示波纹管未能完全封闭。需在继续压浆前进行检查及更正工作。

(3)在保持真空泵运作的同时,开始往压浆端的水泥浆入口压浆,注意在压浆过程中真空压力将会下降(约 0.03 MPa)。从透明的软管中观察水泥浆是否已添满波纹管。继续压浆直至水泥浆达到安装在负压容器上方的三相阀门。

(4)操作阀门以隔离真空泵及水泥浆,将水泥浆导向废浆桶的方向,继续压浆直至所溢出的水泥浆形成流畅及一致性,没有不规则的摆动。

(5)关闭真空泵,关闭设在压浆泵出浆处的阀门。

(6)将设在压浆盖帽排气孔上的小盖打开,打开压浆泵出浆处的阀门直至所溢出的水泥浆形状均匀。在压浆盖帽的排气管上安装小盖,并保持压力 0.4 MPa 下继续压浆半分钟。

(7)关闭设在压浆泵出浆处的筏门,关闭压浆泵。

6508　孔道压浆有哪些规定?

(1)预应力筋张拉锚固后,孔道应尽早压浆,且应在 48 h 内完成,否则应采取避免预应力筋锈蚀的措施。

(2)应在工地试验室对压浆材料加水进行试配,各种材料的称量(均以质量计)应精确到±1%。经试配的浆液其各项性能指标均应满足要求后方可用于正式压浆。

(3)应对孔道进行清洁处理。对抽芯成型的孔道应冲洗干净并应使孔壁完全湿润;金属和塑料管道在必要时亦应冲洗清除附着于孔道内壁的有害材料。对孔道内可能存在的油污等,可采用已知对预应力筋和管道无腐蚀作用的中性洗涤剂或皂液,用水稀释后进行冲洗;冲洗后,应使用不含油的压缩空气将孔道内的所有积水吹出。

(4)应对压浆设备进行清洗,清洗后的设备内不应有残渣和积水。

6509　真空压浆需要哪些设备?对设备有什么要求?

(1)搅拌机的转速应不低于 1 000 r/min,搅拌叶的形状应与转速相匹配,其叶片的线速度不宜小于 10 m/s,最高线速度宜限制在 20 m/s 以内,且应能满足在规定的时间内搅拌均匀的要求。

(2)用于临时储存浆液的储料罐亦应具有搅拌功能,且应设置不大于 3 mm 的过滤网。

(3)压浆机应采用活塞式可连续作业的压浆泵，其压力表的最小分度值应不大于 0.1 MPa，最大量程应使实际工作压力在其 25%～75%的量程范围内。

(4)真空辅助压浆工艺中采用的真空泵应能达到 0.10 MPa 的负压力。

6510 孔道压浆的浆液有什么要求?

后张预应力孔道宜采用专用压浆料或专用压浆剂配制的浆液进行压浆。所用原材料应符合下列规定：

(1)水泥应采用性能稳定、强度等级不低于 42.5 的低碱硅酸盐或低碱普通硅酸盐水泥，水泥的性能要求应符合规定要求。

(2)外加剂应与水泥具有良好的相容性，且不得含有氯盐、亚硝酸盐或其他对预应力筋有腐蚀作用的成分。减水剂应采用高效减水剂，且应满足现行国家标准《混凝土外加剂》(GB 8076)中高效减水剂一等品的要求，其减水率应不小于 20%。

(3)矿物掺合料的品种宜为Ⅰ级粉煤灰、磨细矿渣粉或硅灰，并应符合规定要求。

(4)水不应含有对预应力筋或水泥有害的成分，每升水中不得含有 350 mg 以上的氯化物离子或任何一种其他有机物，宜采用符合国家卫生标准的清洁饮用水。

(5)膨胀剂宜采用钙矾石系或复合型膨胀剂，不得采用以铝粉为膨胀源的膨胀剂或总碱量 0.75%以上的高碱膨胀剂。

(6)压浆材料中的氯离子含量不应超过胶凝材料总量的 0.06%，比表面积应大于 350 m^2/kg，三氧化硫含量不应超过 6.0%。

采用压浆材料配置的浆液，其性能应符合表 6-1 规定。

6511 孔道压浆时应注意哪些问题?

(1)预应力筋张拉完毕后，经检查签证后才能进行压浆，张拉完毕之后应尽快进行压浆，其间隔时间不得超过 48 h。

表 6-1 后张预应力孔道压浆浆液性能指标

项目		性能指标	检验试验方法标准
水胶比		0.26～0.28	《水泥标准稠度用水量、凝结时间、安定性检验方法》
凝结时间(h)	初凝	≥5	
	终凝	≤24	
流动度(25 ℃)(s)	初始流动度	10～17	2011 版《公路桥涵施工技术规范》附录 C3
	30 min 流动度	10～20	
	60 min 流动度	10～25	
泌水率(%)	24 h 自由泌水率	0	2011 版《公路桥涵施工技术规范》附录 C4
	3 h 钢丝间泌水率	0	2011 版《公路桥涵施工技术规范》附录 C5
压力泌水率(%)	0.22 MPa(孔道垂直高度≤1.8 m 时)	≤2.0	2011 版《公路桥涵施工技术规范》附录 C6
	0.36 MPa(孔道垂直高度>1.8 m 时)		
自由膨胀率(%)	3 h	0～2	2011 版《公路桥涵施工技术规范》附录 C4
	24 h	0～3	
充盈度		合格	2011 版《公路桥涵施工技术规范》附录 C7

续上表

项目		性能指标	检验试验方法标准
抗压强度(MPa)	3 d	≥20	《水泥胶砂强度检验方法(ISO法)》(GB/T D17671)
	7 d	≥40	
	28 d	≥50	
抗折强度(MPa)	3 d	≥5	
	7 d	≥6	
	28 d	≥10	
对钢筋的锈蚀作用		无锈蚀	《混凝土外加剂》(GB 8076)

注:1. 有抗冻性要求时,宜在压浆材料中掺用适量引气剂,且含气量宜为1%～3%。

2. 有抗渗性要求时,抗氯离子渗透的28 d电量指标宜小于或等于1 500C。

(2)压浆时，对曲线孔道和竖向孔道应从最低点的压浆孔压人；对结构或构件中以上下分层设置的孔道应按先下层后上层的顺序进行压浆。同一管道的压浆应连续进行，一次完成。压浆应缓慢、均匀地进行，不得中断，并应将所有最高点的排气孔依次一一打开和关闭，使孔道内排气通畅。

(3)浆液自拌制完成至压入孔道的延续时间不宜超过40 min，且在使用前和压注过程中应连续搅拌，对因延迟使用所致流动度降低的水泥浆，不得通过额外加水增加其流动度。

(4)对水平或曲线孔道，压浆的压力宜为 0.5～0.7 MPa；对超长孔道，最大压力不宜超过 1.0 MPa，对竖向孔道，压浆的压力宜为 0.3～0.4 MPa。压浆的充盈度应达到孔道另一端饱满且排气孔排出与规定流动度相同的水泥浆为止，关闭出浆口后，宜保持一个不小于 0.5 MPa 的稳压期，稳压时间应在 3～5 min。

(5)压浆时，每一工作班应留取不少于 3 组试样(每组为 3 个 70.7 mm×70.7 mm×70.7 mm 立方体试件)，标准养生 28 d，检查其抗压强度作为水泥浆质量的评定依据。

(6)当气温或构件温度低于 5℃或高于 35℃时，不得进行压浆。如应特殊情况，事先需上报针对性方案，并经监理同意后方可实施。

(7)压满浆的管道应进行保护，使在 1 d 内不受振动，管道内水泥浆在注入后 48 h 内，结构混凝土温度不得低于 5℃，否则应采取保温措施。在压浆后两天，应检查注入端及出气孔的水泥浆密实情况，需要时进行处理。

(8)同一孔道压浆应一次完成，不得中途停压，因故中途停压不能连续一次压满时，应立即用压力水冲干净，研究处理后再压浆。

6512　真空组件使用注意事项有哪些？

(1)与注浆孔道连接时，连接处必须扎紧不漏气。

(2)起动前应先将进水阀打开，打开后应立即起动真空泵。

(3)水压在$1\times10^5\sim1.5\times10^5$ Pa时，可将水阀开足；如果水压较高，可调整进水阀来控制进水量。补充水用量要控制合理，大小会降低性能，太大不但要降低性能，还会使电机过载。

(4)连接完成，可对孔道进行试抽真空，当孔道内真空度能稳定保持在−0.08 MPa左右时，可进行压浆，如不行则要检查孔道的密封情况。

(5)压浆时，从透明胶管观察到浆液即将进入负压容器内时，立即关闭气泵阀门和真空泵，打开排浆阀门，让浆液流出孔道，出浆中与浆中浆液浓度一致时，依次关闭出浆口阀门、压浆口阀门、压浆泵，使孔道内维持正压力一段时间。

(6)每次注浆完毕，应对管道和阀门进行清洗，如有浆液进入负压容器，还应打开负压容器端部的压盖进行清理。

(7)如果长时间停机不用或冬天停机后，应将真空泵内积水放完。

(8)较长时间停机后，再起动前，应将电动机防护罩拆去，用手转动电动机风扇叶，使之灵活转动后方可起动。

(9)运转中如发现真空泵连接座下面方孔中有水漏出，说明机械密封泄漏，少量泄漏不影响性能，可继续使用，较严重漏水应停机修理。

6513 封锚有哪两种方式？

一种是采用专用的保护罩封锚。安装前将锚垫板表面清理，保证平整，在保护罩底面和橡胶密封圈表面均匀涂上一层玻璃胶，装上橡胶密封圈，将保护罩与锚垫板上的安装孔对正，用螺栓拧紧，注意将排气口朝正上方。在灌浆后10 h左右拆除。

另一种方法是用无收缩水泥砂浆封锚。砂浆必须将锚板及夹片、外露钢绞线全部包裹，覆盖层厚度大于15 mm。

第七章　混凝土梁桥施工

第一节　支架现浇

7101　支架现浇梁的基本施工工艺流程是什么？

施工准备→地基处理→支架位置放线→支架搭设→支架校验调整→铺设纵横方木→支架预压→安装支座→安装底模板、侧模板→底模板调平→支架及底模调整→绑扎底板、侧板钢筋→安装波纹管→自检、报检→第一次混凝土灌注→安装内模板→安装端模板→绑扎顶板钢筋→自检、报检→第二次混凝土灌注→混凝土养护→拆除边模和内模板→预应力张拉→压浆、封堵端头→养护→拆除底模板和支架→桥面铺装防水层及保护层→桥面系安装

7102　支架的设计应包含哪三部分？应验算哪些内容？强度安全系数和稳定性安全系数一般为多大？

支架工程设计分为：基础工程、支架、纵梁三个部分。要进行基底承载力、强度、刚度、挠度和稳定性检算，计算时除考虑梁体混凝土重量外，还需考虑模板及支架重量，施工荷载（人、料、机等），作用模板、支架上的风力，及其他可能产生的荷载（如雪荷载，保证设施荷载）等。从而确定基础的形式、杆件的间距、数量和预留起拱度。支架强度安全系数大于1.4，稳定性安全系数大于1.5。

7103　简述支架安装的基本步骤。

(1)支架基础施工

支架现浇梁施工前，先对施工现场进行场地平整，对搭设支架的场地进行加固处理，一般采用20 cm石灰土或砂粒垫层＋10 cm低强度混凝土以确保地基承载力达到满布荷载的要求，使梁体混

凝土浇筑后不产生沉降。

(2)碗扣支架搭设

支架纵、横桥向间距、竖向间距应满足设计要求。为了保证支架稳定性,在纵桥向每 4～5 排支架间加设一排剪刀撑。剪刀撑与水平线的夹角为 45°。

(3)支架立杆位置放样

为了便于控制标高,立杆布置以设计中心线或结构物中心线为准,左右对称布置,放样时以“两线”(即设计中心线或结构物中心线)为控制线,以计算或设计宽度(长度)来确定立杆纵、横向位置。

(4)布设立杆槽钢

根据立杆位置布设立杆枕木,注意将其放置平整、牢固,并使立杆处于枕木中心。保证地基的受压面积,底部不得有悬空现象。

(5)支架底座标高控制

为保证横杆水平,控制好立杆顶标高,使立杆、横杆能顺利连接,需认真调节好槽钢上的支架底座标高。方法是纵桥向每 6 根立杆为一个断面,横向设左、中、右三个控制点拉线控制,调出每个底座的伸出量。

(6)安装立杆、横杆

根据立杆及横杆的设计组合,从底部向顶部依次安装立杆、横杆。安装时应保证立杆处于槽钢轴线,挂线调整底托的伸长量,使其保持在同一线上,便于横杆的安装。一般先全部装完一个作业面的底部立杆及部分横杆,再逐层往上安装,同时安装所有横杆。

(7)斜杆安装

为了保证支架的稳定性,必须按设计要求安装斜撑杆,斜撑采用 ϕ48 mm 的钢管,通过扣件与碗扣支架连接,安装时尽量布置在框架结点上。

(8)顶托安装

为便于在支架上作业安全省时,可根据计算在地面上大致调好顶托伸出量,再运至支架顶安装。

(9)安装纵、横梁

顶托标高调整完毕后，即可安装纵、横梁，纵梁采用材质应符合设计要求。

7104　如何进行支架的堆载预压？

支架搭设好后，进行预加载试压，以检查支架的承载能力，减小和消除支架的非弹性变形和地基不均匀沉降，从而确保混凝土梁的浇筑质量。

(1)加载材料可使用砂袋、混凝土预制块等，试压的最大加载为设计荷载的 1.2 倍。加载顺序为从支座向跨中依次进行。预压分两级进行，第一级荷载控制在总荷载的 2/3 左右。第一次加载后，荷载维持 1 d 进行观测，第二天，进行最后一级荷载加载。最后一级维持时间根据预压沉降观测值确定，每隔 12 h 测一次，直至 24 h 内排架变形量不超过设计要求的变形量即可卸载。预压过程中应对支架沉降进行连续观测。

(2)观测点设置：每跨布置三点(三点分布在箱梁的中间以及两侧 1/4 跨径处)。

(3)沉降观测频率：

1)每级荷载添加前观测一次；

2)每级荷载添加完毕观测一次；

3)荷载的全部已加上后第一天 4 h 观测一次，其余每天至少观测一次；

4)卸载前观测一次；

5)卸载后观测一次。

(4)观测注意事项：

1)观测频率和时间按上述规定外，可根据实际情况适当增加。

2)箱梁浇筑前在底板位置与预压对应位置设置观测点，观测混凝土施工过程中的支架沉降。

3)每次观测得到的数据认真记录在沉降量观测专用表格内。

7105 支架法施工时，模板安装应注意哪些问题？

模板的安装要结合钢筋及预应力管道的埋设依次进行。

(1)安装前检查：板面是否平整、光洁、有无凹凸变形及残余粘浆，模板接口处要清除干净；所有模板连接端部和底脚有无碰撞而造成影响使用的缺陷或变形，模板焊缝处是否有开裂破损，如有均要及时补焊、整修。

(2)铺设底模：采用人工为主机械配合的方式施工。底模板安装前要考虑支架的预留拱度的设置调整、加载预压试验及支座板的安装。

(3)侧模安装：先使侧模滑移或吊装到位，与底模板的相对位置对准，用顶压杆调整好侧模垂直度，并与端模连接好。侧模安装完后，用螺栓连接稳固，并上好全部拉杆。调整其他紧固件后检查整体模板的长、宽、高尺寸及平整度等，并做好记录。不符合规定者，要及时调整。

(4)内模安装：内模安装要根据模板结构确定，当内模为拼装式结构时，可采用吊装方式安装内模。内模安装完后，严格检查各部位尺寸是否正确。

(5)端模安装：将胶管或波纹管逐根插入端模各自的孔内后，进行端模安装就位。安装过程中逐根检查是否处于设计位置。端模安装要做到位置准确，连接紧密，侧模与底模接缝密贴且不漏浆。

安装模板时要注意预埋件的安装，严格按设计图纸施工，确保每孔梁上预埋件位置准确无误，无遗漏。

7106 支架施工应采取哪些安全措施？

(1)禁止任意改变构架结构及其尺寸；

(2)禁止架体倾斜或连接点松弛；

(3)禁止不按规定的程序和要求进行搭设和拆除作业；

(4)搭拆作业中应采取安全防护措施，设置防护和使用防护用品；

(5)禁止随意增加上架的人员和材料，引起超载；

(6)禁止在架面上任意采取加高措施，增加荷载或加高部分无可靠固定，防护设施也未相应加高；

(7)不得将模板支架、缆风绳、泵送混凝土输送管等固定在支架上，严禁悬挂起重设备；

(8)不得在架上搬运重物；

(9)不得在 6 级以上大风、雷雨和雪天下继续施工；

(10)脚手架长期搁置以后未作检查的情况下不得重新使用。

7107　支架法施工时现浇梁体浇筑应注意哪些问题?

梁体混凝土浇筑分为底板浇筑一次，腹板和顶板浇筑一次，共 2 次浇筑。

现浇梁施工必须保证保护层强度和布置密度，钢筋加工和安装要准确，顶面高程要严格控制。混凝土浇筑是要有低向高处进行，注意对称浇筑。在施工过程中应派专人负责支架和模板的变形及沉降观测，发现问题及时处理。现浇梁的浇筑最好安排在白天进行。现浇梁的养护设备和设施必须事先准备妥当，制定详细的养护方案，确保梁体的混凝土质量。其他要求和施工方法与预制箱梁相同。

7108　混凝土浇筑时应采取哪些安全措施?

(1)施工前，必须搭设好脚手架及作业平台，墩身高度在 2～10 m 时，平台外侧应设 1.3 m 的栏杆及上下扶梯。10 m 以上时，应加设安全网。

(2)在箱梁上施工，应遵守高处作业有关规定和施工组织设计的要求。

(3)箱梁上应根据测算规定人员荷载和堆放材料的限量标准。材料要均匀摆放，不得多人聚集一处。操作平台的水平度、倾斜度应经常检查，发现问题应及时采取措施。

(4)夜间施工应有足够的照明，在人员上下及运输过道处，均应设置固定的照明设施。

(5)主要机具、电器、运输设备等，应定机定人，严格执行交接班制度。接班时必须对机具检查一次，并做好记录。

第二节　移动模架现浇

7201　什么是移动模架造桥机？其工作原理和特点是什么？

移动模架造桥机是一种自带模板，利用承台或墩柱作为支承，对桥梁进行现场浇筑的施工机械。移动模架造桥机分上承式和下承式，主要由：支腿机构、支承桁梁、内外模板、主梁提升机构等组成。可完成由移动支架到浇筑成型等一系列施工。

工作原理：主梁在支承油缸及托辊轮箱的支撑轮作用下，可实现升降及纵移动作；底模架及底模板在液压油缸开启机构的作用下完成底模架、底模板的横移开启及闭合的动作；模架通过挑梁、吊臂及吊杆悬挂在主箱梁底面，利用每组吊臂和侧模架之间的可调螺栓调节模板的预拱度，按设计要求调整梁底的线型、高程。

主要特点：

(1)适于高墩、多跨、中等跨径(30～50 m)现浇的等截面梁桥，弯桥和坡桥也可采用。

(2)施工速度快，节省劳动力，劳动强度低，占用场地少；施工作业周期进行，不受气候和外界因素干扰。便于工程管理，提高工程质量，加快施工速度。

(3)施工中不影响通行、通航。

(4)高度机械化，模板、钢筋、混凝土和张拉工艺等整套工序均可在模架内完成。模板可多次循环使用。

(5)适用于单梁箱、双梁箱、双 T 梁、槽型梁等各种断面的桥梁施工

(6)整套设备投资较大。为提高设备使用效率，必须解决好装配化和科学管理的问题。

7202 移动悬吊桁梁模架的支撑体系由什么构成？如何安装？

(1)支承体系是用来支承桁梁平台,支承体系由横梁、斜撑杆、抱箍、支承键四部分组成,斜撑由抱箍与支承键共同支承固定,抱箍与支承键为斜撑提供反力支承,减小横梁的弯距。

(2)支撑体系安装设备。用 4 台四轮滑车将横梁及附挂在桁梁上的支撑键、抱箍、斜杆座、牛腿斜撑、平联等整体吊装。即在桥墩顶面利用预埋的 ϕ32 精轧螺纹钢筋作锚筋,一个圆柱固定一根悬臂吊杆,每根悬臂吊杆上挂一个 4 轮滑车,用卷扬机牵引起吊。

(3)支撑体系的安装就位:

1)上下支撑键的安装

两片体系吊装提升到较横梁安装位置高出约 0.5 m 后,先安装下支承健,再安装抱箍,然后安装上支承键。安装支承键时,用上葫芦吊住支承键将其向预埋键盒内插入,并穿精轧螺纹钢筋,张拉精轧螺纹粗钢筋(每根 ϕ32 精轧螺纹钢筋的张拉力为 400 kN,每个支承键有 4 根精轧螺纹钢筋),

2)抱箍的安装

在下支承键安装完毕后,即可安装抱箍,抱箍用挂在体系上的上葫芦及两侧葫芦安装,其中上葫芦吊住抱箍中间的上内口,两个侧葫芦吊住抱箍两侧的角点并向上提升便其转动 90°抱住墩柱,并置于下支承键上。抱箍就位时应保证两个半抱箍的中点连钱应与两圆柱中心连线垂直,可通过两柱的抱箍上平板中心连线及其对角连线量测控制。抱箍连接均用高强度螺栓。

7203 移动悬吊桁梁模架的承重桁梁由什么组成？如何组装？

承重桁梁由收折式纵桁梁,横向联系组成。收折式纵桁梁由水平桁梁及承重杆系组成,水平桁梁为拼装桁架结构,由长 3 m 的贝雷桁片拼装而成的矩形桁架;平台承重杆系因跨径而异,31.5 m及其以下跨径为倒三角形,31.5 m 以上跨径为倒梯形。标准桥宽有 6 组收折式纵桁梁,每组纵桁梁均由 3 片纵向桁片组成一组，纵桁梁间由横向桁片联成整体平台。纵桁梁支承于前后两个墩柱的支承体系上，纵桁梁前后设有导梁满足平台转跨行走。

平台按第一次浇筑时的布置组装，承重杆系按照收折状态组装。各组桁梁先三跨通装为一列，纵向就位后再拆除接头处的连接销子成三段。

7204 移动悬吊桁梁模架的模板如何调整？预拱度如何设置？

模架合模后，要调整各支点处模板的纵向标高，使模板处于浇筑混凝土时的正确位置，与此同时设置好预拱度。预拱度设置由可调钢管顶托来完成，预拱度值由模架自身挠度和连续箱梁预拱度两部分组成。

(1)移动模架系统挠度值的组成

理论预拱度是整个移动模架系统的理论挠度值与设计预应力张拉反拱值综合计算而得主要由三部分组成：

1)碗扣支架和桁梁自重产生的弹性、非弹性变形的挠度值。

2)混凝土自重产生的挠度值。

3)预应力钢束张拉产生的反拱值(支点间按二次抛物线计算)。曲线方程如下：

$$y=\frac{4f_{拱}\ x(L-x)}{L^2}$$

式中 L——表示跨长；

$f_{拱}$——表示梁段最大矢高。

另外，还要考虑混凝土的收缩、徐变以及路面层及桥面附属设施等后期施加的永久荷载对挠度值的影响。

(2)立模标高的确定

$$H_i=H_{设计}+\delta_{支架}+\delta_{施工荷载}+\delta_{使用荷载预拱值}+\delta_{其他}-\delta_{理论预应力}$$

式中 H_i——立模标高；

$H_{设计}$——模板设计标高；

$\delta_{支架}$——支架在现浇梁、模板及支架自重作用下的弹性变形，$\delta_{支架}=H_2-H_3+H_1$；(其中：H_1 为桁梁在自重下的位移；H_2 为桁梁加载后的最终位移；H_3 为桁梁卸载后的位移）；

$\delta_{施工荷载}$——移动支架对已浇梁作用的变形，由设计提供；

$\delta_{使用荷载预拱值}$——汽车＋其他活载作用下的变形；

$\delta_{其他}$——包含施工过程温度变化、支架非弹性变形、牛腿、小车沉降值、移动模架C梁吊带伸长（C形梁安装后，进行第二跨浇筑时，要计算吊带的伸长值）等；

$\delta_{理论预应力}$——预应力张拉产生的变形。

（3）立模标高的控制

1）根据平、竖曲线复核设计标高；

2）按照纵向6 m节点计算各跨细部底模标高（梁底横向有坡度者同理计算）；

3）计算上一项标高点对应的预拱度值，叠加到该点设计标高上即为该点立模标高。

7205 移动悬吊桁梁模架如何进行预压试验？

在初次使用该类移动模架时，应科学严格的进行预压试验，以便将试验数据与计算值进行对比，确定弹性变形是否与计算相符，同时取得非弹性变形数据指导后续梁跨施工预拱度设置。

在底腹板铺设完成后，进行预压。预压采用堆码沙袋法分级加载，分别按照计算重量的30％、60％、90％、120％实施，并在跨中、四分之一跨、梁端设置观测点进行观测，按规范准确获得预压试验数据。

7206 移动悬吊桁梁模架如何落模？

在已完梁的纵向预应力钢束张拉完成后，拆除移动平台上的满堂支架；在各组桁梁的中间一根砂筒座梁上安置千斤顶将平台顶起一定距离（约2 cm），前后墩在对应的砂筒座上放置纵向行走小车轨道及行走小车；随即放置桁梁横向滑行轨道后，千斤顶下落将桁梁置于滑行轨道上；将各组桁梁之间的横向联系桁片水平转动收折并附着于桁梁上，同时拆除各组桁梁的承重杆系的竖杆之间的剪刀撑联系杆及竖杆上的联系支撑架，将承重杆系向上收折。

7207 移动悬吊桁梁模架如何转跨就位？

平台转跨推进行走系统由行走车与牵引装置两部分组成。行走车置于墩柱横梁顶部，其纵向滚轮支承纵桁梁，使纵桁梁可纵向行走，行走车自身可横向行走，从而实现平台双向行走。

纵向行走前，先将各组桁梁在滑行轨道上横移使曲线上的前、中、后三跨桁梁列成直线，将前跨桁梁后端用销子将前跨桁梁与中跨桁梁连接成连续桁梁；同时，在中跨桁梁与后跨桁梁之间安装可竖直与水平转向的转向接头，以满足曲线上3跨桁梁同步前移的需要。

纵向行走到位后，拆除第一、第二跨墩顶连接销子及第二、三跨之间的转向接头与水平过渡件，将桁梁分解为三跨；然后将各跨桁梁横向就位后，千斤顶起顶，将横梁落在支撑体系上；平台准确就位后打开水平转动桁片并安装转动桁片的传力螺栓，安装竖杆组之间的联杆系，安装倒三角或倒梯形承重杆系；在平台上搭设满堂支架，支立模板，完成平台转跨。

7208 移动模架造桥机使用时应注意哪些安全事项？

(1)遇8级以上风力，停止混凝土浇筑；风力大于6级时造桥机不得过孔施工，各构件应处于锁定牢固状态；

(2)前后支腿工作时，必须将底面与墩顶和梁面预埋件锚固锁定，并指定专人检查确认无误后，方可进入下一工序；

(3)所有钢筋绑扎完毕后，应指派专人重新对所有吊杆的连接状态予以复检、拧紧，并检查钢筋绑扎完毕后各吊杆的标高值，与理论计算值间偏差值应控制在±3 mm以内为准，也可以根据现场实际情况酌情调整；

(4)混凝土浇筑顺序尽量由前端向后端施工，并保证左右两侧腹板及翼缘混凝土对称下料，偏载不大于5%，以保证主梁结构受力均匀，变形一致；

(5)外侧模架的开启顺序应严格按照操作规程办理,以免损失模架的外形尺寸,造成残余变形;

(6)造桥机主机纵移时,两侧的纵移油缸操作要同步进行,并溜丝保险;

(7)造桥机主机纵移时,在启动卷扬机前,必须指派专人检查并确认钢丝绳处于张紧状态,当前支腿到达前方墩顶后,应指派专人检查前支腿横梁与墩顶立柱的连接状态,确认无误后主梁方可继续纵移;

(8)只要前支腿或后支腿纵移到位,应尽快解除牵引器与支腿间的连接,以防主机纵移将卷扬机钢丝绳崩断发生事故。

7209　简述移动模架现浇施工控制要点。

(1)托架拼装前,准确测量承台顶面或墩身预留孔标高,标高不符合要求时采用钢板支垫,保证拼装完成后各托架顶面标高一致。

(2)托架与墩身抱紧前,用钢尺量测托架模梁内侧与墩身顶紧螺旋顶伸出长度,以保证托架与墩身抱紧后托架横梁顶面水平。

(3)移动模架整体纵移到位后,用千斤顶精确调整模架纵、横向位置。

(4)移动模架顶升到位后,测量模架底板四角标高,利用支承主千斤顶微调,使底模四角标高符合要求。

(5)用水准仪测量底模1/4、跨中、3/4断面标高,通过底模架螺旋千斤顶调整底模标高,设置预拱度。

第三节　悬臂浇筑

7301　用于悬臂浇筑施工的挂篮,由哪些部分构成?可分为哪些种类?使用时其结构除应满足强度、刚度和稳定性要求外,尚应符合哪些规定?

挂篮是利用已浇筑的箱梁段,作为支撑点,通过桁架等主梁系统、底模系统，人为创造一个工作平台。是悬浇箱梁的主要设备。挂篮由主桁架、锚固、平衡系统及吊杆、纵横梁等部分组成。

按结构形式可分为桁架式、三角斜拉带式、预应力束斜拉式、斜拉自锚式；按行走方式可分为滑移式和滚动式；按平衡方式可分为压重式和自锚式。

挂篮的使用应符合下列规定：

(1)挂篮与悬浇梁段混凝土的重量比不宜大于 0.5，且挂篮的总重应控制在设计规定的限重之内。

(2)挂篮的最大变形(包括吊带变形的总和)应不大于 20 mm。

(3)挂篮在浇筑混凝土状态和行走时的抗倾覆安全系数、自锚固系统的安全系数、斜拉水平限位系统的安全系数及上水平限位的安全系数均不应小于 2。

(4)挂篮的支承平台应有足够的平面尺寸，应能满足梁段现场施工作业的需要。

(5)挂篮模板的制作与安装应准确、牢固，安装误差应符合规范的规定。后吊杆和下限位拉杆孔道应严格按设计尺寸准确预留。

(6)挂篮制作加工完成后应进行试拼装。挂篮在现场组拼后，应全面检查其安装质量，并应进行模拟荷载试验，符合挂篮设计要求后方可正式投入使用。

7302 悬臂浇筑应做好哪些施工准备？

(1)挂篮设计及加工：对具体工程，应根据梁段分段情况，根据对挂篮重量的要求承受荷载及施工经验对挂篮进行认真详细的设计。由工厂或现场根据挂篮设计图纸精心加工而成。

(2)对于 0 号、1 号块，挂篮没有支撑点或支撑长度不够。需采用其他方式浇筑。一般采用扇形托架浇筑。扇形托架可用万能杆件、贝雷片或其他装配杆件组成，托架可支撑在桥墩基础承台上或墩身上。托架除须满足承重强度要求外，还须具有一定的刚度，各连续点应连接紧密，螺栓旋紧，以减少变形，防止梁段下沉和裂缝。

(3)临时固结：对于连续箱梁，梁与墩未固结在一起，施工时，两侧悬浇施工难以保持绝对平衡，必须在施工中采取临时固结措施，使梁具有抗弯能力。临时固结一般采用在支座两侧临时加预应力筋，梁和墩顶之间浇筑临时混凝土垫块。将梁固结在桥墩上，使梁具有一定的抗弯能力。在条件成熟时，再采用静态破碎方法解除固结。

7303　臂浇筑时预应力的施工除一般预应力的有关规定外，尚应符合哪些规定？

(1)预应力管道的安装定位应准确，备用管道和长束的管道应采取措施保证其在使用时的有效性。

(2)对纵向预应力长钢束的张拉，宜通过必要的试验确定其张拉程序和各项参数，张拉持荷时间宜增加 1 倍；当钢束的伸长值不能满足要求时，可采取补张拉或反复张拉的措施，但张拉应力不得超过设计规定的最大控制应力。横向预应力采用一端张拉时，其张拉端宜在梁两侧交错设置。竖向预应力宜采取反复张拉的方式进行，反复张拉的次数应以钢束的伸长值是否达到要求且是否可靠锚固而定。

(3)对竖向预应力孔道，压浆时应从下端的压浆孔压入，压力宜为 0.3～0.4 MPa，且压入的速度不宜过快。

7304　臂浇筑施工中应注意哪些问题？

(1)主梁各部分的长度应充分考虑主梁的形式、跨径、墩宽、挂篮的形式以及施工周期来确定。0 号段长度一般为 5～20 m，悬浇分段长度一般为 3～5 m。

(2)桥墩顶梁段及桥墩顶附近梁段施工时，可采用托架或膺架为支架就地浇筑混凝土。托架或膺架应经过设计，计算弹性及非弹性变形。

(3)在梁段混凝土浇筑前,应对挂篮(托架或膺架)、模板、预应力筋孔道、钢筋、预埋件、混凝土材料、配合比、机械设备、混凝土接缝处理情况进行全面检查,经确认后方可浇筑。

(4)桥墩两侧梁段悬臂施工进度应对称、平衡,实际不平衡偏差不超过设计要求值。

(5)悬臂浇筑前端底板和桥面的标高,应根据挂篮前端的垂直变形及预拱度设置,施工过程中要对实际高程进行监测。

(6)安装模板后,应严格核准中心位置及标高、校正中线。

(7)安装预应力预留管道时,应保证管道连接紧密、管道定位准确。定位钢筋的纵向水平间距不大于 100 cm,曲线段间距不大于 50 cm。

(8)挂篮行走前要测定已完成节段梁端标高,并定出箱梁中轴线。当解除挂篮的后锚固后,挂篮沿箱梁中轴线对称向两端,每前进 50 cm 作一次同步观测,防止挂篮转角、偏位造成挂篮受扭。

(9)箱梁梁段混凝土浇筑,可视箱梁截面高度情况采用一次或二次浇筑法。无论采用何种方法浇筑,梁段自重误差应在±3%范围内。

(10)梁段拆模后,应对梁端的混凝土表面进行凿毛处理,以加强接头混凝土的连接。悬浇梁段分次浇筑混凝土时,如处理不当,由于后浇筑混凝土重力的影响会引起挂篮变形,导致先浇筑的混凝土开裂。

(11)分期浇筑混凝土时,新旧混凝土的结合面应凿毛洗净,还应严格控制相邻两次混凝土浇筑的龄期差,一般在任何情况下不得大于 20 d。

(12)在每一梁段施工过程中出现大风预报应停止施工,并使两悬臂端不得出现不平衡荷载,且应确保挂篮的牢固性。

(13)混凝土浇筑完毕后应进行养护,待养护达到设计强度的75%,并经过孔道检查、修理管口弧度后,即可进行穿束、张拉、压浆和封锚等工作。

7305　悬臂施工过程中，临时固结支承可采用哪些措施？

（1）将0号块梁段与桥墩钢筋或预应力筋临时固结，待解除固结时再将其切断。

（2）在桥墩一侧或两侧设置临时支承或支墩。

（3）顺桥向用扇形或门式托架将0号块梁段临时支承，待悬浇到至少一端合龙后恢复原状。

（4）临时支承可用硫磺水泥砂浆块、砂筒或混凝土块等卸落设备，以使体系转换时，较方便地撤除临时支承。当采用硫磺水泥砂浆块作临时支承的卸落设备，并采用高温熔化撤除支承时，必须在支承块之间设置隔热措施。以免损坏支座部件。

7306　挂篮安装时应注意什么？

（1）挂篮的主纵横梁的分联和移动操作应特别精心，以防急剧的塌落和倾覆。

（2）浇筑混凝土时，后端应锚固于已完成的梁段上，后锚和移动架可采取保险锚、保险索或保险手拉葫芦等安全措施。

（3）挂篮桁架在已完成的梁段上行走时，应于后端压重稳定。

（4）挂篮桁架行走和浇筑混凝土时的稳定系数，均不得小于1.50。

（5）挂篮组拼后，应全面检查安装质量，并对挂篮进行试压，以消除结构的非弹性变形。挂篮试压的最大荷载一般可按最大悬浇梁段重量的1.3倍考虑。挂篮试压通常采用水箱加压法、试验台加压法及砂袋法。

7307　安装模板后，如何核准中心位置及标高、校正中线？

（1）组装模板并校正中线、外模及框架的长度和高度应能适应各节段的变化。内模由侧模、顶模和内框架组成，应便于拆模和修改。

（2）如上一节段施工后出现中线或高程误差需要调整时，应在模板安装时予以调整。

(3)模板和前一节段的混凝土面应平整密贴。

7308 箱梁梁段混凝土浇筑,可视箱梁截面高度情况采用一次或二次浇筑法。具体如何操作?

采用一次浇筑法,可在箱梁顶板中部留一窗口,以供浇筑底板混凝土,待浇好底板后立即补焊钢筋封洞,并同时浇筑肋板混凝土,最后浇筑顶板混凝土,一次完成。浇筑肋板混凝土时,两侧肋板应同时分层进行。浇筑顶板及翼板混凝土时,应从外侧向内侧一次完成,以防发生裂纹。

当采用两次浇筑时,各梁段的施工应错开。箱梁分层浇筑时,底板可一次浇筑完成,腹板可分层浇筑,分层间隔时间宜控制在混凝土初凝之前且应使层与层覆盖住。

7309 箱梁截面混凝土浇筑按什么顺序进行?

(1)浇筑混凝土时,必须从悬臂端开始,两个悬臂端应对称均衡地进行浇筑。

(2)浇筑混凝土时,应加强振捣,对于高箱梁混凝土施工,可采用内侧模开仓振捣。

(3)在浇筑混凝土的同时应注意对预应力孔道的保护,浇筑后应及时对管道清孔,以利穿束。

7310 如何消除后浇筑混凝土引起的挂篮变形?

(1)水箱法。

(2)混凝土一次浇筑法。

(3)浇筑混凝土时,可根据混凝土重量的变化,随时调整吊带高度。

(4)抬高挂篮的后支点法。

7311 用悬臂吊篮就地分段浇筑混凝土的平衡措施有哪些?

(1)桥型为悬臂梁或连续梁时,当梁和墩未固结在一起时,施工中必须采取的措施一般有下列几种：

1)在支座左右两侧临时加设预应力筋，将梁固结在桥墩上；

2)利用桥墩的扩大基础，加设临时支墩；

3)在桥墩上端两侧设置托架。

当采取第一种或第三种方法时，桥墩须具有一定的抗弯能力。

(2)当桥型为T形刚构时，梁和墩为刚性结合，桥墩基础也较宽，结构本身在施工中和使用中均具有一定的抗弯能力，因此，仅在墩顶梁段施工时设置墩顶梁端的临时托架即可。

第四节　悬臂拼装

7401　什么是悬臂拼装施工？有哪些优点？

悬臂拼装施工包括块件的预制、运输、拼装及合龙。它与悬浇施工具有相同的优点，不同之处在于悬拼以吊机将预制好的梁段逐段拼装。此外还具备以下优点：

(1)梁体的预制可与桥梁下部构造施工同时进行，平行作业缩短了建桥周期。

(2)预制梁的混凝土龄期比悬浇法的长，从而减少了悬拼成梁后混凝土的收缩和徐变。

(3)预制场或工厂化的梁段预制生产利于整体施工的质量控制。

7402　悬拼法梁段预制有哪两种方法？各有什么优缺点？

梁段预制方法分长线法和短线法。

长线法，组成梁体的所有梁段均在固定台座上的活动模板内浇筑且相邻段的拼合面应相互贴合浇筑，缝面浇筑前涂抹隔离剂，以利脱模。优点是由于台座固定可靠，成桥后梁体线性较好，缺点是占地较大，地基要求坚实，混凝土的浇筑和养护移动分散。

短线法，梁段在固定台座能纵移的模内浇筑。待浇梁段一端设固定模架，另一端为已浇梁段(配筑梁段)，浇毕达到强度后运出原配筑梁段，达到要求强度梁段为下待浇梁段配筑，如此周而复始，台座仅需 3 个梁段长。优点是场地较小，浇筑模板及设备基本不需要移机，可调的底、侧模便于平竖曲线梁段的预制，缺点是精度要求高，施工要求严，施工周期相对较长。

7403 悬臂拼装施工有哪些基本规定？

(1)悬臂拼装施工的预制场地的布置应便于节段的预制、移运、存放及出运；预制台座应稳定、坚固，在荷载作用下，其顶面的沉降控制在 2 mm 以内。

(2)节段预制前，应在预制场地建立精密测量的平面控制网和高程控制网，并设置测量控制点、测量塔及靶标。测量控制点应设在远离热源和振动源的位置，且应具有良好的通视条件，必要时设置备用的测量控制点。

(3)节段预制时，应对其预制线形进行控制，使成桥后的线形符合设计要求。节段预制的测量控制宜采用专用线形控制软件进行。

(4)节段预制宜采用专门设计的钢模板，钢模板及其支撑除应满足强度、刚度和稳定性的要求外，尚应满足多次重复使用不变形及保证节段预制精度的要求。

(5)采用长线法预制节段时，同一连续匹配浇筑的梁段应在同一长线台座上制作，采用短线法时，应在台座上匹配预制，并应符合下列规定：

1)内模系统应是可调整的，且宜安装在可移动的台车支架上。

2)端模与匹配节段的连接应紧密、不漏浆。

(6)节段的钢筋宜在专用胎架上制成整体骨架后，吊入模板内进行安装；吊装整体骨架时应设置吊架吊点的布置应合理，且宜采用多点起吊，防止变形。对预埋件的安装和预留孔的设置，应采用定位钢筋将其准确固定；当有体外预应力钢束转向器时，其安装必须准确可靠。

(7)节段预制混凝土的性能与施工应符合《公路桥涵施工规

范》的规定，并应根据环境温度、水泥品种、外加剂、施工进度及对混凝土性能的要求等制订养护方案，总体养护时间不宜少于14 d，对节段的外立面混凝土宜采用喷湿或其他适宜的方式进行养护。

(8)节段的脱模时间应符合设计规定；设计未规定时，应在混凝土强度达到设计强度等级的75%后方可脱模并拆除。在脱模、拆除或移动节段时，应采取措施防止损伤节段混凝土的棱角和剪力键。

7404 简述悬拼法梁段的拼接施工。

(1)0号块：为了确保连续梁分段悬拼施工的平衡和稳定，常与悬浇方法相同，将T构支座临时固结，必要时在墩两侧加设临时支架以满足悬拼的施工需要。

(2)1号块：1号块是紧邻0号块两侧的第一箱梁节段，也是悬拼T构的基准梁段，是全跨安装质量的关键，一般采用湿接缝连接。湿接缝拼装梁段施工程序：吊机就位→提升、起吊1号梁段→安设铁皮管→中线测量→丈量湿接缝的宽度→调整铁皮管→高程测量→检查中线→固定1号梁段→安装湿接缝的模板→浇筑湿接缝混凝土→湿接缝养护、拆模→张拉预应力筋→下一梁段拼装。

(3)其他梁段拼装：采用胶接缝拼装，拼装施工程序：吊机就位→起吊梁段→初步定位试拼→检查并处理管道接头→移开梁段→穿临时预应力筋入孔→接缝面上涂胶接材料→正式定位、贴紧梁段→张拉临时预应力筋→放松起吊索→穿永久预应力筋→张拉预应力筋后移挂篮→下一梁段拼装。

7405 节段的起吊、移运、存放应符合哪些规定？

(1)节段从预制台座起吊时混凝土的强度应符合设计规定。

(2)节段的移运应满足运输安全和施工安全的要求。在移运时，应采取措施防止对节段产生冲击或碰撞。

(3)节段在存放台座的叠放层数不宜超过两层，并应对存放台座及其地基的承载力进行验算。节段支点的位置应符合设计规定，且宜采用垫木或橡胶板等弹性支撑物进行支承。

(4)节段的存放时间应符合设计要求；设计未要求时，不宜少于 28 d。对未达到养护时间的节段，应在存放时继续养护。

7406 拼装施工应符合哪些规定?

(1)节段拼装施工前，应对预制节段的匹配面进行必要的处理，并应确定接缝施工的方法和工艺。在悬臂拼装施工过程中，应跟踪监测各节段梁体的挠度变化情况，控制其中轴线及高程；当实测梁体线形与设计值有偏差时，应及时进行调整。

(2)施工前应按施工荷载对起吊设备进行强度、刚度和稳定性验算，其安全系数应不小于 2。节段起吊安装前，应对起吊设备进行全面安全技术检查，并应分别进行 1.25 倍设计荷载的静荷和 1.1 倍设计荷载的动荷起吊试验，经检查及起吊试验符合要求后方可正式进行节段的起吊拼装。

(3)节段悬臂拼装时，桥墩两侧的节段应对称起吊，且应保证桥墩两侧平衡受力，最大不平衡力应符合设计规定。

7407 接缝的处理应符合哪些规定?

(1)各节段间的接缝施工应符合设计规定。

(2)采用胶接缝拼装的节段，涂胶前应就位试拼。胶黏剂进场后应进行力学性能及作业性能的抽检，其各项性能应满足结构设计与节段拼装施工的要求。节段的匹配面应平整，对尘土、油脂等污染物及松散混凝土和浮浆应清除干净。涂胶前的匹配面应进行干燥处理。

(3)胶黏剂宜采用机械拌和，且在使用过程中应连续搅拌并保持其均匀性。胶黏剂应涂抹均匀，覆盖整个匹配面，涂抹厚度不宜超过 3 mm。对胶接缝施加临时预应力进行挤压时，挤压力宜为 0.2 MPa，胶黏剂应在梁体的全断面挤出，且胶接缝的挤压应在 3 h 内完成；当施工时间超过明露时间的 70%

时，在固化之前应清除被挤出的胶结料。胶黏剂在涂抹和挤压时，应采取措施对预应力孔道的端口处进行防护，防止胶黏剂进入孔道内。

7408 悬臂拼装的预应力施工除符合一般预应力施工的要求外，尚需符合哪些规定？

(1)对采用胶接缝的节段，在拼装工作结束并经检查符合要求后，应立即施加预应力对接缝进行挤压；对采用湿接缝的节段，应在接缝混凝土强度达到设计强度的80%以上时方可对其施加预应力。

(2)临时预应力钢束的布置和张拉控制应力应符合设计规定，并应满足多次重复张拉的作业要求，临时预应力钢束在结构永久预应力施工完成后方可拆除。

(3)节段对称悬臂拼装完成并施加预应力后，方可放松起吊吊钩，并应立即对预应力孔道进行压浆和封锚。

(4)对梁顶面明槽内已张拉的预应力钢束应加以保护，严禁在其上堆放物体或抛物撞击。

7409 悬臂拼装梁的合龙和体系转换应符合哪些规定？

(1)合龙的顺序应符合设计规定。

(2)合龙施工前应对两端悬臂梁段的轴线、高程和梁长受温度影响的偏移值进行观测，并根据实际观测值进行合龙的施工计算，确定准确的合龙温度、合龙时间及合龙程序。

(3)对两端的悬臂梁段采取施加水平推力的方式调整梁体的应力时，千斤顶的施力应对称、均衡。

(4)合龙时，宜采取措施将合龙口两侧临时刚性连接，再浇筑合拢段混凝土。混凝土宜在一天中气温最低且稳定的时段内浇筑，浇筑后及时覆盖洒水养护。

(5)合龙时在桥面上设置的全部临时施工荷载应符合施工控制的要求。对预应力混凝土连续梁，合龙后应在规定的时间内尽快拆除墩梁临时固结装置，按设计规定的程序完成体系转换和支座反力调整。

7410 预制梁块悬臂拼装时应注意哪些问题?

(1)梁段的存放场地应平整，承载力应满足要求，支垫位置应与吊点一致。

(2)预制梁块的测量要求：

1)箱梁基准块出坑前必须对所有梁块进行测量，详细记录，并根据其在桥上的设计位置进行校正；

2)箱梁标高控制点和挠度观测点，在箱梁顶面埋置4～6个；

3)在预制梁段上标出梁号、中轴线、横轴线。

(3)预制块件的悬臂拼装可依据设备和现场条件选用。若方便在陆地上或在便桥上施工时，可采用自行式吊车、门式吊车进行拼装；对于水中桥跨，可采用水上浮吊进行安装；对于高墩身的桥跨，可利用各种吊机进行高空悬拼施工。

(4)桥墩顶梁段及桥墩顶附近梁段施工时，可采用托架或膺架为支架就地浇筑混凝土。托架或膺架应经过设计，计算其弹性及非弹性变形。

(5)应保证拼装的第一个梁块(基准块)的预制精度，安装时应对纵、横轴线、高程进行精确定位测量，为以后的拼装创造条件。

(6)采用悬臂拼装法修建预应力悬臂梁桥时，应先将梁、墩临时锚固或在墩顶两侧设立临时支承，待全部块件安装完毕后，再撤除临时锚固或支承。

(7)采用悬臂吊机、缆索、浮吊悬拼安装时，应按施工荷载进行强度、刚度、稳定性验算，使安全系数大于2.0。施工中还应注意：

1)块件起吊安装前，应对起吊设备进行全面的安全技术检查，并按照设计荷载的60%、100%和130%分别进行起吊试验。

2)吊机重应符合设计要求，应注意吊机的定位和锚固，经检查符合要求后再进行起吊拼装。

3)移动吊机前应将纵向主桁架上所有活动部件尽量移动到主桁架后端,然后方可松卸锚固螺栓。

4)桥墩两侧块件宜对称起吊,以保证桥墩两侧平衡受力。

5)移动吊机时应沿箱梁纵轴线对称地向两端推进。

6)墩侧相邻的1号块件提升到设计标高初步定位后,应立即测量、调整1号块件的纵轴线,使之与梁顶块件纵轴线的延伸线重合,使其横轴线与梁顶块件的横轴线平行且间距符合设计要求。

7)应在施工前绘制主梁安装挠度变化曲线,悬臂拼装过程中应随时观测桥轴线安装挠度曲线的变化情况,并与设计值进行对比,遇有较大偏差时应及时处理,以便控制块件的安装高程。

8)吊机就位后须将支点垫稳,固定后锚螺栓,平车移动到起吊位置,进行下一块件的拼装。

(8)对于非0号、1号块件的拼装,一般应在接缝上设置定位榫齿或钢定位器。

(9)采用胶接缝拼装的块件,涂胶前应就位试拼。胶黏剂一般采用环氧树脂,使用前应经过试验,符合设计要求方可使用。

(10)湿接缝块件应待混凝土强度达到设计强度等级的70%以上时,才能张拉预应力束。

第五节　装配式桥施工

7501　装配式桥施工的一般要求有哪些?

(1)装配式桥的构件在脱底模、移运、存放和吊装时混凝土的强度应不低于设计规定的吊装强度;设计未规定时,应不低于设计强度的80%。

(2)构件安装前应检查其外形、预埋件的尺寸和位置,允许偏差不得超过设计规定;设计未规定时,不得超过表7-1的规定。

表 7-1 预制梁、板施工质量标准

<table>
<tr><th colspan="3">项　目</th><th>规定值或允许偏差</th></tr>
<tr><td colspan="3">混凝土强度(MPa)</td><td>在合格标准内</td></tr>
<tr><td colspan="3">梁(板)长度(mm)</td><td>+5,-10</td></tr>
<tr><td rowspan="5">宽度(mm)</td><td colspan="2">干接缝(梁翼缘、板)</td><td>±10</td></tr>
<tr><td colspan="2">湿接缝(梁翼缘、板)</td><td>±20</td></tr>
<tr><td rowspan="2">箱梁</td><td>顶宽</td><td>±30</td></tr>
<tr><td>底宽</td><td>±20</td></tr>
<tr><td colspan="2">腹板或梁肋</td><td>+10,-0</td></tr>
<tr><td rowspan="2">高度(mm)</td><td colspan="2">梁、板</td><td>±5</td></tr>
<tr><td colspan="2">箱梁</td><td>+0,-5</td></tr>
<tr><td rowspan="3">断面尺寸(mm)</td><td colspan="2">顶板厚</td><td rowspan="3">+5,-0</td></tr>
<tr><td colspan="2">底板厚</td></tr>
<tr><td colspan="2">腹板或梁肋</td></tr>
<tr><td colspan="3">跨径(支座中心至支座中心)(mm)</td><td>±20</td></tr>
<tr><td colspan="3">支座平面平整度(mm)</td><td>2</td></tr>
<tr><td colspan="3">平整度(mm)</td><td>5</td></tr>
<tr><td colspan="3">横系梁及预埋件位置(mm)</td><td>5</td></tr>
</table>

(3)安装构件时,支承结构(墩台、盖梁)的混凝土强度和预埋件(包括预留锚栓孔、锚栓、支座钢板等)的尺寸、高程及平面位置应符合设计要求。

(4)构件安装就位完毕并经检查校正符合要求后,方可焊接或浇筑混凝土固定构件。跨径 25 m 以上预应力混凝土简支梁的安装应验算裸梁的稳定性。

(5)对分层、分段安装的构件,应在先安装的构件可靠固定且受力较大的接头混凝土达到设计要求的强度后,方可继续安装;设计未规定时,应达到设计强度的 80%后方可继续安装。

(6)分段拼装梁的接头混凝土或砂浆,其强度应不低于构件的设计强度;不承受内力的构件的接缝砂浆,其强度应不低于 M10。

需与其他混凝土或砌体结合的预制构件的砌筑面应按施工缝处理。

(7)构件吊运安装时,其起重安全应符合规定。吊运工具、设备的使用技术要求,应参照起重吊装的有关规定执行。

7502 装配式桥的构件预制场以及台座有哪些要求。

(1)构件预制场的布置应满足预制、移运、存放及架设安装的施工作业要求;场地应平整、坚实,应根据地基情况和气候条件,设置必要的防排水设施,并应采取有效措施防止场地沉陷。砂石料场的地面宜进行硬化处理。

(2)构件预制台座的地基应具有足够的承载能力,并应符合下列规定:

1)预制台座应采用适宜的材料和方式制作,且应保证其坚固、稳定、不沉陷;当用于预制后张预应力混凝土梁、板时,宜对台座两端及适当范围内的地基进行特殊加固处理。

2)预制台座的间距应能满足施工作业的要求;台座表面应光滑、平整,在 2 m 长度上平整度的允许偏差应不超过 2 mm,且应保证底座或底模的挠度不大于 2 mm。

3)对预应力混凝土梁、板,应根据设计提供的理论拱度值,结合施工的实际情况,正确预计梁体拱度的变化情况,在预制台座上按梁、板构件跨度设置相应的预拱度。当后张预应力混凝土梁预计的上拱度值较大时,可考虑在预制台座上设置反拱。

7503 构件的场内移运应符合哪些规定?

对后张预应力混凝土梁、板,在施加预应力后可将其从预制台座吊移至场内的存放台座上后再进行孔道压浆,但必须满足下列条件:

(1)从预制台座上移出梁、板仅限一次,不得在孔道压浆前多次倒运。

(2)吊移的范围必须限制在预制场内的存放区域,不得移往他处。

(3)梁、板构件移运时的吊点位置应符合设计规定;设计未规定时,应根据计算确定。构件的吊环必须采用未经冷拉的HPB235钢筋制作,且吊环应顺直。吊绳与起吊构件的交角小于60°时,应设置吊架或起吊扁担,使吊环垂直受力。吊移板式构件时,不得吊错上、下面。

7504 构件的存放应符合哪些规定?

(1)存放台座应坚固稳定,且宜高出地面200 mm以上。存放场地应有相应的防排水设施,并应保证梁、板等构件在存放期间不致因支点沉陷而受到损坏。

(2)梁板构件存放时,其支点应符合设计规定的位置,支点处应采用垫木和其他适宜的材料进行支承,不得将构件直接支承在坚硬的存放台座上;存放时混凝土养护期未满的应继续养护。

(3)构件应按其安装的先后顺序编号存放,预应力混凝土梁、板的存放时间不宜超过3个月,特殊情况下不应超过5个月。

(4)当构件多层叠放时,层与层之间应以垫木隔开,各层垫木的位置应设在设计规定的支点处,上下层垫木应在同一条竖直线上;叠放的高度宜按构件强度、台座地基的承载力、垫木强度及叠放的稳定性等经计算确定,大型构件宜为2层,不应超过3层,小型构件宜为6～10层。

(5)雨季或春季融冻期间,应采取有效措施防止因地面软化下沉而造成构件断裂及损坏。

7505 构件的运输应符合哪些规定?

(1)板式构件运输时,宜采用特制的固定架稳定构件。对小型构件,宜顺宽度方向侧立放置,并应采取措施防止倾倒;如平放,在两端吊点处必须设置支撑方木。

(2)梁的运输应按高度方向竖立放置,并应有防止倾倒的固定措施;装卸梁时,必须在支撑稳妥后,方可卸除吊钩。

(3)采用平板拖车或超长拖车运输大型构件时,车长应能满足支点间的距离要求,支点处应设活动转盘防止搓伤构件混凝土;运输道路应平整,如有坑洼而高低不平时,应事先处理平整。

(4)水上运输构件时,应有相应的封舱加固措施,并应根据天气状况安排装卸和运输作业时间,同时应满足水上(海上)作业的相关安全规定。

7506 简支梁、板的安装有什么规定?

(1)安装前应对墩台的施工质量进行检验,并应对支座或临时支座的平面位置和高程进行复测,合格后方可进行梁、板等构件的安装。

(2)安装的方法和安装设备宜根据构件的结构特点、重量级施工环境条件等综合确定,并应制定专项施工技术方案、安装工艺及安全技术方案,对安装设备的强度、刚度和稳定性进行必要的验算。

(3)采用架桥机进行安装作业时,其抗倾覆稳定系数应不小于1.3;架桥机过孔时,应将起重小车置于对稳定最有利的位置,且抗倾覆稳定系数应不小于1.5。

(4)采用吊机吊装构件时,应采用1台吊机起吊,应在吊点位置的上方设置吊架或起吊扁担;如采用两台吊机抬吊,应统一指挥,协调一致,使构件的两端同时起吊、同时就位。

(5)梁、板安装施工期间及架桥机移动过孔时,严禁行人、车辆和船舶在作业区域的桥下通行。

(6)梁、板就位后,应及时设置保险垛或支撑将构件临时固定,对横向自稳定性较差的T形梁和I形梁等,应与先安装的构件进行可靠的横向连接,防止倾倒。

(7)安装在同一孔跨的梁、板,其预制施工的龄期差不宜超过10 d。梁、板上有预留孔道的,其中心应在同一轴线上,偏差应不大于4 mm。梁、板之间的横向湿接缝,应在一孔梁、板全部安装完成后方可进行施工。

(8)对弯、坡、斜桥的梁、板,其安装的平面位置、高程及几何线形应符合设计要求。

7507 先简支后连续的梁，施工时应符合哪些规定？

(1)先简支安装的梁，应设置临时支座进行支承。在一片梁中，临时支座顶面的相对高差不应大于 2 mm。

(2)简支变连续的施工程序应符合设计规定，且应在一联梁全部安装完成后方可进行湿接头混凝土的浇筑。

(3)对湿接头处的梁端，应按施工缝的要求进行凿毛处理。永久支座应在设置湿接头底模之前安装。湿接头处的模板应具有足够的强度和刚度，与梁体的接触面应密贴并具有一定的搭接长度，各接缝应严密不漏浆。负弯矩区的预应力管道应连接平顺，与梁体预留管道的接合处应密封-预应力锚固区预留的张拉齿板应保证其外形尺寸准确且不被损坏。

(4)湿接头的混凝土宜在一天中气温相对较低的时段浇筑，且一联中的全部湿接头应一次浇筑完成。湿接头混凝土的养护时间应不少于 14 d。

(5)湿接头按设计要求施加预应力、孔道压浆且浆体达到规定强度后，应立即拆除临时支座，按设计规定的顺序完成体系转换。同一片梁的临时支座应同时拆除。

(6)仅为桥面连续的梁、板，应按设计要求进行施工。

7508 用临时支承组拼预制节段逐孔施工时如何进行节段划分？

在组拼长度内，可根据起重能力沿桥梁纵向划分节段。对于桥宽在 10～12 m，采用单箱截面的桥梁，分节段时在横向不再分隔。节段长一般取 4～6 m，每跨内的节段通常可分两种类型。

(1)桥墩顶节段

由于桥墩节段要与前一跨连接，需要张拉钢索或钢索接长，为此对墩顶节段构造有一定要求。此外，在墩顶处桥梁的负弯矩较大，梁的截面还要符合受力要求。

(2)标准节段

前一跨墩顶节段与安装跨第一节段间可以设置就地浇筑混凝土

封闭接缝，用以调整安装跨第一节段的准确程度。封闭接缝宽 15～20 cm，拼装时由混凝土垫块调整。在施加初预应力后用混凝土封填。

7509　用临时支承组拼预制节段逐孔施工时支承梁有哪两种？

(1)钢桁架导梁

钢梁需应设置预拱度，要求每跨箱梁节段全部组拼之后，钢导梁上弦应符合桥梁纵断面标高要求。同时还需准备一些附加垫片，用于临时调整标高。

(2)下挂式高架钢桁架

在节段组拼过程中，架桥机前臂必然下挠，安装桥跨第一块中间节段的挠度倾角调整是该跨架设的关键，因此要求当一跨节段全部由架桥机空中吊起后，第一个中间节段与墩上节段的接触面应全部吻合。如在吊装中出现节段横向偏移，而不相吻合的现象时，应在节段下方利用手拉葫芦调整；对于竖直上下方的调整，可借助架桥机下方的钢缆吊索油缸调整。

7510　整孔吊装和分段吊装施工应注意哪些问题？

吊装的机具有桁式吊、浮吊、龙门起重机，汽车吊等多种，可根据起吊物重力、桥梁所在的位置以及现有设备和掌握机具的熟练程度等因素决定。

(1)采用分段组装逐孔施工的接头位置可以设在桥墩处也可设在梁的 1/5 附近，前者多为由简支梁逐孔施工连接成连续梁桥；后者多为悬臂梁转换为连续梁。在接头位置处可设有 0.5～0.6 m现浇混凝土接缝，当混凝土达到足够强度后张拉预应力筋，完成连续。

(2)桥的横向是否分隔，主要根据起重能力和截面形式确定。当桥梁较宽，起重能力有限的情况下，可以采用 T 梁或工字梁截面，分片架设之后再进行横向整体化。为了加强桥梁的横向刚度，常采用梁间翼缘板有 0.5 m 宽的现浇接头。采用大型浮吊横向整体吊装将会简化施工和加快安装速度。

(3)对于先简支后连续的施工方法，通常在简支梁架设时使用临时支座,待连接和张拉后期钢索完成连续时拆除临时支座,放置永久支座。为使临时支座便于卸落,可在橡胶支座与混凝土垫块之间设置一层硫磺砂浆。

7511 预制梁的自行式吊机架设法指什么?适用条件是什么?

自行式吊机架设法,即直接用吊车将运来桥孔的梁板吊放到安装位置上。适用条件:平坦无水桥孔的中小跨径预制梁板安装。

(1)一台吊机架设法:吊装时,一般将吊机置于待吊装的桥孔中间,如果起吊能力足够,也可以将吊机置于台后或者已经吊装完成的桥孔上。吊装应注意起吊绳与梁面的夹角不能太小,一般以45°~60°为宜,否则,应使用扁担梁。

(2)两台吊机架设法:用两台吊机各吊住梁的一端,同步提升将梁吊起架设安装。吊装时,根据情况,可以将两台吊机置于一孔或分别置于两孔。吊装应注意两台吊机相互配合,有专职起吊工统一指挥。

7512 预制梁的简易型钢导梁架设法指什么?适用什么情况下使用?

简易型钢导梁架设法:将用型钢组拼成的导梁移运到架设桥孔,在简易钢导梁上铺设轻轨,将混凝土梁用轨道平车运到桥孔,再用墩顶龙门吊机将梁横移就位,之后随着架梁的需要,移动导梁和龙门架。

适用条件:地面有水,孔数较多的中小跨径预制梁板安装。

7513 什么是联合架桥机架设法?有哪些特点及适用什么条件下使用?

联合架桥机架设法是采用钢导梁配合墩顶龙门、托架等完成预制梁的安装。在导梁上铺设钢轨,托架通过钢轨托运龙门吊机在墩顶就位,系好缆风绳,将预制梁装上平车运到桥孔导梁上,利用两个龙门吊装就位或完成横移,接着导梁前伸,用龙门将未吊装好的梁吊装就位，托架托运龙门吊机前移，用同样程序吊装下孔。

该法的特点是不受桥下支架、洪水威胁，架设过程中不影响桥下通车、通航。预制梁的纵移、横移、起吊、就位都比较方便，便于施工单位自行制造。缺点是架设设备用钢材较多，设备组件多，操作相对复杂一些。

适用条件：孔数较多的中型梁板吊装。

7514 什么是预制梁的双导梁架桥机架设法？有哪些特点及适用什么条件下使用？

双导梁架桥机架设法：将轨道上拼装的架桥机推移到安装孔，固定好架桥机后，将预制梁由平车运至架桥机后跨，两端同时起吊，横移小桁车置于梁跨正中并固定，将梁纵移到安装跨，固定纵移平车，用横移小平车将梁横移到设计位置下落就位，待一跨梁全部吊完，小桁车置于梁跨正中并固定，将梁纵移到安装跨，固定纵移平车，用横移小平车将移平车退到后端，前移架桥机，拆除前支架与墩顶连接螺栓，把前支架挂在鼻架上。重复上述程序进行下一跨梁的安装。

本法具备了联合架桥机的一切优点，并且不需要托架及墩顶龙门，整机性能好，设备更简洁，便于操作，使用更方便。

适用条件：孔数较多的重型梁吊装。

7515 预制梁的跨墩龙门架架设法指什么？有何特点？适用条件是什么？

跨墩龙门架架设法：预制梁由轨道平车或者平板拖车运至桥孔一侧，用两台同步运行的跨墩龙门吊将梁吊起再横移到设计位置落梁就位。

此法的特点是桥跨较少时，架设速度快，架设时不需要特别复杂的技术工艺，作业人员用得也较少。缺点是桥下地形条件要求较高，当桥墩较高时稳定性较差。

适用条件：无水或浅水河滩，地形相对平坦，孔数较多的中型梁板安装。

7516 **浮运、浮吊架梁宜何时采用？具体的装船架设方法有哪些？**

浮运、浮吊架梁是将预制梁用各种方法移装到浮船上，浮运到架设孔以后就位安装。

此法要求河流须有适当的水深，以浮运预制梁时不搁浅为准。同时水位应平稳或者涨落有规律，流速及风力不大，河岸能修建适宜的预制梁装卸码头。其优点是桥跨中不需要设置临时支架，可以用一套浮运设备架设多跨同孔径的梁，设备利用率高，较经济，施工架设时浮运设备停留在桥跨时间短，对河流通航影响小。

(1)浮运架设的方法有：

将预制大梁装船浮运至架设孔起吊就位安装法。

将预制大梁装载在一艘或两艘浮船中的支架枕木梁上，使梁底高度高于墩台支座顶面 0.2～0.3 m，然后浮船拖运至架设孔，充水入浮船，使浮船入水加深，降低梁底高度使大梁安装就位。

浮船支架托拉架设法：将梁的一端纵向拖拉滚移到岸边的浮船支架上，再按移动式支架架设法的方法拖拉浮船至安装位置，用龙门架或人字扒杆安装就位。

(2)预制梁装船的方法有：

用大吨位、大伸幅的吊车将梁从岸上吊装至浮船上。

用大吨位、大伸幅的浮式吊机将梁从岸上吊至浮船上。

用栈桥码头将预制梁纵向拖拉上船。

用栈桥码头横移大梁上船。

第六节 预制梁安装

7601 **大型后张预应力混凝土箱梁的施工与一般预应力混凝土梁板相比，有哪些特殊要求？**

(1)箱梁预制场地的建设尚应符合下列规定：

1)预制场地应进行专门设计,其布置应有利于制梁、存梁、运梁和架梁的施工作业;制梁台座、存梁台座及运梁线路的地基应具有足够的承载能力,并应有防排水设施;场地内的道路、料场等应硬化处理。

2)对在水域中架设安装的箱梁,应在预制场地设置箱梁的出运码头;从岸的一侧开始延伸至水域中或在陆上架设安装的箱梁,应设置必要的提梁设施和装置。

(2)钢筋宜在专用胎架上绑扎制作成整体骨架后,进行整体起吊安装;采用拼装式内模时,钢筋宜分片制作,分片起吊安装。

(3)箱梁的预制宜采用定型钢模板,模板应具有足够的强度和刚度,并应能满足多次重复使用不变形的要求。模板的制作、安装与拆除尚应符合下列规定:

1)钢模板在加工制作时,模板的全长和跨度应考虑箱梁反拱度的影响及预留压缩量。附着式振捣器的支座应交错布置,安设牢固,并应使振动力先传向模板的骨架,再由骨架传向面板。

2)模板安装时,其位置应准确,各部位的连接应牢固可靠,接缝应严密且不漏浆。模板安装的尺寸允许偏差应符合《公路桥涵施工规范》的规定。

3)模板的拆除期限除应符合普通混凝土施工的规定外,对外侧模和端模,尚应满足箱梁混凝土的表层温度与环境温度之差不大于15℃的要求;当气温急剧变化时,不宜进行拆模作业。

(4)箱梁混凝土宜一次连续浇筑完成,且宜采取水平分层、斜向推进的方式浇筑,水平分层的厚度不得大于300 mm,各层间混凝土的间隔浇筑时间不应超过其初凝时间。梁体腹板下部的底板混凝土宜采用设于底模处的附着式振捣器振动;腹板混凝土宜采用插入式振捣器及附着式振捣器辅助振捣;对钢筋和预应力管道密布区域的混凝土,应提前按一定间距设置混凝土溜槽和插入式振捣器辅助导向等装置,保证该区域的混凝土能振捣密实。

(5)箱梁混凝土浇筑完成后,应及时进行覆盖和养护,并应符合下列规定:

1)当采取蒸汽养护时,除应符合蒸养的一般规定外,尚宜分为静停、升温、恒温、降温及自然养护五个阶段。静停期间应保持蒸养棚内的温度不低于5℃;混凝土浇筑完成4 h后方可升温,且升温的速度不应大于10℃/h;恒温时应将温度控制在50℃以下,恒温时间宜由试验确定;降温的速度不应大于5℃/h;蒸汽养护结束后,应立即进入自然养护阶段,且养护时间不宜少于7 d。蒸养期间、拆除保温设施及模板时,梁体混凝土表层的温度与环境温度之差不得大于15℃。

2)当采取自然养护时,对暴露于大气环境中的混凝土表面应采用适宜的材料进行覆盖,并洒水养护;拆模后尚未达到养护时间的梁体混凝土表面,宜采用喷淋方式或采用养护剂喷洒养护。当环境相对湿度小于60%时,养护的时间不宜少于28 d;相对湿度大于或等于60%时,不宜少于14 d。

(6)梁体混凝土的抗压强度达到设计强度的1/3以上、弹性模量不低于设计值的50%时,可对部分预应力钢束进行初张拉,但其张拉应力不应超过设计张拉控制应力的1/3,且初张拉的预应力钢束编号及张拉应力符合设计规定。对箱梁预应力钢束的终张拉,应在混凝土抗压强度达到设计强度的80%、弹性模量不小于设计值的80%后进行。设计对张拉有具体规定时应从其规定。

(7)梁体预应力孔道的压浆要求与普通预应力结构要求相同。压浆结束后应将锚具外部清理干净,并应对梁端混凝土进行凿毛,对锚具进行防锈处理,按设计要求设置钢筋网片,浇筑封端混凝土。封端应采用无收缩混凝土,其强度应符合设计要求,并应严格控制梁体长度。

7602 箱梁的场内移运及存放应符合哪些规定?

(1)箱梁在场内的移运可采用龙门吊机或轮胎式移梁机,且应预设相应的移运通道。

(2)采用滑移方式移梁时,滑道应设在坚固稳定的地基基础上。滑道应保持平整,滑移时4个支点的相对高差不得超过

4 mm，两滑道之间的高差不得超过 50 mm。滑移的动力设施应经计算及试验确定。滑移过程中应采取有效措施保证梁体不受损伤。

(3)梁体预应力钢束初张拉后进行吊运或滑移时，箱梁顶面严禁堆放重物或施加其他额外荷载；终张拉后吊运或滑移箱梁时，应在预应力孔道压浆浆体达设计规定强度后方可进行。

(4)箱梁的存放台座应坚固稳定，且应有相应的防排水设施，应保证箱梁在存放期间不致因台座下沉受到损坏。箱梁在存放时，其支点距梁端的距离应符合设计规定。

7603　箱梁的运输应符合哪些规定?

(1)当采用运梁车运输箱梁时，运梁线路的路面应平坦，地基应有足够的承载能力，纵向坡度应不大于 3%横向坡度（人字坡）应不大于 4%最小曲率半径应不小于运梁车的允许转弯半径。在运梁车通过的限界内，不得有任何障碍物。

(2)运梁车装载箱梁时，其支承应牢固，起步和运行应缓慢，平稳前进，严禁突然加速或紧急制动。重载运行时的速度宜控制在 5 km/h 以内，曲线、坡道地段应严格控制在 3 km/h 以内。当运梁车接近卸梁地点或架桥机时，应减速徐停。

(3)当采用水运方式运输箱梁时，除支承应符合结构受力及运输要求外，尚应对梁体进行固定，并应采取防止船体摆动的有效措施，保证其在风浪颠簸中不移位。

(4)不论采取何种方式运输箱梁，均不得使其在装卸和运输过程中产生任何形式的损伤及变形。

7604　箱梁的架设安装应符合哪些规定?

(1)箱梁应采用通过技术质量监督部门产品认证的专用架桥机，或由海事部门颁发船舶证书及起重检验证书的起重船进行架设安装，且起重参数应能满足架梁的要求，起重船的锚泊系统应能满足作业水域的的条件。吊架和吊具应专门设计。起重设备、吊架和吊具等应经试吊确认安全后方可用于正式施工，吊具应定期进行探伤检查。

(2)采用架桥机安装作业时，其抗倾覆稳定系数不应小于1.3；架桥机过孔时，起重小车应位于对稳定最有利的位置，且抗倾覆稳定系数不应小于1.5。

(3)采用起重船安装作业时，起重船在进入安装位置后应根据流速、流向、风向和浪高等情况抛锚定位，定位时不得利用桥墩墩身带缆；在起重船定位和箱梁架设安装过程中，船体和梁体均不得对桥墩或承台产生碰撞。

(4)架设安装时，箱梁在起落过程中应保持水平；顶落梁时梁体的两端应同步缓慢起落，并不得冲击临时支座。箱梁就位时，应设置必要的装置对梁体的空间位置进行精确调整。

(5)在墩顶设置的临时支座，其形式和位置应符合设计规定，梁底与支座应密贴；4 个临时支座的顶面相对高差不得超过 4 mm。

(6)箱梁架设安装后的吊梁孔应采用收缩补偿混凝土封填。

7605 起重钢筋混凝土梁时，为什么要用扁担梁？

起吊钢筋混凝土梁需要两个或两个以上的吊点以减少构件悬臂过长自重弯曲的影响。若直接采用千斤绳起吊，则两吊点不可能相距很远，因为离远了夹角增大，千斤绳受力增加且有向里走动的趋势，不易固定。若两吊点相距很近，那么对钢筋混凝土梁就会因两端悬臂过长而发生开裂。采用扁担梁起吊就可以避免上述缺点。

7606 设安全系数为 5，钢丝绳破断拉力为 223.5 kN，求钢丝绳允许拉力。

解：$S=P/K=223.5/5=44.7$ kN。

7607 简述缆索吊机的拼装程序。

(1)按设计图灌注吊塔基础和地龙混凝土。

(2)拼装吊塔，并将吊塔底部临时用枕木垛垫死，以防吊塔其底部的转轴旋转。

(3)安装轨索和缆风，并同时收紧至轨索垂直度和吊塔倾斜度均符合设计尺寸后打死。

(4)在吊塔接近顶部处设置拼装小车用的临时工作平台，用设于吊塔顶的木扒杆起吊小车到平台上组拼后安装。

(5)安装牵引索，吊钩和起重索，以及牵引索的平衡重。

(6)设置操纵台。

(7)检查、试车、做吊重试验后交付使用。

7608 起吊重量大而细长的物体，为什么要按规定吊点拴绑千斤绳？画图说明一吊点、两吊点起吊钢梁杆件的千斤绳拴吊位置。

在起吊重量大而细长的物体应经过计算，依照规定的吊点位置拴绑千斤绳，否则杆件会因受力矩不平衡的影响，而造成杆件折裂，弯曲变形，甚至在起吊过程中折断，形成事故。

千斤绳拴吊位置如图 7-1 所示。

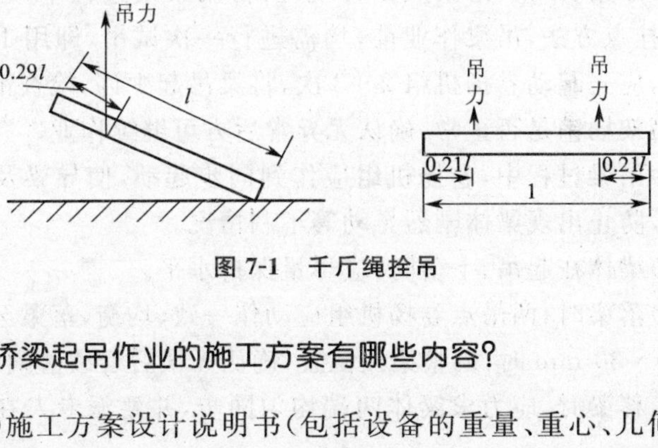

图 7-1 千斤绳拴吊

7609 桥梁起吊作业的施工方案有哪些内容？

(1)施工方案设计说明书(包括设备的重量、重心、几何尺寸、精密度等)。

(2)在施工过程当中机具最大受力时的强度和稳定性的核算。

(3)平面布置图，包括设备的运输、拼装、吊装位置、桅杆竖立、移动或拆除的位置，或其他起重机的吊装位置，卷扬机的布置等。

(4)施工机具一览表。

(5)劳动力组织和岗位责任制。

(6)作业程序和指挥信号。

7610 起吊作业四要素是什么?

(1)工作环境。

(2)工作物的形状、体积、结构。

(3)工作物的重量。

(4)工具设备的配备。

7611 简述用架桥机架设梁片的方法。

(1)架梁机准备工作：平整架设通道，铺设枕木、钢轨(含架桥机走行轨道)，组装架桥机，空转式车和吊梁试车，架桥机进位，落下前支腿，安设稳定。全面、仔细地检查支柱垂直度、支撑牢固度，并确认可靠，方可进行架梁作业。

(2)喂梁、吊梁、落梁及横移就位：桥梁架设过程中，起吊梁均采用双挂点方法，吊梁作业前，均需进行一次试吊，即用千斤绳捆好梁后，应先起动卷扬机组2～3次，将梁吊起少许，检查钢绳有无跳槽、吊架插销是否正常，确认无异常后方可继续作业。

(3)吊梁过程中，卷扬机组应作到同步起动，使导梁及梁体受力均匀，防止出现梁体剧烈晃动等不利情况。

(4)梁体在起吊、下落时，应尽量保持水平。

(5)落梁时，两吊点卷扬机组应动作一致、均衡，落梁至距横移设施20～30 mm时，调整梁体位置，确认无误后继续落梁。

(6)移梁时，应力求梁体两端均匀同步，并要派专人在走板下喂滚架。

(7)梁片横移就位后，垫实梁一端，安放千斤顶，顶起梁片，撤除走板、滚架，安放支座，落千斤顶，使梁片一端就位。在千斤顶顶落过程中，仍需加斜撑保护，以防止梁片倾覆。

(8)当梁片一端安放就位后,采用同样的方法,安放梁片的另一端就位。

(9)架设下一片梁。

(10)一孔T梁就位后,应及时进行横隔板的连接及翼缘板湿接缝混凝土的浇筑。事先需将连接混凝土缝处凿毛、冲洗,以保证新旧混凝土的结合。

7612　T梁架设时应注意那些问题?

(1)吊梁作业前,均需进行一次试吊,即用千斤绳捆好梁后,应先起动架桥机组2～3次,将梁吊起少许,检查钢绳有无跳槽、吊架插销是否正常,确认无异常后方可继续作业。

(2)吊梁过程中,架桥机组应作到同步起动,使导梁及梁体受力均匀,防止出现梁体剧烈晃动等不利情况。

(3)梁体在起吊、下落时,应尽量保持水平。

(4)落梁时,两吊点卷扬机组应动作一致、均衡,落梁至距横移设施20～30 mm时,调整梁体位置,确认无误后继续落梁。

(5)移梁时,应力求梁体两端均匀同步,并要派专人在走板下喂滚架。

(6)梁片横移就位后,垫实梁一端,安放千斤顶,顶起梁片,撤除走板、滚架,安放支座,落千斤顶,使梁片一端就位。在千斤顶顶落过程中,仍需加斜撑保护,以防止梁片倾覆。

(7)主梁就位后,事先需将连接混凝土缝处凿毛、冲洗,以保证新老混凝土的结合。

第八章 桥面及附属工程

第一节 支 座

8101 什么是公路桥梁盆式支座？分为哪些类型？

公路桥梁盆式支座是指支座承载力为 0.4～60 MN 的盆式支座。公路桥梁盆式支座按使用性能分为：

(1)双向活动支座。具有竖向承载、竖向转动和双向滑移性能，代号为：SX。

(2)单向活动支座。具有竖向承载、竖向转动和单一方向滑移性能，代号为：DX。

(3)固定支座。具有竖向承载和竖向转动性能，代号为：GD。

(4)减震型固定支座。具有竖向承载、竖向转动和减震性能，代号为：JZCD。

(5)减震型单向活动支座。具有竖向承载、竖向转动、单一方向滑移和减震性能，代号为：JZDX。

按适用温度范围分为：

(1)常温型支座。适用于－25℃～＋60℃。

(2)耐寒型支座。适用于－40℃～＋60℃。

8102 公路桥梁盆式支座使用时应注意什么？

(1)支座在运输，储存中，应避免阳光直接照晒及雨雪浸淋，并保持清洁。严禁与酸、碱、油类、有机溶剂等可影响支座质量的物质相接触，距热源应在 5 m 以外。

(2)支座运达施工现场后，应开箱检查支座各部件及装箱单，检查合格后再装入包装箱内，支座安装时方可再开箱。

(3)活动支座开箱后，要注意对聚四氟乙烯板和不锈钢冷轧钢板的保护，防止划伤和脏物黏附于不锈钢冷轧钢板与聚四氟乙烯板表面，氯丁橡胶板块应密封在钢盆中，且排除空气，保持紧密。支座安装前应采用适宜的清洁剂擦洗各相对滑移面，然后注满硅脂润滑剂。

(4)支座安装时，支承垫石顶面应凿毛，并用清水冲去垫石表面的碎石和细砂，同时清除锚孔内的杂物。待垫石表面干燥后，在锚固螺栓孔位置以外的支承垫石顶面涂满环氧砂浆调平层，调平层高程略高于支座设计高程，然后将支座就位、对中并调整水平后，当支座调至设计高程时，用垫块将支座垫起，再用环氧砂浆或强度等级高的砂浆灌注套筒周围空隙及支座底板四周未填满环氧砂浆的部位，并注意将环氧砂浆填捣密实。支座底板以外溢出的砂浆应清理干净。待砂浆硬化后，再拆去支座的垫块，并用环氧砂浆将垫块部位填满。

梁、板底面和垫石顶面的钢垫板应埋置稳固。垫板与支座间应平整密贴，支座四周不得有 0.3 mm 以上的缝隙，并应保持清洁。

(5)有纵坡的桥梁，在支座顶板长度范围内的桥梁梁底，设计时应将该部位梁底用预埋钢板调成水平。支座顶板范围内的梁体混凝土也应按 JTG D62 进行局部承压计算并配置相应的钢筋网。活动支座顶板安装时，应考虑安装温度对位移的影响。

(6)双向活动支座和单向活动支座安装时，要特别注意检查聚四氟乙烯板，聚四氟乙烯板的主要滑移方向应与桥梁顺桥向相一致。

(7)支座中心线与主梁中心线应重合或平行，单向活动支座安装时，顶板导向块和中间钢板的导向滑条应保持平行，交叉角不得大于 5′。

(8)在桥梁实行体系转换要切割临时锚固装置时，应采取隔热措施，以免损坏橡胶板和聚四氟乙烯板。

(9)支座安装完毕检查合格后，要拆除支座出厂时顶、底板间的连接构件，并安装支座防尘围板。

8103 公路桥梁板式橡胶支座有哪些分类方法？及其定义和适用？

公路桥梁板式橡胶支座是指公路桥梁所用矩形、圆形板式橡胶支座。

按结构型式分为：

（1）普通板式橡胶支座。普通板式橡胶支座应至少由两层以上加劲钢板，且钢板全部包在橡胶弹性材料内形成的支座。区分为矩形板式橡胶支座（代号 GJZ）、圆形板式橡胶支座（代号 GYZ）。

（2）四氟滑板式橡胶支座。四氟滑板橡胶支座是在普通板式橡胶支座顶面黏结一块一定厚度的聚四氟乙烯板材形成的支座。区分为矩形四氟滑板橡胶支座（代号 GJZF4）、圆形四氟滑板橡胶支座（代号 GYZF4）。

按支座材料和适用温度分为：

（1）常温型橡胶支座。应采用氯丁橡胶（CR）生产，适用温度为－25℃～60℃。不得使用天然橡胶代替氯丁橡胶，也不允许在氯丁橡胶中掺入天然橡胶。

（2）耐寒型橡胶支座。应采用天然橡胶（NR）生产，适用温度为－40℃～60℃。

8104 公路桥梁板式橡胶支座使用中应注意哪些事项？

（1）储存支座的库房应干燥通风，支座应堆放整齐，保持清洁，严禁与酸、碱、油类、有机溶剂等相接触，并应距热源 1 m 以上且不能与地面直接接触。

（2）支座储存期不宜超过一年。如储存期较长，则在使用时应进行有关检验，其力学性能应符合相关标准的有关规定和要求。

（3）支座在运输中，应避免阳光直接曝晒、雨淋、雪浸，并应保持清洁，不应与影响橡胶质量的物质相接触。

（4）选用板式橡胶支座时，支座的最大承载力应与桥梁支点反力相吻合，其容许偏差范围宜为±10%。

(5)对于弯、坡、斜、宽桥梁，宜选用圆形板式橡胶支座。公路桥梁工程不宜使用带球冠的橡胶支座或坡形的橡胶支座。

(6)当桥梁纵坡坡度不大于1%时，板式橡胶支座可直接设置于墩台上，但应考虑纵坡影响所需要的厚度。当纵坡坡度大于1%时，应采用预埋钢板、混凝土垫块或其他措施将梁底调平，保证支座平置。板式橡胶支座应按JTG D62的有关规定验算并在验算满足规定要求后方可使用。

(7)四氟滑板橡胶支座应水平安装。支座的四氟滑板不得设置在支座底面，与四氟滑板接触的不锈钢板也不能设置在桥梁墩、台垫石上。

(8)板式橡胶支座安装处宜设置支承垫石，支承垫石平面尺寸大小应按局部承压计算确定，垫石长度、宽度应比支座相应的尺寸增加50 mm左右，其高度应为100 mm以上，且应考虑便于支座的更换。

(9)支座垫石内应布置钢筋网，钢筋直径为8 mm时，间距宜为50 mm×50 mm，桥梁墩、台内应有竖向钢筋延伸至支座垫石内，支座垫石的混凝土强度等级不应低于C30。

(10)支座垫石表面应平整、清洁、干爽、无浮砂。支座垫石顶面标高要求准确无误。在平坡情况下，同一片梁两端支承垫石及同一桥墩、台上支承垫石应处于同一设计标高平面内，其相对高差不应超过±1.5 mm，同一支承垫石高差应小于0.5 mm。

(11)支座安装时，应防止支座出现偏压或产生过大的初始剪切变形。安装完成后，必须保证支座与上、下部结构紧密接触，不得出现脱空现象。对未形成整体的梁板结构，应避免重型车辆通过。

桥梁墩台的设计应考虑支座养护、更换的需要。任何情况下，不允许两个或两个以上的支座沿梁纵向中心线在同一支承点并排安装；在同一根梁(板)上，横向不宜设置多于两个支座；不同规格的支座不应并排安装。

(12)支座安装后,应全面检查是否有支座漏放,支座安装方向、支座型式是否有错,临时固定设施是否拆除,四氟滑板支座是否注入硅脂油(严禁使用润滑油代替硅脂油)等现象,一经发现,应及时调整和处理,确保支座安装后的正常工作,并记录支座安装后出现的各项偏差及异常情况。

(13)板式橡胶支座应定期进行养护和和维修检查,一旦发现问题,应及时进行修补或更换。

8105 简述普通板式橡胶支座的安装方法?

1. 现浇梁安装橡胶支座比较方便。施工程序如下

(1)保持墩台垫石顶面清洁。如果支承垫石标高差距过大,可以用水泥砂浆进行调整。

(2)在支承垫石上按设计图标出中心,安装时橡胶支座的中心与支承垫石中心线要吻合,以确保支座就位准确。

(3)当同一片梁需两个或四个支座时,为方便找平,可以在支承垫石和支座之间铺一层水泥砂浆,让支座在桥梁体的压力下自动找平。

(4)在浇注梁体前,在支座上放置一块比支座平面稍大的支承钢板,钢板上焊接锚固钢筋与梁体连接,并把支承钢板视作浇梁模板的一部分进行浇注,按以上方法进行,可以使支座与梁底钢板及垫石顶面全部密贴。

2. 预制梁橡胶支座的安装:

安装好预制梁橡胶支座的关键在于保证梁底在垫石顶面的平行、平整,使其和支座上、下表面全部密贴,不得出现偏压、脱空和不均匀支承受力现象。施工程序如下:

(1)处理好支撑垫石,使支撑垫石标高一致。

(2)预制梁与支座接触的底面要保持水平和平整。当有蜂窝浆和倾斜度时,要预先用水泥砂浆捣实、整平。

(3)橡胶支座的正确就位。

先使支座和支承垫石按设计要求准确就位。架梁落梁时,T

形梁的纵轴线要与支座中心线重合;板梁、箱梁的纵轴线与支座中心线相平行。为落梁准确,在架第一跨板梁或箱梁时,可在梁底划好二个支座的十字位置中心,在梁的端立面上标出两个支座的位置中心线的铅直线,落梁时使之与墩台上的位置中心线相重合。以后数跨可依照第一跨梁为基准进行。

(4)架梁落梁时要平稳,防止压偏或产生初始剪切变形。

(5)安装T形梁时,若支座比梁筋底宽,则应在支座与梁筋底之间加设比支座大的钢筋混凝土垫块或厚钢板做过渡层,以免支座局部受压,而形成应力集中。钢筋混凝土垫块或厚钢板要用环氧树脂砂浆和梁筋底贴合黏结。

(6)落梁后,一般情况下支座顶面与梁面保持水平。预应力简支梁,其支座顶面可稍后倾;非预应力梁其支座顶面可略微前倾,但倾斜角度不得超过5″。

8106 橡胶支座按装在什么情况下应及时调整?如何调整?

橡胶支座安装后,若发现下述情况,应及时进行调整:

(1)个别支座落空,出现不均匀受力。

(2)支座发生较大的初始剪切变形。

(3)支座偏压严重,局部受压,侧面鼓出异常,而局部落空。

调整方法一般可用千斤顶顶起梁端,在支座上下表面铺涂一层水泥砂浆(或环氧树脂砂浆)。再次落梁,在重力作用下支座上下表面相互平行且同梁底,墩台顶面全部密贴;同时使一片梁两端的支座处于同一平面内,梁的纵向倾斜度应加以控制,以支座不产生明显初始剪切变形为佳。

8107 简述盆式橡胶支座的安装。

(1)安装前的准备工作

盆式橡胶支座在安装前应检查零部件是否齐备。对活动支座应用酒精或丙酮清洗相对活动面,擦干后在四氟滑板凹槽内涂满295硅脂。

支承垫石顶面及梁底的支座安装部位必须清洁平整。根据公路桥梁施工规范，支座的四角高差不得大于 2 mm。

（2）支座安装

对现浇主梁，应将支座上、下底板临时固定相对位置，整体吊装，固定在设计位置上。对于预制吊装主梁，则应将支座上座板固定在大梁上，然后确定底盆在墩台上的位置。对具有临时支座的连续梁，则应先固定下座板，待主梁施工完毕，且校正位置后，拆除临时支座，让梁落在支座上。临时支座若系硫磺砂浆，在拆除临时支座时，必须在支座与临时支座之间采取隔热措施，以免损坏四氟滑板。支座安装时，其顺桥向中心线必须与主梁中心线或切线重合或平行。

支座位置确定好后，即可将上、下部固定。支座与上、下构造连接方式，可采用焊接，也可采用地脚螺栓锚固。采用焊接时，不能连续施焊，要采用跳跃式断续焊接方法，逐步焊满周边，以免局部温度过高。采用地脚螺栓连接时，应将支座上座板与地脚螺栓按设计要求放好，再浇筑混凝土。下支座板与墩台连接处，应预留地脚螺栓孔。孔中灌注环氧树脂砂浆，于初凝前，从支座的地脚螺栓孔中插入地脚螺栓并带好螺母，待完全凝固后再拧紧螺母。

8108　球型支座的安装应符合哪些规定?

（1）支座的安装高度应符合设计要求，安装时应保证支座平面的水平，支座支承面的四角高差不得大于 2 mm。

（2）安装支座板及地脚螺栓时，在下支座板四周宜采用钢楔块进行调整，使支座水平。支座在安装过程中不得松开上顶板与下底盘的连接固定板。

（3）灌浆料应采用质量可靠的专用产品，灌浆应饱满、密实。灌浆料硬化并达到规定的强度后，应及时拆除支座四角的临时钢模块，模块抽出的位置应采用相同的灌浆料填塞密实。

（4）在梁体安装完毕或现浇混凝土梁体形成整体并达到设计

强度后，张拉梁体预应力之前，应拆除支座上顶板与下底盘的连接固定板，解除约束使梁体能正常转动和位移。

（5）拆除连接固定板后，应对支座进行清洁，检查无误后灌注硅脂，并应及时安装支座外防尘罩。

第二节　伸缩装置

8201　什么是桥梁伸缩装置？一般分为哪几类？

桥梁伸缩装置是为使车辆平稳通过桥面并满足桥梁上部结构变形的需要，在桥梁伸缩缝处设置的由橡胶和钢材等构件组成的各种装置的总称。

伸缩装置按照伸缩体结构的不同分为四类。

（1）模数式伸缩装置：伸缩体由中梁钢和 80 mm 的单元橡胶密封带组合而成的伸缩装置，适用于伸缩量为 160～2 000 mm 的公路桥梁工程。

（2）梳齿板式伸缩装置：伸缩体由钢制梳齿板组合而成的伸缩装置，一般适用于伸缩量不大于 300 mm 的公路桥梁工程。

（3）橡胶式伸缩装置：橡胶式伸缩装置分板式橡胶伸缩装置和组合式橡胶伸缩装置两种。

1）伸缩体由橡胶、钢板或角钢硫化为一体的板式橡胶伸缩装置，适用于伸缩量小于 60 mm 的公路桥梁工程；

2）伸缩体由橡胶板和钢托板组合而成的组合式伸缩装置，适用于伸缩量不大于 120 mm 的公路桥梁工程。

橡胶式伸缩装置不宜用于高速公路、一级公路上的桥梁工程。

（4）异型钢单缝式伸缩装置：伸缩体完全由橡胶密封带组成的伸缩装置。由单缝钢和橡胶密封带组成的单缝式伸缩装置，适用于伸缩量不大于 60 mm 的公路桥梁工程。由边梁钢和橡胶密封带组成的单缝式伸缩装置，适用于伸缩量不大于 80 mm 的公路桥梁工程。

8202 **伸缩装置使用的钢材应符合哪些规定?**

(1)钢材的性能要求应符合 GB/T 699,GB/T 700,GB/T 1591 的规定,对异型钢材强度,当温度在−25℃～60℃时,应不低于 Q345C 钢材强度;当温度在−40℃～60℃时,应不低于 Q345D 钢材强度,同时应采用冷纠直次数不超过两次的产品;其余钢材强度,当温度在−25℃～60℃时,应不低于 Q235C 钢材强度;当温度在−40℃～60℃时,应不低于 Q235D 钢材强度。

(2)异型钢材的外形、外观、孔口部位尺寸应满足设计图纸要求;异型钢材沿长度方向的直线度公差应满足 1.0 mm/m,全长直线度公差应满足 5 mm/10 m,扭曲度不大于 1/1 000;异型钢材的技术要求、试验方法、检验规则、包装、标志及质量证明应符合 GB/T 1591 的规定。

(3)不允许使用焊接成型异型钢材。生产整体热轧成型或整体热轧机加工成型异型钢材的工厂应确保异型钢材的整体质量无内部缺陷后方可出厂。异型钢应按实际质量或公称质量交货,其实际质量与公称质量允许偏差为±5%。出厂时应提供该批钢材化学成分分析报告和力学性能检验报告。

(4)伸缩装置中使用的钢板、圆钢、方钢、角钢等应符合 GB/T 702,GB/T 912,GB/T 3274 的规定。

(5)伸缩装置中使用的不锈钢板应符合 JT/T 4 的有关规定。

(6)沿海桥和跨海桥的伸缩装置使用的异型钢材,应采用 Q355NHD 级钢,其余型式伸缩装置使用的钢材应采用 Q235NHD 级钢,其力学性能和质量要求应符合 GB/T 4172 的规定。

8203 **桥梁伸缩装置的伸缩量如何计算?**

(1)由温度变化引起的伸缩量,按下列公式计算:

温度上升引起的梁体伸长量 Δl_t^+:

$$\Delta l_t^+ = a_e l (T_{max} - T_{set,l})$$

温度下降引起的梁体缩短量 Δl_t^-:

$$\Delta l_t^- = a_e l(T_{set,u} - T_{min})$$

式中 T_{max}、T_{min}——当地最高、最低有效气温值，按《公路桥涵设计通用规范》(JTG D60—2004)取用；

$T_{set,u}$、$T_{set,l}$——预设的安装温度范围的上限值和下限值；

l——计算一个伸缩装置伸缩量所采用的梁体长度，视桥梁长度分段及支座布置情况而定；

a_e——梁体混凝土材料线膨胀系数，采用 $a_e = 0.000\,01$。

(2)由混凝土收缩引起的梁体缩短量 Δl_s^-，按下列公式计算：

$$\Delta l_s^- = \sum_{es}(t_u, t_0) l$$

式中 $\sum_{es}(t_u, t_0)$——伸缩装置安装完成时梁体混凝土龄期 t_0 至收缩终了时混凝土龄期 t_u 之间的混凝土收缩应变，可按《公路钢筋混凝土及预应力混凝土桥涵设计规范》(JTG D62—2004)表6.2.7采用或按附录F计算。

(3)由混凝土徐变引起的梁体缩短量 Δl_e^- 按下列公式计算：

$$\Delta l_e^- = \frac{\sigma_{pe}}{E_e} \phi(t_u, t_0) l$$

式中 σ_{pe}——由预应力(扣除相应阶段预应力损失)引起的截面重心处的法向压应力，当计算的梁为简支梁时，可取跨中截面与1/4跨径截面的平均值；当梁体为连续梁或连续刚构时，可取若干有代表性截面的平均值；

E_e——梁体混凝土弹性模量，按《公路钢筋混凝土及预应力混凝土桥涵设计规范》(JTG D62—2004)表3.1.5采用；

$\phi(t_u, t_0)$——伸缩装置安装完成时梁体混凝土龄期 t_0 至徐变终了时混凝土龄期 t_u 之间的混凝土徐变系数，可按《公路钢筋混凝土及预应力混凝土桥涵设计规范》(JTG D62—2004)表6.2.7采用或按附录F计算。

(4)由制动力引起的板式橡胶支座剪切变形而导致的伸缩缝开中量 Δl_b^- 或闭口量 Δl_b^+，其值可按 Δl_b^- 或 $\Delta l_b^+ = F_k t_e / G_E A_g$ 计

算，其中 F_k 为分配给支座的汽车制动力标准值，t_e 为支座橡胶层总厚度，G_e 为支座橡胶剪变模量（按《公路钢筋混凝土及预应力混凝土桥涵设计规范》(JTG D62—2004)第 8.4.1 条采用)，A_g 为支座平面毛面积。

(5)按照梁体的伸缩量选用伸缩装置的型号：

1)伸缩装置在安装后的闭口量 C^+：

$$C^+=\beta(\Delta l_l^+ +\Delta l_b^+)$$

2)伸缩装置在安装后的开口量 C^-：

$$C^- =\beta(\Delta l_l^- +\Delta l_B^- +\Delta l_c^- +\Delta l_b^-)$$

3)伸缩装置的伸缩量 C 应满足：

$$C\geqslant C^+ +C^-$$

式中 β——伸缩装置伸缩量增大系数，可取 $\beta=1.2\sim1.4$。

注：1. 对于影响伸缩装置伸缩量的其他因素，应视具体情况予以考虑。

2. 当施工安装温度在设计规定的安装温度范围以外时，伸缩装置应另行计算。

8204 施工安装时伸缩装置的间隙宽度如何近似计算?

施工安装安装时伸缩装置的间隙宽度 ΔL，可按下式近似计算

$$\Delta L=0.66L-[(t+10)\times0.012L]\times1.1+15 \quad (钢梁)$$

$$\Delta L=(0.44+0.6\beta)L-[(t+5)\times0.01L]\times1.1+15(P_c 梁)$$

$$\Delta L=(0.44+0.2\beta)L-[(t-5)\times0.01L]\times1.1+15(R_c 梁)$$

式中 ΔL——间隙宽度(mm)；

L——伸缩区段梁长(m)；

t——安装时气温(℃)；

β——徐变、干缩的递减系数，见表 8-1。

表 8-1 β 值

混凝土的龄期(月)	0.25	0.5	1	3	6	12	24
徐变、干缩递减系数 β	0.8	0.7	0.6	0.4	0.3	0.2	0.1

8205 伸缩装置的组装应符合哪些规定?

(1)组合式橡胶伸缩装置、梳齿板式伸缩装置应在工厂进行试

组装，模数式伸缩装置应在工厂进行组装。

(2)组装前应对异型钢逐根进行检查，其基本断面尺寸应满足规范的要求，并确保无质量隐患后方可使用。

(3)模数式伸缩装置中使用多根异型钢，若需对接接长时，接头应设置在受力较小处，并错开布置，错开距离不应小于 80 mm，并应采用厚度大于 20 mm 的钢板加强。接缝处应按 GB/T 3323 和 GB/T 11345 的规定进行探伤，同时对异型钢材变形校正后，应消除内应力。行车道位置不应设置接缝。

(4)伸缩装置中使用的焊接件，其焊缝高度应满足设计要求，焊缝应采用活性气体保护焊(CO_2)，焊缝不得出现裂纹、夹渣、未熔合和未填满弧坑，同时焊缝应避免太厚、错位和母材烧伤等缺陷，焊接技术应符合 GB/T 985 和 JB/T 5943 的规定。

(5)伸缩装置待组装的部件，必须有工厂质检部门的合格标记，外购件或协作厂加工部件，应有合格证书方可进行组装，不合格构件不能进行装配。

(6)在组装过程中，所用的螺栓、螺钉、垫片、不锈钢板、聚四氟乙烯板、弹性元件、支座等构件，必须清洁，不应有碰伤，螺栓、螺钉头部及螺母端面，应与被紧固零件的平面均匀接触，不能倾斜，也不能用锤敲击来达到均匀接触的目的。

(7)伸缩装置使用锚固钢筋应符合 GB/T 1499，GB 13013 的规定，并满足设计要求。

(8)除不锈钢板的滑动面和与混凝土的接触面外，凡待组装构件表面应平整、清洁，去除铁屑、毛刺、油污，除锈后均应进行有效防护处理。

(9)模数式伸缩装置组装后，在伸缩装置完全压缩时的任意位置，在同一断面处，以两边梁顶面的平面为准，每根中梁顶面和边梁顶面相对高差不应大于±1.5 mm；每条缝宽度偏差应在±2 mm范围内。平面总宽度的偏差，当伸缩量不大于 480 mm 时，应在±5 mm 范围内；当伸缩量大于 480 mm 且小于等于 800 mm时，应在±10 mm 范围内；当伸缩量大于 800 mm 时，应在

±15 mm范围内。

(10)模数式伸缩装置在工厂组装时，经检测合格后，应按照用户提供的施工安装温度，确定其压缩量定位出厂。若用户未提供安装定位温度，可按最大伸缩量的1/2定位出厂。出厂时，吊装位置应用明显标志标明。

(11)梳齿板式伸缩装置组装后，在伸缩范围内任一位置，同一断面处：当伸缩量不大于80 mm时，两边齿板高差，应小于等于0.3 mm；当大于80 mm时，应小于等于5 mm。在最大压缩量时，齿板间隙不小于15 mm，横向间隙不小于5 mm，在最大拉伸量时，齿板搭接长度不小于30 mm。

8206 伸缩装置的施工安装应符合哪些规定？

(1)施工安装前应按照设计图纸提供的尺寸，核对梁、板端部及桥台处安装伸缩装置的预留槽的尺寸。若图纸上未注明，则模数式伸缩装置，伸缩量为160 mm时，预留槽深度应大于或等于250 mm，其余伸缩量应根据需要逐级加深。异型钢单缝式伸缩装置的预留槽深度应大于或等于150 mm。同时应检查核对预埋锚固钢筋的规格、数量、位置与设计的一致性，与梁、板、桥台锚固的可靠性；检查核对梁、板与桥台间的伸缩缝与设计值是否一致，若不符合设计要求，施工单位应首先处理，满足设计要求后生产厂方可安装伸缩装置。

(2)伸缩装置上桥安装之前，应按照安装时气温调整安装时的定位值，并应由安装负责人检查签字后方可用专用卡具将其固定。

(3)伸缩装置吊装就位前，应将预留槽内混凝土打毛并清扫干净。吊装时应按照工厂标明的吊点位置起吊，必要时可作适当加强。

(4)安装时，伸缩装置的中心线应与桥梁中心线相重合，伸缩装置顺桥向应对称放置于伸缩缝的间隙上，然后沿桥面横坡方向，每米一点测量水平标高，并用水平尺或板尺定位，使其顶面标高与设计要求相吻合后垫平。随即穿放横向连接水平钢筋，并将伸缩装置的锚固钢筋与梁、板或桥台上预埋钢筋两侧同时焊牢。如有困难，可先将一侧焊牢，待达到已确定的安装气温时，再将另一侧锚固钢筋全部焊牢，放松卡具，使其自由伸缩。

(5)梳齿板式伸缩装置安装，应防止产生梳齿不平、扭曲及其他的变形，严格控制由于伸缩方向的误差及横向伸缩等原因造成梳齿之间的间隙偏差，在最高温度时，梳齿间横向间隙不应小于5 mm，齿板间隙不应小于15 mm。

(6)橡胶伸缩装置，安装后应处于受压状态。

(7)浇筑混凝土前，应彻底清扫预留槽，并在伸缩缝间隙处用泡沫塑料将间隙填塞，然后安装必要的模板。混凝土预留槽内应浇筑C40环氧树脂混凝土或C50钢纤维混凝土，也可用C50以上强度等级的混凝土填充捣实。应防止混凝土渗人模数式伸缩装置位移控制箱内，也不允许将混凝土溅填在密封橡胶带缝中及表面上。如果发生此现象，应予以清除，然后进行正常养护。

(8)伸缩装置两侧预留槽混凝土强度在未满足设计要求前不得开放交通。

(9)伸缩装置施工验收应按照JTJ 071规定进行。

8207　伸缩装置施工时应注意哪些细节?

(1)T梁应在安装后再现浇伸缩缝处的梁端段，才能保证梁端的顺直度。

(2)先简支后连续的桥梁，在连成一联时的施工温度确定预留梁端间距，当采用先安装再现浇伸缩缝处的梁端段施工工艺时，梁端的预留间距可根据当天的平均气温计算确定。

(3)应注意背墙和梁端上的伸缩缝预埋件的定位。

(4)伸缩缝预留槽内的预埋钢筋不得高于设计的水泥混凝土桥面铺装。

(5)应采用不小于1.0 cm的木模板或钢板，要求模板安装牢靠。

(6)伸缩缝的混凝土应比沥青路面稍低1～2 mm。

(7)要控制好混凝土的配合比和钢纤维的含量。

(8)伸缩缝在浇筑混凝土之后要拆除模板,认真检查混凝土的质量,对于不合格的必须凿除整改。

(9)对于小位移量和预留较浅的槽口可用聚苯乙烯泡沫板制作模板。

(10)模板要求遮挡严密,防止混凝土砂浆流入变位箱。

(11)要严格按照设计要求预留伸缩缝槽的深度,确保变位箱底部混凝土密实。

(12)伸缩装置的混凝土一定要达到设计的强度,才能开放交通,才能保证伸缩装置的使用寿命。必要时可考虑采用临时栈桥。

(13)不应在异型钢梁上焊接,以防钢梁的变形。

(14)对于较宽的桥面伸缩装置,由于运输的原因需对接接长时,接头应设置在受力较小处(行车道位置不应设置接缝),并要错开距离不应小于 80 mm,应采用厚度大于 20 mm 的钢板加强。接缝处应按《金属熔化焊焊接接头射线照相》(GB/T 3323)和《钢焊缝手工超声波探伤方法和探伤结果分级》(GB/T 11345)的规定进行探伤。

第三节　桥面防水

8301　桥面防水层一般有什么技术要求?

(1)桥面防水层应覆盖整个混凝土桥面,防水层一般为两道,第一道喷涂水泥混凝土表面防水剂 2 遍,第二道喷涂桥面防水涂料 2～4 遍,防水涂膜厚度以平均不超过 2 mm 为宜。

(2)防水层应具有良好的耐久性,至少应有不低于桥面沥青铺装层使用年限的寿命(约 8～10 年)。并能适应桥梁动荷载抗压、抗拉的特点,当混凝土桥面板开裂≤2 mm 时,防水涂膜变形仍应满足不拉裂的需要,以保证防水质量。

(3)在环境条件－15℃～＋90℃范围内,仍能满足(2)的要求。同时,在经受沥青层摊铺温度约 160℃后,不影响其长期耐久使用性时。防水涂层与其上沥青混凝土铺装层应有相融性，二者之间的黏结力不低于沥青混凝土铺装层与混凝土桥面之间的黏结力，层间抗剪强度 25 ℃时，≥1.5 MPa；35℃时≥1 MPa。

(4)喷涂水泥混凝土表面防水剂，应保证防水剂能够渗入桥面混凝土 10 mm 以上，提高混凝土抗渗性>0.2 MPa。

(5)防水涂层对混凝土桥面板亦应具有良好的黏结性，以保证沥青铺装层黏结力的需要，并在粗糙桥面板上具有良好的密贴性。防水层黏结后不得夹有空气层。

(6)防水层抗渗要求应在 0.3 MPa 以上。

(7)防水层粘贴牢固，表面平整、无空鼓、脱落、翘边等缺陷。防水层实干后 7 d 蓄水试验，水高 5～10 cm，蓄水时间不少于 24 h，应无渗漏。

8302　常用的桥面防水层材料有哪些？

防水黏结材料有混凝土表面防水剂、聚合物改性沥青防水涂料。防水卷材有 APP 塑性体弹性沥青聚脂胎砂面油毡等防水卷材。

8303　桥面防水层施工前为什么对混凝土进行抛丸(拉毛)处理？

为提高防水层和沥青混凝土铺装层同混凝土桥面板之间抗剪强度，混凝土桥面板进行抛丸(拉毛)处理是必要的。当混凝土表面是自然平整表面，抗剪强度很难达到规定要求，经过适当抛丸(拉毛)处理后，防水层和沥青混凝土铺装层同混凝土界面的嵌锁力和摩阻力都有很大提高。因此其抗剪强度均可超出规定要求，这样就为路面车辆行驶后长时间内不出现起皱，裂缝创造良好的条件。一般要求抛丸(拉毛)深度 3 mm，宽度 4 mm，相邻抛丸(拉毛)净距 24 mm。

8304　简述桥面铣刨的工艺流程。

(1)施工准备

1)施工前对施工部位进行查看，若有搭板靠伸缩缝处积水现象应在施工前及时上报处理方案，避免以后积水；

2)准备就位，将铣刨机、铣刨鼓放在桥面上；

3)为保证铣刨过程的稳定性，应将铣刨机鼓轮定位，以避免频繁调整运行参数；

4)将自卸车停放在设备前方合适的位置。

(2)初步起动调整

通过电脑调节控制深度，将铣刨深度控制在设计要求范围内

(3)运行铣刨机

1)打开行走开关，控制行走速度，使行走速度控制在每分钟10 m以内。

2)行走前将输送皮带打开，并将铣刨产生的废料，输送到设备前方的自卸车内。

(4)清扫

1)用人工将未输送掉的废料收集起来，装送到自卸车上。

2)利用水车上的高压水枪将桥面冲洗干净，并用吹风机(约1.4 m^3/s吹走积水和积累的废料。

(5)对局部桥面凹凸不平，平整度较差，导致铣刨机无法铣刨到位或漏铣，应用抛丸机进行处理，保证不留桥面光板现象。

(6)对直线桥两侧泄水孔或曲线桥内侧泄水孔附近铣刨机无法铣刨到位的部位，应对泄水孔前后1 m范围内(宽5～10 cm)进行人工或机械处理，保证泄水孔正常排除层间或水泥混凝土与下面层层间水的滞留。

8305 卷材铺贴应符合哪些规定?

(1)卷材铺贴前要保持干燥，并将表面杂物、浮浆清除；

(2)卷材搭接长度，长边不小于10 cm，短边不小于15 cm；上下两层和相邻两幅卷材的接缝相互错开，上下层卷材不得相互垂直；

(3)粘贴卷材的沥青胶厚度，控制为1.5～2.5 mm，且不得超过3 mm；

(4)在靠近花饰护栏处，卷材的搭接缝要留置在底面上距花饰护栏不小于 60 cm 处；

(5)在混凝土桥面铺装和花饰护栏相接处的卷材防水层，要在铺设前先将交接处抹成钝角或圆弧形，铺设时同时在防水层上加铺附加层，附加层采用二层同样的油毡或一层沥青玻璃布油毡，铺贴时按交接处的形状粘贴紧密；当交接处由三个不同方向表面构成时，除附加层外，加一层沥青玻璃布油毡或金属片予以加固；

(6)粘贴卷材要展平压实，卷材与混凝土桥面铺装和各层卷间必须黏结紧密，并将多铺的沥青胶结材料挤出，搭接缝必须封缝严密，防止出现水路；粘贴完最后一层卷材后，表面应再涂一层厚为 1～1.5 mm 的热沥青胶结材料。

卷材防水层铺贴时的控制气温不低于＋5℃，否则在暖棚中进行。沥青胶工作温度不低于 150℃。

8306　喷涂桥面混凝土防水剂施工时应注意什么？

(1)在施工部位用自来水或清洁水冲洗表面浮灰，并喷洒足量的水使基层混凝土完全湿润。

(2)待基层清洗湿润后，表面无浮水时，喷涂防水剂于基层表面。当防水剂渗入基层内部，表面无明显湿润状态时，再喷涂第二遍防水剂。

(3)喷涂第二遍防水剂后，应有专人负责观察涂层蒸发情况。约 2～3 h 后，防水剂涂层将要干燥时(一面干饱和状态)，应立即用喷雾器喷洒清水，以湿润表面为准，不宜过多，以免防水剂流失。应连续喷水养护 24 h。

8307　喷涂桥面防水涂料时应注意哪些细节？

(1)基层清理

喷涂桥面防水涂料前，首先凿除混凝土浮浆，平整凸凹不平处，清除油污，垃圾等，然后彻底清扫基面，再用吹尘器把基面吹干净。

(2)喷涂桥面防水涂料

喷涂桥面防水涂料第一层时,要在涂料中适当掺加一定量的表面活性剂溶液进行稀释,以促使涂料掺入基层毛细孔隙以提高防水涂层的黏结强度和抗剪强度。

喷涂第二、三、四遍涂料,要待上一遍涂料实干后才能喷涂。

(3)局部涂刷

为避免涂料污染防撞墙,在喷涂桥面防水涂料时,应设专人执挡布护住防撞墙,而防撞墙底部防水层,采取人工涂刷。

第九章　桥梁常见质量问题预防与处理

第一节　桩基质量问题的预防与处理

9101　简述墩台基础严重冲刷时应如何抢修?

抛投片石及石笼，在流速较小、河水深度不大的地方采用抛片石，抛片石应尽量向上游抛；流速大、水深时，应采用抛投石笼，中间空隙用片石填塞。

干灰砂装麻袋加固冲空的基础，基底局部被冲空时，可以在冲空的地方填以装有干灰砂的小麻袋由潜水工塞入基底空隙中，并在小麻袋间打入扒锯钉，互相连接。

9102　钻孔桩发生桩位偏差如何防治?

(1)提高测量精度，减少测量误差。

(2)开挖护筒时，先将桩位引出(以十字交叉线引出)，护筒埋设后，再引至护筒上，以十字线定出桩位。

(3)钻机就位时，钻头中心与桩位中心在同一条垂直线上。

9103　钻孔桩成孔时产生斜孔的原因和防治措施有哪些?

(1)钻机安装时，底盘安装不牢固或地表有沉降。

(2)在软、硬不均的地层钻进时，控制进尺，减少冲程。

(3)孔内有较大的孤石、探头石时，填片石后再冲击。

(4)出现斜孔后，回填粘土及片石，再次冲击成孔。

9104　如何控制钻孔桩缩径和坍孔的发生?

(1)控制孔内水头高度，高于地下水位 2 m 以上，保持泥浆比重不低于 1.2。

(2)加强工序衔接，缩短裸孔时间。

(3)出现缩径后，通过在缩径处上下提钻、反复扫孔。对于坍孔采用回填后，重新冲击成孔。

9105 钻孔桩灌注混凝土时，导管进水的原因是什么？如何预防？

由于导管组拼时操作不良，胶垫安放不平正或胶垫质量不良，组拼后未经水密试验造成的。应该提高组拼质量，组拼后经水密试验，严格检查工地组拼接头的质量。

(1)控制导管提离孔底距离，以隔水栓顺利冲击为宜，且隔水栓须与首批混凝土同步下落。

(2)导管接头确保拧紧，焊缝严密、牢固，灌入过程混凝土下放防过快，避免形成高压气囊。

(3)灌注过程中勤测导管埋深，导管提升不能过猛，防止导管提离混凝土面。

9106 钻孔桩灌注混凝土时，导管埋于混凝土中不能拔出的原因是什么？如何预防？

由于混凝土配合比不良，和易性欠佳，施工气温过高，混凝土初凝时间太短，导管埋入深度太大，且提动次数太少，或提动间隔时间过久等造成。

应选用初凝时间较长的水泥及和易性良好的配合比，导管应及时提动且埋入深度不要过深。若埋管事故已发生，初时可用链滑车、千斤顶试拔。如仍拔不出，当桩孔较大，已灌的表层混凝土尚未初凝时，可另下一根导管，按导管漏水事故的处理要求相应处理。如表层混凝土已初凝，新管插不下去，则应按断桩处理。当已灌注的混凝土距桩顶不深时，可将原护筒向上接长(或外加一道钢护筒)加压或锤击使护筒底脚沉到已灌注的混凝土面以下，按前办法抽水，除渣后，接灌普通混凝土。

9107 钻孔桩混凝土施工时产生堵管的原因是什么？如何预防？

由于导管轻微漏水，导管埋入混凝土内太深，含砂率偏低，混凝土拌和物和易性欠佳等造成。

应在导管使用前经水密试验，不宜埋入过深，在灌注过程中严格控制混凝土的和易性、流动性，塌落度控制在 180～200 mm 之间；严格检查混凝土中有无大块杂物，在雨天浇筑混凝土时，在孔口料斗上加盖雨布，防止雨水进入使混凝土产生离析而造成堵管。已堵管可敲击，抖动，振动或提动导管（高度在 30 cm 以内），或用长杆捣导管内混凝土以疏通；如无效，在顶层混凝土尚未初凝时，将导管拔出，并用空气吸泥机将管内的混凝土排出，重新插入混凝土内，再恢复灌注。

9108　钻孔灌注桩断桩原因有哪些？

（1）施工机械、器具存在问题

1）剪球不合适卡管，在灌注水下混凝土时，经常会产生剪球时卡管的情况，原因是塞球不合适，塞球直径与导管直径差别太小，剪球前由于砂浆或细石料渗入导管与球壁之间造成堵塞。如果是这种情况，在不浪费混凝土方量的前提下，应急处理办法有两个：一是用一定长度（一般比漏斗长 2 m 左右）直径为 20～25 mm 的钢筋捅塞球，使混凝土下落。另一种方法是利用机械振动使混凝土下落，这种方法要求操作技术娴熟，以保证混凝土下落时导管回落到正常埋管的位置。

2）导管清理不干净，管壁内混凝土残渣聚集造成混凝土堵管，此种情况一般发生在混凝土开始浇筑或开始后不久，处理方法是：提出钢筋笼，用钻机重新挖至标高，重新清孔后再进行混凝土施工。

（2）混凝土不合格

1）混凝土坍落度过小或拌和不均匀，加上混凝土中粗骨料下沉，可能导致漏斗口处粗骨料相互挤压密实而堵塞漏斗口，导致剪球后混凝土难以下落。第一斗混凝土坍落度一般以控制在水下混凝土坍落度规范要求的高限为宜，为确保剪球顺利，可适当控制石料用量，等剪球完成后再按正常配合比进行拌和。如果采取措施后混凝土仍不下落，时间又长，只能适当清孔或用空压机对孔底进行扰动后重新灌注混凝土。

2）混凝土离析、抓底板结，灌注桩混凝土最忌离析板结，该种混凝土若浇灌一直连续进行还不至于堵管产生断桩，一旦中途停歇，必然造成混凝土堵管，严重时造成断桩。因此灌注桩的混凝土必须在坍落度试验完后，用5～10 min时间观察是否有板结，离析泌水现象，一旦发现严禁用于灌注桩施工。尤其是在材料更换批次时做好混凝土性能的检测。

3）坍落度损失太快，混凝土凝结时间短，当灌注中间隔时间较长时就会造成导管中混凝土不流动，拔管时发生断桩，该种情况尤其容易发生在炎热条件下灌注桩的施工。因此，灌注桩的混凝土一般掺入合适的缓凝剂与保坍剂，适当延长混凝土的凝结时间和减少坍落度损失。

（3）施工组织存在问题

1）施工组织不当，因机械故障、混凝土供应等原因使混凝土在导管内停留时间过长，或者灌注时间过长，部分混凝土已经初凝使下落阻力增大而堵在导管内。这种事故宜以预防为主。灌注前应全面检修设备、加强施工各环节的协调，尽可能使灌注连续快速。

2）混凝土埋深不合适。导管埋深过大或过少都有可能使灌注桩断桩。埋深太大时，混凝土在管中停留时间太长，导管内外摩擦力增大，加大拔管难度，甚至无法提起导管或将导管拔断，造成断桩。埋深太浅时，极易拔漏导管，使桩中间因泥浆面造成断桩。水下混凝土灌注应严格控制埋管深度，不得大于6 m，且不小于1 m。盲目提拔，将导管提拔过量，使导管底口拔出混凝土面，或使导管口处于泥浆层，形成断桩。

3）导管下沉深度不够，由于检测和计算错误，导管长度不够使底口与孔底距离过大，首批灌注的混凝土不能埋住导管底部，从而形成断桩。或者导管下距孔底过远，混凝土被冲洗液稀释，使水灰比增大，造成混凝土不凝固。混凝土桩体与基岩之间被不凝固的混凝土软体充填。

4)混凝土灌注过程中发生坍孔，无法清理，或使用吸泥机清理不彻底，使灌注中断造成断桩。

9109 为预防钻孔灌注桩时发生断桩，混凝土施工时应注意哪些？

(1)关键设备(混凝土搅拌设备、发电机、运输车辆)要有备用，材料(砂、石、水泥等)要准备充足，以保证混凝土能连续灌注。

(2)混凝土要求和易性好，坍落度要控制在 18～22 cm。若灌注时间较长时，可以在混凝土中加入缓凝剂(需征得监理工程师的许可)，以防止先期灌注的混凝土初凝，堵塞导管。

(3)在钢筋笼制作时，一般要采用对焊，以保证焊口平顺。当采用搭接焊时，要保证焊缝不要在钢筋笼内形成错台，以防钢筋笼卡住导管。

(4)导管的直径应根据桩径和石料的最大粒径确定，尽量采用大直径导管；对每节导管进行组装编号，导管安装完毕后要建立复核和检验制度。导管使用前，要对导管进行检漏和抗拉力试验，以防导管渗漏。

(5)下导管时，其底口距孔底的距离控制在 25～40 cm(注意导管口不能埋人沉淀的回淤泥渣中)之间，同时要能保证首批混凝土灌注后能埋住导管至少 1.0 m。在随后的灌注过程中，导管的埋置深度一般控制在 2.0～6.0 m 的范围内。

(6)在提拔导管时要通过测量混凝土的灌注深度及已拆下导管的长度，认真计算提拔导管的长度，严禁不经测量和计算而盲目提拔导管。

(7)当混凝土堵塞导管时，可采用拔插抖动导管(注意不可将导管口拔出混凝土面)，当所堵塞的导管长度较短时，也可以用型钢插入导管内来疏通，也可以在导管上固定附着式振捣器进行振动来疏通导管内的混凝土。

(8)当钢筋笼卡住导管时，可设法转动导管，使之脱离钢筋笼。

9110 钻孔灌注桩断桩如何处理？

(1)断桩后如果能够提出钢筋笼,可迅速将其提出孔外,然后用冲击钻重新钻孔,清孔后下钢筋笼,再重新灌注混凝土。

(2)如果因严重堵管造成断桩,且已灌混凝土还未初凝时,在提出并清理导管后可使用测锤测量出已灌混凝土顶面位置,并准确计算漏斗和导管容积,将导管下沉到已灌混凝土顶面以上大约10 cm处,加球胆。继续灌注时观察漏斗内混凝土顶面的位置,当漏斗内混凝土下落填满导管的瞬间(此时漏斗内混凝土顶面位置可以根据漏斗和导管容积事先计算确定)将导管压入已灌混凝土顶面以下,即完成湿接桩。

(3)若断桩位置处于距地表10 m以下处,且混凝土已终凝,可使用直径略小于钢筋笼内径的冲击钻在原桩位进行冲击钻孔至钢筋笼底口以下1 m处,然后往孔内投放适量炸药,待钢筋笼松动后整体吊出或一根根吊出。然后再进行二次扩孔至设计直径,清孔后重新灌注混凝土。

(4)若断桩位置处于距地表5 m以内,且地质条件良好时,可开挖至断桩位置,将泥浆或掺杂泥浆的混凝土清除,露出良好的混凝土并凿毛,将钢筋上的泥浆清除干净后,支模浇筑混凝土。拆模后及时回填并夯实。

(5)若断桩位置处于地表5 m以下、10 m以内时,或虽距地表5 m以内但地质条件不良时,可将比桩径略大的混凝土管或钢管一节节接起来,直到沉到断桩位置以下0.5 m处,清除泥浆及掺杂泥浆的混凝土,露出良好的混凝土面并对其凿毛,清除钢筋上泥浆,然后以混凝土管或钢管为模板浇筑混凝土。

(6)若因坍孔、导管无法拔出等造成断桩而无法处理时,可由设计单位结合质量事故报告提出补桩方案,在原桩两侧进行补桩。

9111　钻孔灌注桩钢筋笼上浮的原因？如何预防？

混凝土在进入钢筋笼底部时浇筑速度太快；钢筋笼未采取固定措施。

当混凝土上升到接近钢筋笼下端时，应放慢浇筑速度，减小混凝土面上升的动能作用，以免钢筋笼被顶托而上浮。当钢筋笼被埋人混凝土中有一定深度时，再提升导管，减少导管埋人深度，使导管下端高出钢筋笼下端有相当距离时再按正常速度浇筑，在通常情况下，可防止钢筋笼上浮。此外，浇筑混凝土前，应将钢筋笼固定在孔位护筒上，也可防止上浮。

9112　桩身混凝土质量差的原因是什么？如何预防？

(1)原因

1)浇灌混凝土时未边灌边振捣，使桩身混凝土不密实。

2)浇灌混凝土时或上部放钢筋笼时，孔壁土坍落在混凝土中，造成桩身夹泥。

3)混凝土配合比坍落度掌握不严，下料高度过大，混凝土产生离析，造成桩身级配和强度不均匀。

(2)防治措施

1)浇灌混凝土时应边灌边振捣。

2)浇灌混凝土时或上部放钢筋笼时，注意不要碰撞土壁，造成土体坍落。

3)认真控制混凝土的配合比和坍落度，浇灌混凝土时设置串筒下料，防止混凝土产生离析现象，使混凝土强度均匀。

第二节　桥梁预拱度偏差的预防与处理

9201　梁桥的施工预拱度由哪两部分组成？如何设置？

预拱度是由梁的挠度和支架的变形和组成，此数值是预拱度有最大值，设置在梁的跨径中点，其他各点的预拱度，应以中间点为最高值，以梁的两端为零，按直线或二次抛物线比例进行分配。

9202 拱架的施工预拱度是如何分配的？

设计预拱度时，应按在拱顶处为全部变形值，在拱脚处为零设置；其余各点，可按拱轴纵坐标高度比例或二次抛物线分配。

9203 钢筋混凝土梁桥预拱度偏差原因有哪些？

(1)现浇梁：由于支架的形式多样，对地基在荷载作用下的沉陷、支架弹性变形和混凝土梁挠度的计算所依据的一些参数均是建立在经验值上的，因此计算得到的预拱度往往与实际发生的有一定的差距。

(2)预制梁：一方面由于混凝土强度的差异、混凝土弹性模量不稳定导致梁的起拱值的不稳定、施加预应力时间差异、架梁时间不一致，导致预拱度计算时各种假定条件与实际情况不一致，造成预拱度的偏差；另一方面，理论计算公式本身是建立在一些试验数据的基础上的，理论计算与实际本身存在偏差。如用标准养护的混凝土试块弹性模量作为施加张拉条件，当标准养护的试块强度达到设计的张拉强度时，由于梁板养护条件不同，其弹性模量可能尚未达到设计值，导致梁的起拱值大；当计算所采用的钢绞线的弹性模量值大于实际钢绞线的弹性模量值时，则计算伸长量偏小，这样造成实际预应力不够；当计算所采用的钢绞线的弹性模量值小于实际钢绞线的弹性模量值时，则计算伸长量偏大，将造成超张拉；实际预应力超过设计预应力易引起大梁的起拱值大，且出现裂缝；第三方面是施工工艺的原因，如波纹管竖向偏位过大，造成零弯矩轴偏位。

9204 确定预拱度时应考虑哪些方面？

(1)支架拆除后上部构造本身及活载一半所产生的挠度。

(2)支架在荷载作用下的弹性压缩。

(3)支架在荷载作用下的非弹性压缩。

(4)支架基底在荷载作用下的非弹性沉陷。

(5)由混凝土收缩及温度变化而引起的挠度。

9205　钢筋混凝土梁桥预拱度出现偏差如何治理?

(1)提高支架基础、支架及模板的施工质量,并按要求进行预压,确保模板的标高偏差在允许的范围内。

(2)加强施工控制,及时调整预拱度误差。

(3)严格控制张拉时的混凝土强度,控制张拉的试块应与梁板同条件养护,对于预制梁还需控制混凝土的弹性模量。

(4)要严格控制预应力筋在结构中的位置,波纹管的安装定位应准确;控制张拉时的应力值,并按要求的时间持荷。

(5)钢绞线伸长值的计算应采用同批钢绞线弹性模量的实测值。预制梁存梁时间不宜过长。

9206　悬臂浇筑钢筋混凝土箱梁的施工(挠度)出现问题的原因?

悬臂浇筑钢筋混凝土箱梁桥的施工合龙高程误差是由于梁体采用节段悬臂浇筑施工,施工过程中立模高程的计算采用的参数与实际有差异,计算公式为经验公式造成的,影响因素有:

(1)混凝土重力密度的变化、截面尺寸的变化。

(2)混凝土弹性模量随时间的变化。

(3)混凝土的收缩徐变规律与环境的影响。

(4)日照及温度变化也会引起挠度的变化。

(5)张拉有效预应力的大小。

(6)结构体系转换以及桥墩变位也会对挠度产生影响。

(7)施工临时荷载对挠度的影响。

9207　悬臂浇筑钢筋混凝土箱梁的施工(挠度)如何防治?

(1)对挂篮进行加载试验,消除非弹性变形,并向监测人员提供非弹性变形值及挂篮荷载—弹性变形曲线。

(2)在0号块箱梁顶面建立相对坐标系，以此相对坐标控制立模标高值；施工过程中及时采集观测断面标高值并提供给监控人员。

(3)温度控制：在梁体上布置温度观测点进行观测，掌握箱梁截面内外温差及温度在界面上的分布情况，以获得较准确的温度变化规律。

(4)挠度观测：在1 d中温度变化相对小的时间，在箱梁的顶底板布置测点，测立模时、混凝土浇筑前、混凝土浇筑后、预应力束张拉前、预应力束张拉后的标高。

(5)应力观测：在梁体合理布置测试断面和测点，在施工过程中测试截面的应力变化与应力分布情况，验证各施工阶段被测梁段的应力值和仿真分析的吻合情况。

(6)严格控制施工过程中不平衡荷载的分布及大小。

第三节　混凝土质量问题的预防与处理

9301　墩身、墩帽、支撑垫石常发生哪种裂纹？其产生原因是什么？

(1)墩身网状裂纹，墩身网状裂纹多发生在常水位以上向阳部位，是由于混凝土体存在内外温差产生的温度应力及混凝土本身收缩造成。

(2)墩帽上支承垫石边放射性裂纹，这种裂纹的产生是由于混凝土的收缩、温度变化和日照影响、局部应力等或由上述共同作用引起的。

9302　箱梁两侧腹板混凝土厚度不均的原因是什么？如何预防？

箱梁两侧腹板混凝土厚度不均是由以下原因引起：

(1)箱梁模板设计不合理。

(2)模板强度不足，或箱梁内模没有固定牢固，使内模与外模相对水平位置发生偏差。

(3)箱梁内模由于刚度不够,在浇筑混凝土过程中发生变形。

(4)混凝土没有对称浇筑,由于单侧压力过大,使内模偏向另一侧。

箱梁两侧腹板混凝土厚度不均的防治措施

(1)内模要坚固,刚度符合相关施工规范要求。

(2)将箱梁内模固定牢固,使其上下左右均不能移动。

(3)内模与外模在两侧腹板部位设置支撑。

(4)浇筑腹板混凝土时,两侧应对称进行。

9303　钢筋混凝土结构物产生构造裂缝的原因有哪些?

钢筋混凝土结构的构造裂缝是指由于结构非荷载原因产生的混凝土结构物表面裂缝,其产生的原因有:

(1)材料原因

1)水泥质量不好,如水泥安定性不合格等,浇筑后导致产生不规则的裂缝。

2)骨料含泥料过大时,随着混凝土干燥、收缩,出现不规则的花纹状裂缝。

3)骨料为风化性材料时,将形成以骨料为中心的锥形剥落。

(2)施工原因

1)混凝土搅拌时间和运输时间过长,导致整个结构产生细裂缝。

2)模板移动鼓出将使混凝土浇筑后不久产生与模板移动方向平行的裂缝。

3)基础与支架的强度、刚度、稳定性不够引起支架下沉、不均匀下沉,脱模过早,导致混凝土浇筑后不久产生裂缝,并且裂缝宽度也较大。

4)接头处理不当,导致施工缝变成裂缝。

5)养护问题,塑性收缩状态将会在混凝土表面发生方向不定的收缩裂缝,这类裂缝尤以大风、干燥天气最为明显。

6)在混凝土高度突变以及钢筋保护层较薄部位,由于振捣或析水过多造成沿钢筋方向的裂缝。

7)大体积混凝土未采用缓凝和降低水泥水化热的措施、使用了早强水泥的混凝土,受水化热的影响浇筑后 2～3 d 导致结构中产生裂缝;同一结构物的不同位置温差大,导致混凝土凝固时因收缩所产生的收缩应力超过混凝土极限抗拉强度或内外温差大表面抗拉应力超过混凝土极限抗拉强度而产生裂缝。

8)水灰比大的混凝土,由于干燥收缩,在龄期 2～3 个月内产生裂缝。

9304 钢筋混凝土结构构造裂缝防治应以哪些方面着手?

(1)选用优质的水泥及优质骨料。

(2)合理设计混凝土的配合比,改善骨料级配、降低水灰比、掺加粉煤灰等掺和料、掺加缓凝剂;在工作条件能满足的情况下,尽可能采用较小水灰比及较低坍落度的混凝土。

(3)避免混凝土搅拌很长时间后才使用。

(4)加强模板的施工质量,避免出现模板移动、鼓出等问题。

(5)基础与支架应有较好的强度、刚度、稳定性并应采用预压措施;避免出现支架下沉,模板的不均匀沉降和脱模过早。

(6)混凝土浇筑时要振捣充分,混凝土浇筑后要及时养护并加强养护工作。

(7)大体积混凝土应优选矿渣水泥等低水化热水泥;采用遮阳凉棚的降温措施、布置冷却水管等措施,以降低混凝土水化热、推迟水化热峰值出现;同一结构物的不同位置温差应满足设计及规范要求。

9305 悬臂现浇混凝土箱梁腹板出现斜向裂缝的可能原因有哪些?

悬臂现浇混凝土箱梁拆模后张拉预应力索,腹板混凝土出现裂缝。一种是有规律地出现于与底板约呈 45°的斜裂缝。另一种为沿预应力索管方向的斜向裂缝，往往是靠近锚头处裂缝开展较宽，逐渐变窄而至消失。

(1)出现与底板呈 45°斜裂缝的原因极有可能是该区域的主拉应力，超过了该处的预应力索和普通钢筋的抗剪力及混凝土的抗拉强度。也有可能是混凝土拆模时间过早，混凝土尚未达到其设计抗拉强度。

(2)出现沿预应力索管方向的裂缝的原因往往是由于预应力索张拉时，索管及其周边混凝土受到较集中的压应力，由于泊松效应导致索管及其周边混凝土受到索管径向的巨大张力，如保护层混凝土不足以抵抗拉应力，则会在其最薄弱处开裂。

(3)混凝土未达到拆模、张拉的龄期或强度。

(4)腹板的非预应力普通钢筋网，钢筋间距较大，不能满足抗裂要求。

(5)施工临时荷载超载或在作用点产生过大的集中应力。

9306　箱梁拆模后在腹板与底板承托部位出现空洞、蜂窝、麻面的原因有哪些？如何防治？

箱梁拆模后在腹板与底板承托部位出现空洞、蜂窝、麻面的原因有以下方面：

(1)箱梁腹板一般较高，厚度较薄，在底板与腹板连接部位钢筋较密，又布置有预应力筋使得腹板混凝土浇筑时不易振实，也有漏振情况，易造成蜂窝。

(2)若箱梁设置横隔板，一般会设预留人孔，浇筑混凝土时从预留人孔两边同时进料，易造成预留孔下部空气被封堵，形成空洞。

(3)浇筑混凝土时，若气温较高；混凝土坍落度小，模板湿水不够，局部钢筋太密，振捣困难，易使混凝土出现蜂窝，不密实。

(4)箱梁混凝土浇筑量较大，若供料不及时，易造成混凝土振捣困难，出现松散或冷缝。

(5)模板支撑不牢固，接缝不密贴，易发生漏浆、跑模，使混凝土产生蜂窝、麻面。

(6)施工人员操作不熟练,振捣范围分工不明确,未能严格做到对相邻部位交叉振捣,从而发生漏振情况,使混凝土出现松散、蜂窝。

箱梁拆模后在腹板与底板承托部位出现空洞、蜂窝、麻面可采取以下防治措施:

(1)箱梁混凝土浇筑前应做好合理组织和分工,对操作人员进行技术交底,划分振捣范围,浇筑层次清楚,相互重复振捣长度应取 50 cm 左右,一边下料。

(2)对设置横隔板的箱梁,混凝土要轮流从横隔板洞口一边下料,并从洞口下另一边振出混凝土,避免使空气封堵在洞口下部,这样就不易在洞口下部形成空洞。

(3)合理组织混凝土供料,如采用商品混凝土,现场宜有临时备用搅拌设备,以便当商品混凝土因运输或其他原因带来供料中断时予以临时供料。

(4)根据施工气温,合理调整混凝土坍落度和混凝土水灰比,当气温高时,应做好模板湿润工作。

(5)当箱梁腹板较高时,模板上应预留人孔处,使得振捣棒可达到各部位。

(6)对箱梁底板与腹板承托处及横隔板预留人孔处,应重点进行监护,确保混凝土浇筑质量。

9307 混凝土的裂缝有哪几种?其成因及表现形式是什么?

混凝土裂缝一般可分为应力裂缝和非应力裂缝。应力裂缝是混凝土受荷载作用引起的裂缝,非应力裂缝是由于混凝土的收缩受约束时,当温度、混凝土收缩等因素所产生的拉应力大于混凝土极限抗拉强度时产生的裂缝。目前大部分裂缝是非应力裂缝。

(1)干缩裂缝

干缩裂缝多出现在混凝土养护结束后的一段时间或是混凝土

浇筑完毕后的一周左右。最主要的原因是混凝土内部空隙水蒸发变化时引起的毛细管引力。水泥水化生产的大量水化硅酸钙胶体，硅酸钙胶体具有大量微细孔隙，在干燥条件下，胶体中自由水逐渐蒸发产生毛细管引力，胶体孔隙受到压缩，胶体的体积随着水分的蒸发减少而不断收缩，从而引起混凝土体积收缩。干缩裂缝多为表面性的平行线状或网状线细裂缝，宽度多在 0.05～0.2 mm之间，由于干缩仅发生表层很浅的地方，显然干缩对于混凝土薄壁结构如板、墙等构件影响程度相对较大，干缩裂缝主要和水灰比、水泥的成分、水泥的用量、集料的性质和用量、外加剂的用量有关。

(2)塑性收缩裂缝

塑性收缩是指混凝土在凝结之前，表面因失水较快而产生的收缩。塑性收缩裂缝一般在气温高或大风天气出现，裂缝呈不规则的鸡爪形状态。其产生的主要原因为混凝土在终凝前几乎没有强度，或者混凝土刚刚终凝强度很小时，受高温或较大风力的原因使混凝土表面失水过快，造成毛细管中产生较大的负压而使混凝土体积急剧收缩，而这时混凝土的强度又无法抵抗其本身收缩，因此产生龟裂。影响因素主要有水灰比、混凝土的凝结时间、环境温度、风速、相对温度等。

(3)沉陷裂缝

沉陷裂缝的产生是由于结构地基土质不匀、松软，或回填土不实、浸水而造成不均匀沉降所致；或者因为模板刚度不足，模板支撑间距过大或支撑底部松动等所致，此类裂缝多属深进或贯穿性裂缝，有的上部，有的下部，一般沿与地面垂直或呈 30°～45°角方向发展，较大的贯穿性沉陷裂缝，往往上下或左右有一定的错位，裂缝宽度往往与沉降值成正比关系。而与温度变化关系不大。地基变形稳定之后，沉陷裂缝也基本趋于稳定。

(4)温度裂缝

温度裂缝多发生在大体积混凝土表面或温差变化较大地区的混凝土结构中。混凝土浇筑后，在硬化过程中，水泥水化产生大量的水化热，由于混凝土的体积较大，大量的水化热聚积在混凝土内部不易散发，导致内部温度急剧上升，而表面混凝土散热较快，这样就形成内外的较大温差，然而较大的温差造成热胀冷缩使混凝土表面应力产生一定的拉应力，当拉应力超过混凝土的抗拉强度极限时，混凝土表面就会产生裂缝。温度裂缝的走向通常无规律。大面积结构温度裂缝往往是纵横交错，梁板类温度裂缝多平行于短边，贯穿的温度裂缝，一般与短边平行或接近平行，裂缝宽度一般在 0.5 mm 以下，表面温度裂缝多在施工期间出现，贯穿的温度裂缝在浇筑经 2～3 个月或更长时间发生，缝宽是冬季宽夏季变细，沿截面深度宽，裂缝呈上宽下窄多数，个别也有下宽上窄，遇顶部和底部配筋较多的结构，也有中间宽两端的梭形裂缝。此种裂缝的出现会引起钢筋的锈蚀，混凝土的碳化，降低混凝土的抗冻融、抗疲劳及抗渗能力。

(5)化学反应引起的裂缝

碱骨料反应裂缝和钢筋锈蚀引起的裂缝是钢筋混凝土结构中最常见的由于化学反应引起的裂缝，混凝土拌和后会产生一些碱性离子，这些离子与某些活性骨料产生化学反应并吸收周围环境中的水而体积增大，造成混凝土酥松、膨胀开裂。由于施工当中混凝土保护层未满足，保护层受二氧化碳侵蚀碳化至钢筋表面，使钢筋周围混凝土碱度降低，或由于氯化物介入，钢筋周围氯离子含量较高，均可引起钢筋表面氧化膜破坏，钢筋中铁离子与侵入到混凝土中的氧气和水分发生锈蚀反应，其锈蚀物氯氧化铁体积比原来增长约 2～4 倍，从而对混凝土产生膨胀产力，导致保护层混凝土开裂、剥离，沿钢筋纵向产生裂缝，并有锈迹渗到混凝土表面，因而结构承载力下降，导致结构破坏。这种裂缝一般出现在使用期间。

9308 混凝土裂缝的总体防控措施有哪些？

混凝土是固、液、气多相组成的复合材料，非受力裂缝的产生与否与混凝土材料的收缩变形、受到的约束程度、实时弹性模量或抗拉强度以及混凝土的徐变有密切关系。只要能从上述几个方面控制混凝土中的拉应力小于混凝土抗拉强度的措施，均可对混凝土的开裂进行有效的控制。这就要求工程建设方、设计方、施工方、混凝土生产方及监理方等工程参与各方共同努力，从各个环节保证混凝土中拉应力小于混凝土实时抗拉强度，也就是说，预防裂缝不单单是混凝土供应方或施工方某一方的事情与责任，需要各方的参与和控制。大体来说，控制混凝土开裂可以从以下几个方面综合进行：

(1)对工程建设者，应改变以混凝土强度作为质量验收的唯一标准的方法，应更多关注混凝土的耐久性如何。同时改变追求高早强的观念，控制减少早期混凝土强度增长率，可能时尽量延缓混凝土强度验收期限(如大体积基础可考虑按 60 d 龄期验收)。

(2)从设计的角度看，设计中应尽量避免结构断面突变带来的应力集中。不仅从受力角度考虑配筋，而且要加强混凝土抗裂的构造配筋，保持合理的配筋率、混凝土体积/面积比、及钢筋保护层厚度。上海市《控制住宅工程钢筋混凝土现浇楼板裂缝的技术导则》中规定，住宅的建筑平面宜规则，当平面有凹口时，凹口周边楼板的配筋宜适当加强；房屋层面阳角处和跨度大于等于 3.9 m 的楼板，应设置双层双向钢筋，阳角处钢筋间距不宜大于 100 mm，跨度大于等于 3.9 m 的楼板间距不宜大于 150 mm，钢筋直径不宜小于 $\phi 8$。

(3)对混凝土生产者，尽量选用开裂敏感性小的材料及热膨胀系数小的骨料，如低 C3A、C3S、低碱、比表面积小的水泥。尽量避免采用早强高的水泥。选用级配优良的砂、石原材料，含泥量应符合规范要求。合理利用优质掺合料，如比表面积 400 m^2/kg 的矿粉，尽量避免使用硅灰。粉煤灰的抗裂作用在低水灰比(小于 0.40)下加强保湿养护才能发挥出来等。配合比设计人员应深入施工现场，依据施工现场的浇捣工艺、操作水平、构件截面等情况，合理选择好混凝土的设计坍落度，在配合比的选用时尽量减少胶凝材料用量，使用优质引气剂。同时，经实践证明有利与抗裂的新材料如减缩剂、膨胀剂、纤维混凝土等均可合理采用。针对现场的砂、石原材料质量情况及时调整施工配合比，

(4)在施工方面，应重视施工组织管理，采取正确的浇筑顺序与振捣方式，振捣棒要快插慢拔，根据不同的混凝土坍落度正确掌握振捣时间，避免过振或漏振，应提倡采用二次振捣、二次抹面技术，以排除泌水、混凝土内部的水分和气泡。浇筑完毕后要重视温度控制措施和养护措施，不仅使混凝土保持足够的湿度满足水泥水化，而且要尽可能缩小混凝土内外温差，保持恰当的升、降温速度。养护要在浇筑后立刻进行，养护期要根据混凝土材料组成和环境温度、湿度及风速来确定，拆模时间应从有利于混凝土温度和湿度保持的角度确定。

9309 混凝土的蜂窝麻面产生的原因有哪些？如何防治？

混凝土的蜂窝麻面表现为混凝土表面粗糙、气泡较多、有小凹坑和麻点，局部少浆、石子间形成空隙类似蜂窝状的小空洞。蜂窝麻面的产生主要有以下几方面的原因：

(1)混凝土配合比设计不当，混凝土中胶凝材料用量、砂率、碎石粒径、基本用水量以及外加剂性能均可能造成混凝土和易性不良、黏稠度增加、含气量不合适等，增加蜂窝麻面的机会。

(2)模板材质相差大、清洁程度不良、拼缝不严密、不合理使用脱模剂也会造成混凝土的蜂窝麻面。

(3)混凝土分层厚度偏大；下料不当或下料过高，未设串通使石子集中，造成石子砂浆离析；钢筋较密，振捣不实漏振或振捣时间不够。

防治与处理：

(1)认真设计混凝土配合比，保证混凝土性能优良，必要时加入消泡剂控制混凝土含气量及气泡性状；生产中严格控制混凝土配合比，计量准确，混凝土拌和均匀，和易性良好；模板表面清理干净，不得粘有干硬水泥砂浆等杂物，选用优质脱模剂并涂刷均匀，

模板缝应堵塞严密，浇筑中，应随时检查模板支撑情况防止漏浆；混凝土下料高度超过 2 m 应设串筒或溜槽，浇筑应分层下料，混凝土浇筑分层厚度控制在 300 mm 左右，分层振捣，防止漏振，复振是消除混凝土结构面层蜂窝麻面最有效的方法之一。混凝土浇筑振捣后间隔 20～30 min 再复振一次。

(2)对麻面的处理应在麻面部位浇水充分湿润后，用原混凝土配合比去石子砂浆，将麻面抹平压光。对于小蜂窝可洗刷干净后用 1∶2 或 1∶2.5 水泥砂浆抹平压实；较大蜂窝应凿去蜂窝处薄弱松散颗粒，刷洗净后，支模用高一级细石混凝土仔细填塞捣实，较深蜂窝，如清除困难，可埋压浆管、排气管，表面抹砂浆或灌注混凝土封闭后，进行水泥压浆处理。

9310　混凝土产生孔洞漏筋的原因是什么？如何防治？

混凝土孔洞漏筋是指混凝土结构内部有尺寸较大的空隙，局部没有混凝土或蜂窝特别大，混凝土内部主筋、副筋或箍筋裸露在结构构件表面。孔洞漏筋产生的原因：

(1)在钢筋较密的部位或预留孔洞和埋件处，混凝土流动不畅，未振捣就继续浇筑上层混凝土；

(2)混凝土离析，砂浆分离，石子成堆，严重跑浆；

(3)混凝土一次下料过多，过厚，下料过高，振捣器振动不到，形成松散孔洞；

(4)混凝土内掉入木块、泥块等杂物，钢筋保护层垫块位移或垫块太少或漏放，致使钢筋紧贴模板外露。

防治与处理：

(1)保证钢筋位置和保护层厚度正确，并加强检验，钢筋密集时，应选用适当粒径的石子，保证混凝土配合比准确和良好的和易性；在钢筋密集处及复杂部位，认真分层振捣密实；预留孔洞，应两侧同时下料，侧面加开浇筑门，严防漏振；砂石中混有黏土块、模板工具等杂物掉入混凝土内，应清除干净；

(2)孔洞漏筋的处理应将孔洞周围的松散混凝土和软弱浆膜

凿除，用压力水冲洗，湿润后用高强度等级细石混凝土仔细浇灌、捣实。

第四节　桥面铺装、支座病害的预防与处理

9401　沥青混凝土桥面铺装的施工应符合哪些规定？

（1）铺装的层数和厚度应符合设计规定，铺装前应对桥面进行检查，桥面应平整、粗糙、干燥、整洁。铺筑前应洒布敬层沥青。

（2）当采用刻槽方式增加沥青混凝土味眷层与混凝土桥面的啃合，提高其抗滑能力时，刻槽的宽度宜为 20 mm，槽间距宜为 20 mm，槽深宜为 3～5 mm。

（3）沥青混凝土的配合比设计、铺筑及碾压等施工，应符合现行行业标准《公路沥青路面施工技术规范》（JTG F40）的有关规定。

9402　水泥混凝土桥面铺装的施工应符合哪些规定？

（1）铺装的厚度、材料、铺装层结构、混凝土强度、防水层设置等均应符合设计规定。

（2）桥面铺装工作应在梁体的横向连接钢板焊接工作或湿接缝浇筑完成后，方可进行。

（3）铺装施工前应使梁、板顶面粗糙，清洗干净，并应按设计要求铺设纵向接缝钢筋和桥面钢筋网。

（4）水泥混凝土桥面铺装，其做面应采取防滑措施，并宜分两次进行，第二次抹平后，应沿横坡方向拉毛或采用机具压槽，拉毛或压槽的深度应符合现行标准《公路水泥混凝土路面施工技术规范》的有关规定。

（5）水泥混凝土桥面铺装如设计为防水混凝土，施工时应按照防水混凝土的相关规定执行。

（6）纤维水泥混凝土桥面铺装的施工，可参照现行行业标准

《纤维混凝土结构技术规程》的规定执行。

9403　桥面铺装病害的原因有哪些?

桥面铺装病害形成原因:梁体预拱度过大,桥面铺装设计厚薄难以调整施工允许误差;施工质量控制不严,桥面铺装混凝土质量差;桥头跳车和伸缩缝破坏引起的连锁破坏;桥梁结构的大变形引起沥青混凝土铺装层的破坏;水害引起沥青混凝土铺装的破坏;铺装防水层破损导致桥面铺装的破坏等。桥面铺装常规性破坏与一般路面破坏原理相同。

9404　桥面铺装病害如何防治?

(1)常规破坏同路面通病防治。

(2)加强对主梁的施工质量控制,避免出现预拱度过大。

(3)加强桥面铺装施工质量控制,严格控制钢筋网的安装。

(4)提高桥面防水混凝土的强度,避免出现防水混凝土层破坏。

(5)桥梁应加强桥面排水的设计和必要的水量计算;优化桥面铺装的混凝土配合比设计,选用优质骨料,提高桥面铺装的施工和养护质量。

9405　桥梁伸缩缝病害的原因有哪些?

(1)交通流量增大,超载车辆增多,超出了设计。

(2)设计因素:将伸缩缝的预埋钢筋锚固于刚度薄弱的桥面板中;伸缩设计量不足,以致伸缩缝选型不当;设计对伸缩装置两侧的填充混凝土、锚固钢筋设置、质量标准未做出明确的规定;对于大跨径桥梁伸缩缝结构设计技术不成熟;对于锚固件胶结材料选择不当,导致金属结构锚件锈蚀,最终损坏伸缩缝装置。

(3)施工因素:施工工艺缺陷;锚件焊接内在质量;赶工期忽视质量检查;伸缩装置两侧填充混凝土强度、养护时间、黏结性和平整度未能达到设计标准；伸缩缝安装不合格。

（4）管理维护因素。

9406 桥梁伸缩缝病害如何防治？

（1）在设计方面，精心设计，选择合理的伸缩装置。

（2）提高对桥梁伸缩装置施工工艺的重视程度，严格按施工工序和工艺标准的要求施工。

（3）提高锚固件焊接施工质量。

（4）提高后浇混凝土或填缝料的施工质量，加强填缝混凝土的振捣密实，确保混凝土达到设计强度标准，及时养护，无空隙、空洞。

（5）避免伸缩装置两侧的混凝土与桥面系的相邻部位结合不紧密。

9407 桥头跳车的原因有哪些？

（1）台后地基强度与桥台地基强度不同、台后填料自然固结压缩。

（2）桥头路堤及堆坡范围内地基填筑前处理不彻底。

（3）台后压实度达不到标准，高填土引道路堤本身出现的压缩变形。

（4）路面水渗入路基，使路基土软化，水土流失造成桥头路基引道下沉；回填不及时积水而引起的桥头回填土压实度不够。

（5）工后沉降大于设计容许值。

（6）台后填土材料不当，或填土含水量过大。

（7）软基路段台前预压长度不足，软基路段桥头堆载预压卸载过早，软基路段桥头处软基处理深度不到位，质量不符合设计要求。

9408 桥头跳车如何防治？

（1）重视桥头地基处理，采用先进的台后填土施工工艺。选用合适的压实机具，确保台后及时回填，回填压实度达到要求。

(2)改善地基性能，提高地基承载力，减少差异沉降。保证足够的台前预压长度。连续进行沉降观测，保证桥头沉降速率达到规定范围内再卸载。确保桥头软基处理深度符合要求，严格控制软基处理质量。

(3)有针对性地选择台后填料，提高桥头路基压实度。如采用砂石料等固结性好、变形小的填筑材料处理桥头填土。

(4)做好桥头路堤的排水、防水工程，设置桥头搭板。

(5)优化设计方案、采用新工艺加固路堤。

9409　桥梁支座发生损坏的原因有哪些？如何更换？

桥梁支座发生损坏的原因有：

(1)支座本身材料不均匀，个别支座采用再生橡胶。

(2)部分滑动支座安装时未涂抹硅脂油，导致滑板支座剪切破坏。

(3)安装过程中支撑垫石标高控制不好，单片梁四个受力支座受力不均衡，个别支座脱空，导致受力较大的支座变形超出规定值。

(4)结构物伸缩缝未完成，交通未完全封闭，部分社会重车通过时刹车导致支座受剪力较大，产生损坏。

桥梁支座发生损坏时，更换方案主要有以下两种：

(1)采用支架基础大吨位千斤顶一次顶起桥跨。

为便于安装支架并提供足够的支承能力，需在支架下设置钢筋混凝土基础。由于支架基础均处于河道，地基较为软弱，承载力低并且不均匀。基础置于其上将产生较大的不均匀沉降量。为了减小沉降量，必须增大钢筋混凝土基础尺寸，并对支架进行预压。此方案工程量较大、工期加长、安全性低、费用高。其实施具体方式有以下几种：

1)满布式支架法：其支撑面为桥墩下部的新建顶升基础。满布式支架法的工作原理是在桥墩台两侧新架顶升基础，用贝雷架、槽钢、螺栓连接成受力的钢筋梁，受力梁上架千斤顶，在梁两端同步顶升，待梁体抬升到施工高度后更换支座。

2)抱柱支架法：其工作原理是在桥墩(台)的桩基顶面台阶上设置钢制斜支架，支架通过横抱箍固定于桥墩墩柱上，支架高度至桥面底板，在支架顶面置大吨位千斤顶，千斤顶上置通长型钢托架，千斤顶顶托架将桥面板顶离支座，再进行更换。

3)鞍型支座法：利用盖梁做支撑，直接在盖梁上搭设鞍型支架，支架两侧放置千斤顶。即将钢梁穿过盖梁，两侧挂预先焊好的L型挂架，在其上安置千斤顶；同时在两侧梁上加吊篮，操作人员在吊篮上控制千斤顶抬升梁体。

4)桥面钢梁法：其支撑位置在桥面上，支撑面为顶升梁相邻跨的梁体。在顶升梁上打孔，绑制钢带，安置钢梁，以相邻梁体为支撑基础，配合顶升设备，抬升梁体。

(2)采用超薄单向千斤顶墩顶及百分表配合支撑顶起桥跨充分利用梁体与墩顶的空间，采用超薄单向千斤顶墩顶支撑顶起桥跨，用高度为70 mm，$\phi=300$ mm的圆形扁式油压千斤顶(最大顶升重量为250 t，最大行程为15 mm)配电动油泵同步进行桥跨顶升，利用百分表观测梁体上升的速度，以保证桥跨各梁体受力均匀同步提升。

9410 桥梁支座更换时应注意什么?

(1)对不同形式的桥梁应采用不同的顶升方式。对于由T梁或工字梁组成的截面形式，一般可在梁体下安放垫板直接用千斤顶顶升的方法进行；但顶升空心板、箱梁时，则必须注意顶升部位，避免直接顶升梁体底部，而易选在两肋及箱梁腹板部位，防止对梁体的损坏。

(2)由于边梁本身自重及桥面附属设施(如护栏、分联处连接件)的影响，与中梁在顶升力上差异较大，在顶升时一定要压力与行程双控制，并以行程为最终控制。避免由于起顶不均匀而造成桥面的剪切破坏。

(3)严格控制梁体的顶升高度,避免顶升高度过高造成桥面及附属设施的损坏。

9411　桥梁支座常发生哪些病害?

(1)脱空

支座脱空有全部脱空(包括缺失)、局部脱空和被压碎而形成的脱空。支座脱空后,支座起不到支撑作用,直接改变了上部结构的受力状态,有的引起箱梁端部横梁混凝土纵向开裂,潜在威胁很大。局部脱空还使支座呈偏心受压和局部受压状态,上部荷载作用在支座上的局部应力大大增加,极易引起支座开裂、变形过大和压坏,因此,应尽早楔紧或更换支座,使其均匀受力。

该类病害主要是因为支座垫石和梁底钢板不水平。预制梁或现浇接头时在箱梁底设置一块钢板,用以调整桥梁纵横坡,钢板上应焊锚固钢筋与梁体可靠连接,并将此支承钢板视作预制梁模板的一部分进行浇筑混凝土。梁底钢板在混凝土浇筑前定位不牢或不正确,致使混凝土浇筑后钢板不水平,吊装后与支座间出现脱空。

(2)异常变彩

支座在使用状态下,以橡胶的压缩变形来承受上部竖直向荷载,以橡胶的剪切变形来承受上部的水平荷载,如超出其剪切变形能力则设置四氟板使其滑动,以橡胶的不均匀压缩变形来适应上部梁体的转动。因此,在汽车制动力、温度影响力等水平荷载作用下,支座应当有适当的剪切变形、纵向剪切变形和横向剪切变形,当变形过大则会引起支座开裂。

该类病害大多因为落梁时不够平稳,支座存在较大的初始剪切变形

(3)不能正常滑动

当四氟板滑动支座其所承受的水平荷载超过橡胶剪切变形能力时,橡胶底的四氟板与其下的不锈钢板之间将发生滑动,从而满足上部梁体水平位移的需要。当不锈钢板变形、锈蚀,或没有与其

支承钢板作连接固定，会造成滑动不顺，引起支座变形过大和橡胶开裂。

(4)开裂

支座橡胶开裂是支座病害中较多的一种。除支座橡胶本身的质量原因外，支座橡胶开裂也是支座脱空、异常变形、滑动支座不能滑动等病害的外观表现。